U0094566

A Brief History
of Communication
Technology

通信简史

周圣君（@小枣君）著

人民邮电出版社
北京

图书在版编目（ＣＩＰ）数据

通信简史 / 周圣君著. -- 北京 : 人民邮电出版社,
2022.7（2022.10重印）
（图灵原创）
ISBN 978-7-115-59295-8

Ⅰ. ①通… Ⅱ. ①周… Ⅲ. ①通信技术－技术史－世
界 Ⅳ. ①TN91-091

中国版本图书馆CIP数据核字（2022）第092547号

内 容 提 要

　　本书生动详细地介绍了通信技术的历史演进和发展趋势，展现了通信行业波澜壮
阔的发展历程，揭秘了通信行业知名企业的成败得失，并讲述了重要通信历史人物的
传奇故事。阅读本书，有助于读者建立完整的通信历史观，为进一步了解通信全领域
做好知识储备。

　　本书图文并茂，通俗易懂，适合对通信感兴趣的读者阅读，也可作为通信、电子、
信息等专业的本科和研究生课程教材，或通信技术知识培训的教材。

　◆ 著　　　　周圣君（@小枣君）
　　　责任编辑　王军花
　　　责任印制　彭志环
　◆ 人民邮电出版社出版发行　　北京市丰台区成寿寺路11号
　　　邮编　100164　　电子邮件　315@ptpress.com.cn
　　　网址　https://www.ptpress.com.cn
　　　北京天宇星印刷厂印刷
　◆ 开本：700×1000　1/16
　　　印张：22　　　　　　　　　　2022年7月第1版
　　　字数：326千字　　　　　　　2022年10月北京第3次印刷

定价：89.80元
读者服务热线：(010)84084456-6009　印装质量热线：(010)81055316
反盗版热线：(010)81055315
广告经营许可证：京东市监广登字 20170147 号

前言

什么是通信？

简单来说，通信就是传递信息。我把我的信息发给你，你把你的信息发给我，这就是通信。通信的学术定义更加严谨：人与人或人与自然之间，通过某种行为或媒介进行的信息交流与传递。

从远古时代开始，通信就是人类生存的基本需求。通信技术的演进伴随着人类社会的整个发展过程。在通信技术的帮助下，人们的情感联系变得越来越紧密，社会组织变得越来越庞大，人类文明得到了飞速发展。

如今，我们所处的信息社会构建在发达的通信基础设施之上。以 5G、光通信为代表的现代通信技术，赋予了我们前所未有的信息传递能力，也彻底改变了我们的工作和生活。只需要一部手机，我们就可以随时随地与亲友畅快地沟通，可以查阅资料、购物消费、轻松出行，还可以追剧、玩游戏，几乎无所不能。

在畅享数字生活的同时，你是否想过：如此发达的现代通信科技，究竟是如何发展起来的？在通信技术的更迭演进中，有哪些精彩的幕后故事？在人类漫长的历史长河中，究竟有哪些伟大的人物或企业，为通信技术的创新做出了贡献？……

正是带着这些疑问，从 2017 年起，我开始在微信公众号"鲜枣课堂"上发布通信发展史的专题文章。经过 5 年多的积累，目前这个专题已经更新了50 余篇文章，深受广大读者的欢迎。大家手上的这本《通信简史》，就是基于这些文章精心整理、修订而成的。

本书共分为三个部分，分别是通信技术篇、通信企业篇和通信名人篇。

通信技术篇对波澜壮阔的人类通信技术发展史进行了完整回顾，不仅详尽介绍了电话交换网络和移动通信技术的演进历程，讲述了通信技术标准争夺背后的大国博弈和利益纷争，而且回顾了中国通信从蹒跚起步到飞速发展的崛起之路，展示了中国通信在 40 多年的改革开放历程中取得的辉煌成就。通信企业篇和通信名人篇则分别介绍了在近现代通信史上发挥过重要作用的企业和人物。他们是历史的创造者，他们的成就改变了人类通信史的走向，他们的故事非常精彩、令人难忘。

古语云："欲知大道，必先为史。"目前，我们处于前所未有的变革时期，正在迈入"第四次工业革命"的大门。数字经济高速发展，数字浪潮席卷而来，很多人关心通信的未来命运，关心通信技术的发展趋势。在这样的时代，研究和学习通信历史显得尤为重要。我们想知道的很多答案就藏在历史之中，等待我们发掘。

最后需要声明：对于同样的历史，不同的人可能会有不同的理解和感悟。在写作本书时，我一直尽量保持客观，不带主观感情地评价历史事实。我希望大家在阅读本书时，也尽量客观地看待历史上发生的故事，尤其是历史人物当时的经历和表现。人无完人，我们以现在的视角去评判历史人物的对错，其实是有失公平的。

因为我并非历史研究科班出身，而且通信历史的资料非常有限，有些信息来源难以准确考证，所以本书难免有一些错漏和不足之处，希望大家谅解。如能反馈勘误，我将不胜感激。

再次感谢大家对我和"鲜枣课堂"的喜爱与支持。通信之路漫漫，希望我们能够携手同行，一起探索广阔、未知的未来。

谢谢！

目录

第一部分 通信技术篇

第1章 全球通信技术的发展 / 2

1.1 通信发展，推动文明 / 2

1.2 电报电话，技术突破 / 3

1.3 规模扩张，交换演进 / 5

1.4 理论奠基，扫清障碍 / 10

1.5 坎坷 0G，漫长探索 / 12

1.6 创新 1G，百家争鸣 / 15

1.7 升级 2G，数字崛起 / 18

1.8 竞争 3G，三足鼎立 / 22

1.9 成功 4G，标准归一 / 23

1.10 创新 5G，万物互联 / 25

1.11 结语 / 28

参考文献 / 28

第2章 中国通信技术的发展 / 30

2.1 从无到有，蹒跚起步 / 30

2.2 时局动荡，摸索前行 / 36

2.3 命运多舛，成果有限 / 38

2.4 七国八制，五朵金花 / 39

2.5 电信重组，产业崛起 / 43

2.6 结语 / 46

参考文献 / 46

第3章 TD-SCDMA：第一个中国通信标准 / 48

3.1 多方因素，引进 TD / 48

3.2 中国标准，首次尝试 / 49

3.3 落户移动，黯然退网 / 50

3.4 结语 / 51

参考文献 / 52

第4章 小灵通：不是手机的手机 / 53

4.1 电信看中，灵通诞生 / 53

4.2 技术特点，喜忧参半 / 55

4.3 伴随争议，发力崛起 / 56

4.4 完成使命，走向没落 / 57

4.5 结语 / 58

参考文献 / 59

第5章 WiMAX：走下神坛的"超级 Wi-Fi" / 60

5.1 超级 Wi-Fi，发起挑战 / 60

5.2 春风得意，来势汹汹 / 61

5.3 竞争失败，草草收场 / 62

5.4 结语 / 64

参考文献 / 64

第二部分 通信企业篇 / 65

第6章 华为：百折不挠的世界通信巨头 / 66

6.1 转业老兵，被迫创业 / 66

6.2 自主研发，有喜有忧 / 68

6.3 生死关头，成功逆袭 / 69

6.4 管理变革，涅槃重生 / 70

6.5 产品多元，进军国际 / 72

6.6 内忧外患，命悬一线 / 74

6.7 全面转型，终端逆袭 / 77

6.8 制裁之下，何去何从 / 79

6.9 结语 / 80

参考文献 / 82

第 7 章 中兴：在探索中成长的 5G 先锋 / 83

7.1 创业维艰，自主研发 / 83

7.2 股权改革，高歌猛进 / 86

7.3 弯道超车，度过寒冬 / 87

7.4 命运多舛，摸索前行 / 90

7.5 死里逃生，重整旗鼓 / 92

7.6 结语 / 95

参考文献 / 96

第 8 章 爱立信：百年老店的风雨历程 / 97

8.1 北欧小伙，创业立身 / 97

8.2 涉足电话，迅速扩张 / 99

8.3 股权危机，动荡时刻 / 101

8.4 专注研发，成功反超 / 103

8.5 移动浪潮，风雨沉浮 / 104

8.6 棋逢对手，遭遇挑战 / 106

8.7 形势回转，业绩反弹 / 107

8.8 结语 / 108

参考文献 / 108

第 9 章 诺基亚：靠造纸起家的北欧通信名企 / 109

9.1 造纸工厂，产业扩张 / 109

9.2 进军通信，迅速崛起 / 111

9.3 手机称王，制霸全球 / 114

9.4 昔日王者，跌落神坛 / 115

9.5 网络业务，迅速发展 / 116

9.6 结语 / 119

参考文献 / 119

第 10 章　摩托罗拉：改变世界的科技巨头 / 120

10.1 萌芽起步，战场成名 / 120

10.2 发展壮大，引领创新 / 123

10.3 魂断"铱星"，梦想受挫 / 128

10.4 一错再错，滑入深渊 / 130

10.5 刀锋救主，昙花一现 / 131

10.6 穷途末路，拆分变卖 / 133

10.7 结语 / 135

参考文献 / 135

第 11 章　阿尔卡特：来自法国的老牌通信名企 / 136

11.1 法国小厂，扎根实业 / 136

11.2 不断成长，并购扩张 / 137

11.3 转型科技，专注通信 / 140

11.4 牵手朗讯，事与愿违 / 142

11.5 惨遭并购，退出舞台 / 144

11.6 结语 / 145

参考文献 / 146

第 12 章　北电网络：北美巨头的百年沧桑 / 147

12.1 贝尔分支，茁壮成长 / 147

12.2 自主研发，硕果累累 / 148

12.3 后院失火，深陷泥潭 / 150

12.4 强人登场，力挽狂澜 / 151

12.5 光纤革命，登顶称王 / 153

12.6 泡沫破碎，跌入深渊 / 154

12.7 一错再错，无力回天 / 156

12.8 结语 / 158

参考文献 / 159

第 13 章 AT&T：历史最悠久的通信运营商 / 160

13.1 通信鼻祖，亲创伟业 / 160

13.2 诉讼缠身，难逃拆分 / 161

13.3 决策失误，跌落神坛 / 163

13.4 峰回路转，脱胎换骨 / 165

13.5 结语 / 167

参考文献 / 167

第 14 章 贝尔实验室：现代科技的摇篮 / 168

14.1 基业初创，扎根理论 / 168

14.2 辉煌成就，无人能及 / 169

14.3 风雨飘摇，走向衰败 / 174

14.4 结语 / 175

参考文献 / 176

第 15 章 高通：专注创新的 CDMA 缔造者 / 177

15.1 教师出身，创办企业 / 177

15.2 押宝创新，成功崛起 / 178

15.3 战略转型，专注核心 / 179

15.4 专利之王，官司缠身 / 180

15.5 新的时代，新的高通 / 183

15.6 结语 / 185

参考文献 / 185

第 16 章 仙童半导体：硅谷文化的发源地 / 186

16.1 扎根硅谷，网罗英才 / 186

16.2　叛逆八人，硅谷传奇 / 188

16.3　吸引投资，创立仙童 / 190

16.4　二次叛逆，桃李天下 / 192

16.5　结语 / 195

参考文献 / 195

第 17 章　ARM：颠覆行业的芯片新军 / 196

17.1　芯片小厂，蹒跚起步 / 196

17.2　颠覆创新，焕发活力 / 200

17.3　抓住机遇，一举成名 / 202

17.4　结语 / 204

参考文献 / 204

第 18 章　英特尔：历经坎坷的芯片巨头 / 205

18.1　双侠出走，创立公司 / 205

18.2　管理大师，力挽狂澜 / 206

18.3　把握机遇，发展壮大 / 210

18.4　结语 / 212

参考文献 / 212

第 19 章　烽火：中国光通信的摇篮 / 213

19.1　中专老师，转行光纤 / 213

19.2　历经波折，首纤诞生 / 215

19.3　蹒跚起步，摸索前行 / 217

19.4　烽火诞生，燎原华夏 / 219

19.5　携手大唐，组建信科 / 221

19.6　结语 / 222

参考文献 / 222

第 20 章　大唐：中国邮电科研的先行者 / 224

20.1　邮电科研，多点开花 / 224

20.2 程控交换，开启局面 / 226

20.3 推动改制，成功上市 / 228

20.4 魂断 TD，走入低谷 / 229

20.5 旗下产业，命运殊途 / 231

20.6 结语 / 233

参考文献 / 234

第 21 章 上海贝尔：亲历改革的探索者 / 235

21.1 特殊背景，特殊公司 / 235

21.2 盛极必衰，危机四伏 / 236

21.3 结语 / 239

参考文献 / 239

第 22 章 巨龙通信：打破垄断的时代先驱 / 240

22.1 巨龙崛起，民族骄傲 / 240

22.2 商业失败，走向落寞 / 242

22.3 结语 / 244

参考文献 / 244

第三部分 通信名人篇

第 23 章 法拉第：从铁匠之子到"电磁理论之父" / 246

23.1 铁匠之子，求知若渴 / 246

23.2 拜师学艺，忍辱负重 / 247

23.3 钻研电磁，硕果累累 / 250

23.4 结语 / 253

参考文献 / 253

第 24 章 麦克斯韦：被低估的顶级科学大咖 / 254

24.1 少年天才，锋芒初露 / 254

24.2 专注学术，英年早逝 / 255

24.3　麦氏方程，造福后人 / 257

24.4　成果卓著，无人理解 / 258

24.5　统一电磁，改变世界 / 260

24.6　结语 / 260

参考文献 / 261

第 25 章　赫兹：英年早逝的德国科学天才 / 262

25.1　犹太少年，天赋异禀 / 262

25.2　师从名家，崭露头角 / 263

25.3　验证电磁，轰动业界 / 265

25.4　英年早逝，后辈杰出 / 266

25.5　结语 / 267

参考文献 / 268

第 26 章　莫尔斯："电报之父"的双面人生 / 269

26.1　艺术少年，事业起伏 / 269

26.2　发明电报，载入史册 / 272

26.3　推广普及，维权专利 / 274

26.4　热衷慈善，安然离世 / 275

26.5　结语 / 276

参考文献 / 277

第 27 章　贝尔：成就卓著的"电话之父" / 278

27.1　教育世家，移民北美 / 279

27.2　执着钻研，锲而不舍 / 280

27.3　专利获批，致力推广 / 282

27.4　誉满天下，赢得尊重 / 283

27.5　诸多成就，值得铭记 / 284

27.6　结语 / 288

参考文献 / 289

第 28 章　马可尼：年少成名的"无线电通信之父" / 290

28.1　家境富裕，爱好实验 / 290

28.2　年少有为，申请专利 / 291

28.3　跨海通信，震惊全球 / 292

28.4　参军入伍，人生跌宕 / 294

28.5　结语 / 295

参考文献 / 296

第 29 章　波波夫：俄国的无线电先驱 / 297

29.1　放弃神学，转向电学 / 297

29.2　发明天线，公开演示 / 298

29.3　错失专利，擦肩诺奖 / 299

29.4　结语 / 300

参考文献 / 301

第 30 章　特斯拉：饱受争议的"科学怪人" / 302

30.1　东欧少年，逐梦巴黎 / 303

30.2　屡屡被骗，另起炉灶 / 305

30.3　世纪对决，终获胜利 / 306

30.4　大胆创想，草草落幕 / 308

30.5　凄凉晚年，孤独离世 / 309

30.6　伟大发明，奠定地位 / 311

30.7　错过诺奖，赢得尊重 / 313

30.8　结语 / 313

参考文献 / 314

第 31 章　海蒂·拉玛：特立独行的好莱坞发明家 / 315

31.1　富家千金，热爱表演 / 315

31.2　发明跳频，却遭雪藏 / 318

31.3　晚年凄凉，终获认可 / 320

31.4　结语 / 321

参考文献 / 322

第 32 章　香农：通信"祖师爷"，科学"老顽童" / 323

32.1　天赋异禀，青年才俊 / 323

32.2　惊世论文，改变世界 / 325

32.3　热爱发明，痴迷杂耍 / 327

32.4　结语 / 329

参考文献 / 329

第 33 章　高锟："光纤之父"，改变世界 / 331

33.1　名门之后，热爱科学 / 331

33.2　执着钻研，预言光纤 / 333

33.3　担任校长，包容并蓄 / 335

33.4　荣获诺奖，名至实归 / 336

33.5　结语 / 337

参考文献 / 338

第一部分

通信技术篇

1837 年，人类历史上的第一份电报诞生，从此拉开了近现代通信技术发展的帷幕。

在随后漫长的发展历程中，我们的通信工具从电报到电话，再到手机，一步一步地让"随时随地，畅快沟通"成为现实。在这一过程中，究竟有哪些精彩的故事？又有哪些伟大的人物做出了卓越的贡献？中国的通信事业是如何从零开始起步，并最终走向世界领先的？在过去的几十年里，曾经历经辉煌却又逐渐消失的小灵通、TD-SCDMA、WiMAX 等技术又是什么？

读完本部分，你就会找到这些问题的答案。

第1章

全球通信技术的发展

1.1 通信发展，推动文明

通信是人类的基本需求，从人类社会诞生之日起，通信行为就已经存在了。

在原始社会，部落是最为常见的人类组织形式。部落成员为了维系正常的生产和生活关系，就需要进行通信。例如，部落成员在外出进行集中狩猎时会相互呼吼，通过发出声音信号进行协作。这就是一种通信方式。

任何通信方式都可以被理解为一个通信系统。任何通信系统都包括三个基本要素：信源、信道和信宿。例如，部落成员甲向部落成员乙发出呼吼，甲就是信源（甲的嘴巴是发送设备），乙就是信宿（乙的耳朵是接收设备），空气是信道（见图1-1）。呼吼声是信道上的信号，不同的呼吼声代表不同的信息，表达不同的意思。

图 1-1 通信系统的基本要素

随着时间的推移，语言和文字陆续诞生，人类的通信效率大幅提升。这是因为语言和文字所能承载的信息量远远超过了手势和呼吼，而且文字还可以通过石块、兽皮、兽骨等载体进行传递和保存。

人类社会的组织形式持续演进，组织的规模变得越来越大。部落变成村落，继而出现了城邦甚至国家。在这种情况下，仅靠面对面的交谈已经无法维系社会的正常运转。因此，人们需要更先进、多元化的通信方式和工具，提升组织内部的沟通效率，帮助这些大规模的人类社会组织紧密地联系在一起。于是，大家耳熟能详的烽火狼烟、击鼓鸣金、飞鸽传书、快马驿站等通信手段陆续出现。这些通信手段对国家的内部治理和军事外交发挥了巨大的作用，也促进了人与人之间的情感交流，推动了人类文明的进步。

然而，当国家疆域越来越辽阔、社会分工越来越精细的时候，组织之间的联系变得更加紧密且频繁，信息的价值急速增加。此时，传统通信手段因为在距离、时效、安全等方面存在缺陷，越来越难以满足人类的需求。

人们开始思索，还有没有更好的办法可以有效解决通信问题，满足社会发展的需要。

1.2　电报电话，技术突破

到了 19 世纪，人们期待已久的通信技术革命终于到来了。

第二次工业革命爆发，人类进入电气时代。电磁理论的出现和成熟，给通信技术的发展指明了新的方向。1820 年，丹麦人汉斯·奥斯特（Hans Oersted）发现了电流的磁效应，建立了电与磁之间的联系。1831 年，英国人迈克尔·法拉第（Michael Faraday，见图 1-2）发现了电磁感应定律，制造出世界上第一台能产生持续电流的发电机。

图 1-2　迈克尔·法拉第

1837 年，美国人塞缪尔·莫尔斯
（Samuel Morse，见图 1-3）发明了莫尔
斯码和有线电报，并成功申请了专利。
电报的发明具有划时代的意义——它让
人类获得了一种全新的信息传递方式。
这种方式完全不同于以往，可以把信息
变得"看不见，摸不着，听不到"！这些
信息变成了"隐形"的电流，通过细细
的电线传送到遥远的地方。

图 1-3 塞缪尔·莫尔斯

1839 年，全球首条真正投入运营的电报线路在英国出现。这条线路长约
20 千米，由查尔斯·惠斯通（Charles Wheatstone）和威廉·福瑟吉尔·库克
（William Fothergill Cooke）设计。

1865 年，英国人詹姆斯·克拉克·麦克斯韦（James Clerk Maxwell，见图
1-4）提出了麦克斯韦方程组，建立了经典电动力学，并且预言了电磁波的存
在。此时，人类离电磁波时代只差一步之遥。

1876 年 2 月，一位名叫亚历山大·格雷厄姆·贝尔（Alexander Graham
Bell，见图 1-5）的年轻人向美国专利局提交了一项发明专利申请并获得批准。
这项专利就是日后影响了人类社会发展进程的通信神器——电话。

图 1-4 詹姆斯·克拉克·麦克斯韦

图 1-5 亚历山大·格雷厄姆·贝尔

1888 年，德国人海因里希·鲁道夫·赫兹（Heinrich Rudolf Hertz，见图 1-6）用实验证明了电磁波的存在。至此，经典电磁理论大厦终于宣告落成，电磁波时代闪亮登场。

1896 年，意大利人古列尔莫·马可尼（Guglielmo Marconi，见图 1-7）发明了一款无线电通信装置并申请了专利，该装置的通信距离为 30 米。次年，马可尼将通信距离扩大到 2 英里[①]。1899 年，马可尼成功地将无线电信号发送到英吉利海峡对岸。1901 年，他又成功地将无线电信号发送到大西洋彼岸——从英国的伦敦到加拿大的纽芬兰。基于这些伟大的成就，他最终获得了诺贝尔物理学奖，也被世人尊称为"无线电通信之父"[②]。

图 1-6　海因里希·鲁道夫·赫兹

图 1-7　古列尔莫·马可尼

无线电报的出现标志着人类开启了用电磁波进行通信的无线时代。在电磁波的帮助下，人类通信的距离限制被不断突破，通信容量也不断提升。

1.3　规模扩张，交换演进

人类在发明电话和无线电报之后，将其视为两种相互独立的通信技术，分别进行研究。

---

① 2 英里约为 3.22 千米。——编者注
② 关于谁是真正的"无线电通信之父"，存在一些争议，详见本书第 28 章和第 29 章。

我们先来看看电话的发展史。

贝尔在申请电话专利之后的第二年，创办了贝尔电话公司，开始了电话的商业化运营。到当年年底，用户数很快就达到了 3000 户。没过多久，贝尔又完成了波士顿和纽约之间（相距 300 多千米）的首次长途电话实验，进一步推动了电话的快速普及。

随着电话用户的迅速增加，人们发现传统的电话连线方式存在很大的问题。电话的工作原理，其实就是将声音信号转换成电信号，通过电线传输之后再将电信号转换成声音信号。说白了，电话的连通与否，关键在于电线。最早的连线方式是直连模式（见图 1-8），也就是一对一模式。这种模式适用于用户数量很少的情况。随着用户数的快速增长，成本也会快速增加：要连接 n 个电话，需要 $n \times (n-1)/2$ 条电线。例如，要连接 10 000 个电话，就需要 49 995 000 条电线。

于是，人们开始引入"交换"（switch）的概念，发明了电话交换机。所谓"交换"，就是"进和出"。交换机所做的，就是控制消息从哪里来、到哪里去。交换机的出现不仅可以大幅减少线缆和线杆的成本，还有利于简化管理和维护。如图 1-9 所示，在交换模式下，n 个电话只需要 n 条电线。

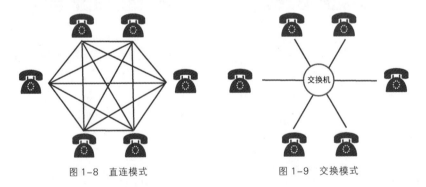

图 1-8　直连模式　　　　　　　　图 1-9　交换模式

世界上最早的电话交换机诞生于 1878 年。这种交换机由话务员进行人工操作，所以称为"人工交换机"。用户在打电话时，要先与话务员通话，告诉话务员想要找谁，然后由话务员帮忙接续（见图 1-10）。

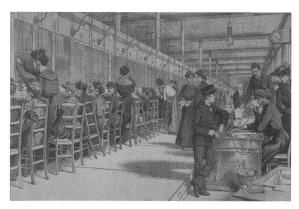

图 1-10　话务员和人工交换机

根据当时电话的分类，人工交换机也分为两种，分别是磁石式和共电式的。早期的电话机由自身提供电能，主要由送话器、受话器、手摇发电机、电铃、干电池等部件构成。因为手摇发电机上有两块永久磁铁，所以得名"磁石式电话机"（见图 1-11）。"共电式电话机"则出现于 1880 年。这种电话机的通话双方可以共同使用电话局的电源，从而大大简化了电话机的结构。这种电话机使用方便，拿起便可呼叫。

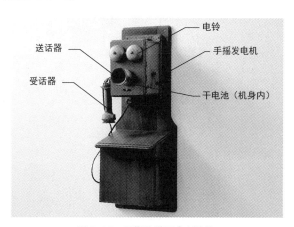

图 1-11　早期的磁石式电话机

人工交换机虽然实现了交换的功能，但也有明显的缺点：占用大量人力，效率低下，且容易出错。1891 年，有一个名叫 A. B. 史端乔（Almon Brown Strowger）的殡仪馆老板就吃了人工交换机的亏。他发现，客户打到自己店里的电话总会被话务员转接到另一家殡仪馆。原来，这个话务员是另一家殡仪馆老板的堂弟。得知原因后的史端乔非常生气，发誓一定要发明一个不需要人工操作的交换机。结果，他真的做到了——他在自己的车库里制作了世界上第一台步进制电话交换机（又称为"史端乔交换机"，见图1-12）。

图 1-12　早期的步进制交换机

步进制交换机由预选器、选组器和终接器等部件组成，以机械动作代替话务员的人工动作。当用户拨号时，预选器随着拨号发出的脉冲电流，一步一步地改变接续位置，从而将主叫和被叫用户间的电话线路自动接通（工作原理见图1-13）。

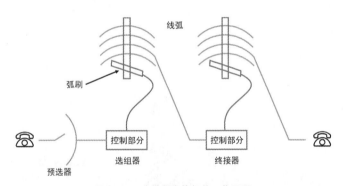

图 1-13　步进制交换机的工作原理

值得一提的是，除了步进制交换机之外，大家经常在电视上看到的旋转式拨号盘（见图1-14）也是史端乔发明的。对于一个殡仪馆老板来说，他的发明天赋真的很了不起。正因为他的杰出贡献，20世纪90年代末，还有人专门给他建立了一个网站，以示纪念。

图 1-14　带有旋转式拨号盘的电话机

1892 年，第一个史端乔步进制电话机在美国投入使用。后来，在史端乔步进制交换机的基础上，又出现了旋转式和升降式的交换机。1909 年，德国西门子公司对史端乔步进制电话交换机进行改进，制造出了西门子步进制电话交换机。

总的来说，步进制交换机虽然可以替代人工交换机，但仍然存在很多缺点。例如，步进制交换机的接点是滑动式的，不仅可靠性差、易损坏，而且结构复杂、体积大、动作慢。于是，工程师们转而继续寻求更好的解决方案。

1915 年，贝尔公司旗下的西部电气公司设计了一款用于切换电话呼叫的机电设备，并将其命名为坐标选择器（coordinate selector）。1919 年，瑞典工程师 G. A. 贝塔兰德（Gotthilf Ansgarius Betulander）和尼尔斯·帕尔姆格伦（Nils Palmgren）在坐标选择器的基础上加以改进，共同发明了一种叫作"纵横接线器"（crossbar，见图 1-15）的新型选择器，并申请了专利。这种接线器没有采用过去的滑动式接点，而是改用点触式接点，从而减少了磨损，延长了使用寿命。在纵横接线器的基础上，1926 年，世界上第一个大型纵横制自动电话交换机在瑞典松兹瓦尔市投入使用。1938 年，美国开通了 1XB 纵横制自动电话交换系统。紧接着，法国、日本等国家也相继生产和使用了该类系统。从此，人类正式进入纵横制交换机（见图 1-16）时代。

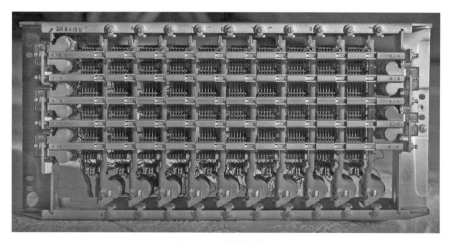

图 1-15　纵横接线器

图 1-16　纵横制交换机

　　"纵横制"和"步进制"都利用电磁机械动作进行接线，所以它们同属于"机电制自动电话交换机"。机械终归是机械，效率低、容量小、故障多，难以满足人类日益增长的通信需求。于是，科学家们没有停下脚步，而是继续研究和探索更先进的交换处理方式。

1.4　理论奠基，扫清障碍

　　20 世纪 40 年代，第三次工业革命初露端倪。两个重要事件相继发生，使通信技术突破了发展瓶颈。

　　第一个事件是半导体晶体管的发明。1947 年，来自贝尔实验室的威廉·肖克利（William Shockley）、约翰·巴丁（John Bardeen）和沃尔特·布拉顿（Walter Brattain）共同发明了世界上第一个半导体晶体管（见图 1-17），从此开启了人类的集成电路时代。自那以后，电子元器件的体积变得越来越小，性能变得越来越好，并最终朝着摩尔定律的方向发展。

图 1-17　半导体晶体管及发明人：约翰·巴丁（左），威廉·肖克利（中），沃尔特·布拉顿（右）

图 1-18　克劳德·埃尔伍德·香农

第二个事件是信息论的提出，同样发生在贝尔实验室。1948—1949 年，在贝尔实验室工作的美国数学家克劳德·埃尔伍德·香农（Claude Elwood Shannon，见图 1-18）先后发表了两篇划时代的经典论文——《通信的数学理论》和《噪声下的通信》。在论文中，香农详细且系统地论述了信息的定义，以及怎样数量化信息，怎样更好地对信息进行编码；提出了信息熵的概念，用于衡量消息的不确定性；还提出了香农公式，阐述了影响信道容量的相关因素。这两篇论文宣告了信息论的诞生，为后续信息和通信技术的发展打下了坚实的理论基础。正因为香农的杰出贡献，他被称为"信息论之父"，也被公认为信息和通信行业的"祖师爷"。

晶体管带来了硬件工艺的演进，信息论奠定了通信技术的理论基础。它们为通信技术的高速发展扫清了障碍。

在半导体技术刚刚出现的时候，人们就在庞大的电话交换机中引入了电子技术。当时，因为电子元件的性能还无法满足要求，所以出现了将电子和传统机械结合的交换机，称为"半电子交换机"或"准电子交换机"。后来，随着微电子技术和半导体集成电路技术的进一步发展和成熟，终于有了"全电子交换机"。

1965 年，美国贝尔公司成功生产了世界上第一台商用存储程式控制交换机（也就是"程控交换机"，见图 1-19），型号为 No.1 ESS（electronic switching system）。1970 年，法国拉尼翁市开通了世界上第一个程控数字交换系统——E10，标志着人类进入了数字交换时代。

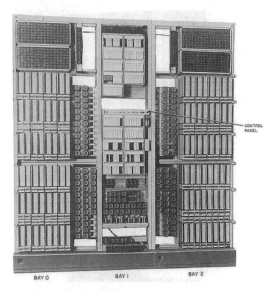

图 1-19　No.1 ESS 程控交换机

　　程控交换机实质上就是电子计算机控制的交换机。它以预先编好的程序来控制交换机的接续动作。这种交换机的优点非常明显：接续速度快、功能多、效率高、声音清晰、质量可靠、容量可大至万门[①]。程控交换机虽然容量巨大，但是占地面积更小。在相同容量下，程控交换机的机架数仅为纵横制交换机的1/10。而且，程控交换机每个机架的重量比纵横制交换机轻一半多，非常有利于安装和维护。

1.5　坎坷 0G，漫长探索

　　在继续有线通信的故事之前，我们先停下脚步，回顾一下无线通信的发展历程。

---

　　① "门"是交换机容量的一种单位，可以简单地理解为交换机在同一时刻支持的最大接续电话数量。

众所周知，固定电话是一种有线通信方式，而无线电报属于无线通信。有线通信和无线通信中所谓的"线"其实就是前面说过的信道。信道有多种介质：电缆、光缆属于有线介质，而空气则属于无线介质。不管是有线还是无线，传输的都是电磁波——在有线电缆中，电磁波以导行波的方式传播；而在空气（真空）中，电磁波以空间波的方式传播。

19 世纪末，无线电报技术在发明之后受到了人们的广泛欢迎，并在航海、军事等领域迅速推广和普及。我们熟知的"泰坦尼克号"，在撞击冰山之后就曾通过无线电报进行紧急求援。无线电报有一个显著的特点，就是单向通信（单工通信）。也就是说，在同一时刻，要么发出信息，要么接收信息，一方不能同时接收和发送。

此外，电报采取一对多的工作模式。只要在信号能传播到的地方，任何人都可以接收到发信方发出的消息。如果是密文电报，只有掌握密码本的人才能解读电报的内容。如果是未加密的明文电波，则任何人都可以获悉报文的内容，这种电报变成了广播。

1906 年 12 月 24 日晚上 8 点钟左右，在美国马萨诸塞州的布朗特岩，匹兹堡大学的教授雷吉纳德·奥布里·费森登（Reginald Aubrey Fessenden，见图 1-20）借助一座 128 米高的无线电塔，成功地进行了人类历史上的第一次正式无线电广播。广播加速了信息的传播，成为当时人们获取新闻的最快捷途径。

图 1-20　雷吉纳德·奥布里·费森登

后来，两次世界大战相继爆发。在战争需求的刺激下，通信技术有了突飞猛进的发展。20 世纪 30 年代末，美国军方意识到无线通信的重要性，牵头发明了世界第一台无线步话机 SCR-194。再后来，摩托罗拉公司参与了这个项目，研发了后续型号 SCR-300 和 SCR-536。

第二次世界大战之后，受益于晶体管和信息论，无线通信进入了发展的快车道。

1946 年，美国 AT&T 公司将无线收发机与 PSTN（public switched telephone network，公共交换电话网络）相连，正式推出了民用的 MTS（mobile telephone service，移动电话服务）。在 MTS 中，如果用户想要拨打电话，必须先手动搜索一个未使用的无线频道，然后与运营商接线员通话，请求对方通过 PSTN 进行二次接续。整个通话采用半双工的方式，也就是说，同一时间只能有一方说话。在说话时，用户必须按下电话上的"push-to-talk"（按下通话）开关。MTS 的计费方式也十分原始：接线员会全程旁听双方的通话，并在通话结束后手动计算费用，确认账单。

尽管 MTS 现在看来非常"原始"，但它确实是有史以来第一套商用移动电话系统。注意，MTS 中的 mobile telephone（移动电话）并不是手机，而是 mobile vehicle telephone（移动车载电话），更准确地说，是车载半双工手动对讲机。以当时的电子技术和电池技术，是不可能发明出手机的，能造出车载电话已经非常不错了。

当时 MTS 系统的"基站"也非常庞大，有点像广播电视塔。一座城市只有一个"基站"，位于市中心的制高点，覆盖方圆 40 千米，功率极高。

1947 年 12 月，贝尔实验室的研究人员道格拉斯·瑞因（Douglas H. Ring）率先提出了"蜂窝"（cellular）的构想。他认为，与其一味地提升信号发射功率，不如限制信号传输的范围，将信号控制在一个有限的区域（小区）内。这样一来，不同的小区可以使用相同的频率，互不影响，从而提升系统容量。虽然蜂窝通信（见图 1-21）的设想很好，但是同样受限于当时的电子技术（尤其是切换技术），无法实现。贝尔实验室只能将其束之高阁。

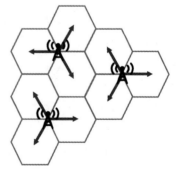

图 1-21　蜂窝通信

到了 20 世纪 50 年代，更多的国家开始陆续建设车载电话网络。1952 年，联邦德国推出了 A-Netz 通信系统。1961 年，苏联工程师列昂尼德·库普里亚诺维奇（Leonid Kupriyanovich）发明了 ЛК-1 型移动电话，同样是安装在汽车上使用的。后来，苏联推出了 Altai 汽车电话系统，覆盖了 30 多个城市。1969 年，美国推出了改进型的 MTS 车载电话系统，称为 IMTS（improved MTS）。IMTS 支持全双工、自动拨号和自动频道搜索，可以提供 11 个（后来为 12 个）频道，相比 MTS 有了质的飞跃。1971 年，芬兰推出了公共移动电话网络 ARP（auto radio puhelin[①]），在 150 MHz 频段工作，仍然靠手动切换，主要为汽车电话服务。

不管是 Altai，还是 IMTS 或 ARP，后来都被称为 "0G" 或 "Pre-1G"（准 1G）移动通信技术。

1.6　创新 1G，百家争鸣

20 世纪 70 年代，在技术的不断积累和沉淀下，人类终于迎来了移动通信技术的大爆发。

1973 年 4 月，摩托罗拉工程师马丁·库珀（Martin Cooper）和约翰·米切尔（John F. Mitchell）发明了世界上第一款真正意义上的手机（手持式个人移动电话）。这款手机被命名为 DynaTAC（dynamic adaptive total area coverage），高 22 厘米、重 1.28 千克，可以持续通话 20 分钟，带有一根醒目的天线。

手机的出现，标志着移动通信时代的开始。以移动通信为代表的无线通信开始取代有线通信，成为通信技术研究的主流方向。

1974 年，FCC（Federal Communications Commission，美国联邦通信委员会）批准了部分无线电频谱，用于美国国内蜂窝网络的试验。然而，试验一直拖到 1977 年才正式开始。当时参与试验的是 AT&T 和摩托罗拉这两个死对头。

---

① puhelin 是芬兰语中的 "电话"。

AT&T 在 1964 年被美国国会"剥夺"了卫星通信商业使用权。无奈之下，他们在贝尔实验室组建了移动通信部门，寻找新的机会。1964 年到 1974 年间，贝尔实验室开发了一种叫作 HCMTS（high-capacity mobile telecommunications system，大容量移动通信系统）的模拟系统。该系统的信令①和语音信道均采用 30 kHz 带宽的 FM 调制，信令速率为 10 kbit/s。由于当时并没有无线移动系统的标准化组织，AT&T 公司就给 HCMTS 制定了自己的标准。后来，美国电子工业协会将这个系统命名为"暂定标准 3"（interim standard 3，IS-3）。1976 年，HCMTS 换了一个新名字——AMPS（advanced mobile phone service，先进移动电话服务）。AT&T 基于 AMPS 技术在芝加哥和纽瓦克进行了 FCC 的试验。

再来看看摩托罗拉。早期，摩托罗拉研发了 RCC（radio common carrier，无线电公共载波）技术，赚了不少钱。所以，他们一直极力反对 FCC 给蜂窝通信发放频谱，以免影响自己的市场利益。但与此同时，他们也在拼命研发蜂窝通信技术，进行技术储备。这才有了 DynaTAC 的诞生。FCC 发放频谱后，摩托罗拉基于 DynaTAC 在华盛顿进行试验。

就在 AT&T 和摩托罗拉还在"慢悠悠"地进行试验的时候，别的国家已经捷足先登了。1979 年，NTT（Nippon Telegraph and Telephone，日本电报电话公司）在东京大都会地区推出了世界首个商用自动化蜂窝通信系统。这个系统后来被认为是全球第一个 1G 商用网络。

当时，NTT 的这套系统拥有 88 个基站，支持不同小区站点之间的全自动呼叫切换，不需要人工干预。系统采用 FDMA（frequency division multiple access，频分多址）技术，信道带宽 25 kHz，工作频段 800 MHz，双工信道总数 600 个。

1981 年，北欧的挪威和瑞典建立了欧洲首个 1G 移动网络——NMT（Nordic Mobile Telephone，北欧移动电话）。不久后，丹麦和芬兰也加入了他

---

① 即通信系统中的控制指令

们。NMT 成为全球第一个具有国际漫游功能的移动电话网络。再后来，沙特阿拉伯、俄罗斯和一些其他的欧洲、亚洲国家也引入了 NMT。

1983 年，后知后觉的美国终于想起要建立自己的 1G 商用网络。1983 年 9 月，摩托罗拉发布了全球第一部商用手机——DynaTAC 8000X。它的重量为 1 千克，可以持续通话 30 分钟，充满电需要 10 小时，售价高达 3995 美元。1983 年 10 月 13 日，Americitech 移动通信公司（来自 AT&T）基于 AMPS 技术在芝加哥推出了全美第一个 1G 网络。这个网络既可以使用车载电话，也可以使用 DynaTAC 8000X。

FCC 在 800 MHz 频段为 AMPS 分配了 40 MHz 带宽。借助这些带宽，AMPS 承载了 666 个双工信道，单个上行或下行信道的带宽为 30 kHz。后来，FCC 又追加分配了 10 MHz 带宽，AMPS 的双工信道总数变为 832 个。

商用第一年，Americitech 卖出了大约 1200 部 DynaTAC 8000X 手机，累积了 20 万用户。五年后，用户数升至 200 万。迅猛增长的用户数量远远超过了 AMPS 网络的承受能力。后来，为了提升容量，摩托罗拉推出了窄带版 AMPS 技术，即 NAMPS。它将现有的 30 kHz 语音信道分成三个 10 kHz 信道（信道总数变成 2496 个），以此节约频谱，扩充容量。

除了 NMT 和 AMPS，另一个被广泛应用的 1G 标准是 TACS（total access communication system，全接入通信系统），首发于英国。1983 年 2 月，英国政府宣布 BT（英国电信）和 Racal Millicom（沃达丰的前身）这两家公司将以 AMPS 技术为基础，建设 TACS 移动通信网络。1985 年 1 月 1 日，沃达丰正式推出 TACS 服务（设备提供商是瑞典爱立信），它在当时只有 10 个基站，覆盖整个伦敦地区。

TACS 的单个信道带宽是 25 kHz，上行使用 890～905 MHz，下行使用 935～950 MHz，一共有 600 个信道用于传输语音和控制信号。这套系统主要是摩托罗拉开发出来的，实际上是 AMPS 系统的修改版本。两者除了频段、频道间隔、频偏和信令速率不同，其他完全一致。

TACS 和 NMT 在性能上有明显的区别。NMT 适合北欧国家人口稀少的环境，采用的是 450 MHz（后来改成 800 MHz）的频率，小区范围更大；TACS 的优势在于容量大，而非覆盖距离远，因为 TACS 系统发射机的功率较小，所以适合英国这样人口密度高、城市面积大的国家。

随着用户数量的增加，后来 TACS 补充了一些频段（10 MHz），变成 ETACS（extended TACS）。NTT 在 TACS 的基础上，研发出了 JTACS。

除了 AMPS、TACS 和 NMT 之外，1G①技术还包括德国的 C-Netz、法国的 Radiocom 2000 和意大利的 RTMI 等。这些百花齐放的网络技术（见表 1-1）宣告了移动通信时代的到来。

表 1-1　百花齐放的网络技术

网络类型	使用国家
AMPS	美国、加拿大
NMT-450	奥地利、比利时、捷克、丹麦、芬兰、法国、冰岛、卢森堡、荷兰、挪威、波兰、斯洛文尼亚、西班牙、瑞典、土耳其
NMT-900	丹麦、芬兰、荷兰、挪威、瑞典、瑞士
TACS/ETACS	奥地利、爱尔兰、意大利、西班牙、英国
Netz-C	德国、葡萄牙、南非
Radiocomm 2000	法国

1.7　升级 2G，数字崛起

虽然 1G 在很多国家开花结果，但它事实上并不是成熟可靠的技术。因为它采用的是模拟信号技术，会导致保密性差、容量低、通话质量差、信号不稳定等一系列问题。20 世纪 80 年代后期，随着大规模集成电路、微处理器与数字信号技术的日趋成熟，人们开始推动蜂窝通信系统从模拟向数字的转型。

---

① 事实上，当时并没有"1G"这样的叫法，在 2G 技术出现后，人们才将这些技术称为 1G，以作区分。

1982 年，欧洲邮电管理委员会成立了"移动专家组"，专门负责通信标准的研究。这个"移动专家组"的法语名字是 Groupe Spécial Mobile，缩写是 GSM。后来，GSM 这一缩写的含义被改为 global system for mobile communications，即全球移动通信系统。GSM 的成立宗旨是建立一个新的泛欧标准，开发泛欧公共陆地移动通信系统。他们提出了高效利用频谱、低成本系统、手持终端和全球漫游等要求。随后几年，ETSI（European Telecommunications Standards Institute，欧洲电信标准组织）完成了 GSM 900 MHz 和 1800 MHz（DCS）的规范制定。

1991 年，芬兰的 Radiolinja 公司（现为 ELISA Oyj 的一部分）在 GSM 标准的基础上推出了全球首个 2G 网络，标志着移动通信正式步入 2G 时代。2G 采用数字技术取代了 1G 的模拟技术，通话质量和系统稳定性大幅提升，更加安全可靠，设备能耗也大幅下降。此后，全球多个国家和地区基于 2G GSM 技术建立起了自己的移动通信网络，GSM 变成了最受欢迎的移动通信标准。

就在 GSM 技术全球普及的同时，另一个 2G 通信标准也逐渐崛起，那就是 CDMA（code division multiple access，码分多址）。准确来说，是 IS-95 或 cdmaOne。

CDMA 采用的扩频技术在第二次世界大战时期就已经出现了。当时的好莱坞女星海蒂·拉玛（Hedy Lamarr）和钢琴师乔治·安太尔（George Antheil）合作，发明了扩频通信并申请了专利。不过，当时扩频通信并没有引起美国官方的重视，直到 20 世纪 50 年代之后才被用于军用保密通信。20 世纪 80 年代，美国高通公司发现了扩频通信的商业价值，并在此基础上发明了 CDMA 通信技术。

IS-95 有两个版本，分别是 IS-95A 和 IS-95B。前者可以支持高达 14.4 kbit/s 的峰值数据速率，而后者支持的峰值数据速率则达到了 115 kbit/s。

1991 年，高通正式开展了 CDMA 系统的现场试验。1995 年，CDMA 系统在韩国和中国香港入网使用，随后在美国等国家和地区进行推广。此时，全球移动通信领域就形成了 GSM 和 CDMA 全面竞争的局面。

GSM 的核心是 TDMA（time division multiple access，时分多址）。CDMA 的核心是码分多址。单纯从技术层面来说，CDMA 比 GSM 更为优秀：它的容量更大，抗干扰性更好，安全性更强。但是，GSM 因为起步较早，所以影响力和市场规模比 CDMA 更大。

值得一提的是，2G 并不是只有 GSM 和 CDMA。CTIA（Cellular Telephone Industries Association，美国蜂窝电话工业协会）基于 AMPS 技术开发出了一个数字版的 AMPS，叫作 D-AMPS（Digit-AMPS），其实也算是 2G 标准。1990 年，日本推出的 PDC（personal digital cellular，个人数字蜂窝系统）也属于 2G 标准。

在 2G 崛起的时期，还发生了一件重要的事情，那就是互联网（Internet）的兴起。

20 世纪 80 年代，计算机技术演进神速，计算机网络技术也随之蓬勃发展，相关基础理论逐渐完善，并最终催生出强大的互联网。互联网崛起之后，计算机之间的数据通信需求呈爆炸式增长。在这之前，人们通信的传输内容主要为语音。现在，人们要开始考虑如何传输计算机数据报文。这些数据报文是图像、音频、视频等文件的载体。

传输数据报文也称为"分组交换"（packet switched）业务。与之相对，电话属于"电路交换"（circuit switched）业务。前面说到，20 世纪 70 年代，有线通信已经发展到了程控交换阶段。程控交换的工具还是以语音业务为主要目的的电路交换机。

在互联网流行起来之后，有线通信的发展开始出现了不同的分支。

第一条分支是语音通话服务，它虽然还在继续发展，但是地位已经大不如前。20 世纪八九十年代，西方发达国家加快淘汰传统电话交换机，程控交换机开始陆续退出历史舞台。接替程控交换机的是 NGN（next generation network，下一代网络）设备。从广义上来说，NGN 是在"前一代网络"的基础上采用新技术演进出来的"新一代网络"。"前一代网络"就是传统公共交换电话网络，可以简单地理解为程控电话交换机网络。从狭义上来说，NGN 是一种网络模型，由很多设备组成，其中就包括软交换设备。所以，NGN 时代也被称为"软交换"时代。

第二条分支是宽带接入服务。这类服务以提供上网业务为目的。早期主要以 ADSL、VDSL 等上网接入方式为主，后来随着光通信的迅速崛起，逐渐发展为 EPON、GPON 等光纤宽带接入服务，以及面向政企客户的 MPLS 专线接入服务。运营商的骨干网络也逐渐向全光化的方向发展。

总而言之，从 20 世纪 80 年代开始，有线通信的发展趋势就是"从电路到 IP，从语音到数据，从电通信到光通信"，系统的传输速率和容量开始大幅提升。

有线通信发生巨变，移动通信也未能"幸免"。

随着互联网的普及，越来越多的用户提出了"移动上网"的需求。为了满足这一需求，移动通信系统演进出了 2.5G，也就是 GPRS（general packet radio service，通用分组无线业务）。我们可以把 GPRS 看作 GSM 的一个"插件"。在 GPRS 的帮助下，网络可以提供最高 114 kbit/s 的数据业务速率。

GPRS 最早在 1993 年提出，并在 1997 年出台了第一阶段的协议。它的出现是蜂窝通信历史的一个转折点，因为它意味着数据业务开始崛起，成为移动通信的主要发展方向。

GPRS 技术推出之后，电信运营商还研发出了速率更快的技术，叫作 enhanced data-rates for GSM evolution（GSM 演进的增强速率），也就是 EDGE（2.75G）。

EDGE 最大的特点就是在不替换设备的情况下，可以提供两倍于 GPRS 的数据业务速率，因此得到了部分运营商的青睐。世界上的首个 EDGE 网络，是美国 AT&T 公司于 2003 年在自家 GSM 网络上部署的。

1.8 竞争 3G，三足鼎立

为了进一步提升手机数据业务的带宽，通信厂商开始加紧推出 3G 技术。

1996 年，欧洲成立 UMTS（Universal Mobile Telecommunications System，通用移动通信系统）论坛，专注于协调欧洲 3G 的标准研究。以诺基亚、爱立信、阿尔卡特为代表的欧洲阵营清楚地认识到 CDMA 的优势，于是开发出了原理相类似的 WCDMA（wideband CDMA，宽带码分多址）系统。之所以叫作 WCDMA，是因为它的信道带宽达到 5 MHz，比 CDMA2000 的 1.25 MHz 更宽。

很多人不清楚 UMTS 和 WCDMA 的关系，其实，UMTS 是欧洲对 3G 的统称。WCDMA 是 UMTS 的一种实现，一般特指无线接口部分。后面提到的 TD-SCDMA 也属于 UMTS。

为了和美国抗衡，欧洲 ETSI 还联合日本、中国等国的标准开发组织共同成立了组织 3GPP（3rd Generation Partnership Project，第三代合作伙伴计划），合作制定全球第三代移动通信标准。

反观北美，其内部意见却存在分歧。以朗讯、北电为代表的企业支持 WCDMA 和 3GPP，而以高通为代表的另一部分企业联合韩国组成了 3GPP2 组织，与 3GPP 抗衡。他们推出的标准是基于 CDMA 1X（IS-95）发展起来的 CDMA2000。CDMA2000 虽然是 3G 标准，但一开始的峰值速率并不高，只有 153 kbit/s。后来演进到 EVDO（evolution data only），它的数据速率才有了明显的提升，可以提供高达 14.7 Mbit/s 的峰值下载速度和 5.4 Mbit/s 的峰值上传速度。

在这一时期，中国也推出了自己的 3G 标准候选方案（也就是大家熟知的 TD-SCDMA，详见 3.2 节），共同参与国际竞争。这是我国有史以来第一次在世界通信领域提出自己的标准。

经过激烈的角逐和博弈，国际电信联盟（International Telecommunication

Union，ITU）最终确认了全球 3G 的三大标准，分别是欧洲主导的 WCDMA、美国主导的 CDMA2000，以及中国的 TD-SCDMA。

在 3G 商用进度方面，走在前面的是 NTT。1998 年 10 月 1 日，NTT Docomo 在日本推出了世界上第一个商用 3G 网络（基于 WCDMA）。

3G 标准确定之后，并没有得到大规模的应用和建设。究其原因，一方面是 2000 年左右的全球金融危机导致互联网泡沫破碎，很多 IT 和通信企业元气大伤，无力进行 3G 的建设；另一方面，当时用户对 3G 的需求并不强烈，手机基本以功能手机为主，根本用不到那么高的网速。

到了 2007 年，乔布斯带领下的苹果公司推出了智能手机 iPhone，打破了僵局。iPhone 的高清触摸屏和应用商店（App Store）让所有手机用户耳目一新。谷歌公司紧随其后推出的安卓（Android）操作系统也进一步促进了智能手机的普及。

智能手机功能强大，刺激了用户对网速的需求。于是，3G 开始走出低谷，成为各国运营商争相建设的"香饽饽"。"智能手机 + 3G 网络"开启了移动互联网时代，我们的生活开始随之发生巨变。从某种意义上来说，iPhone 拯救了3G，也拯救了当时的通信行业。

智能手机的发展速度太快了。没过多久，人们就发现，3G 也不足以满足网速需求。于是，在 UMTS 的基础上，ETSI 和 3GPP 又开发了 HSPA（high speed packet access，高速分组接入）、HSPA+、dual-carrier HSPA+（双载波 HSPA+）和 HSPA+ Evolution（演进型 HSPA+）。这些网络技术的速率明显超过传统 3G，人们将其称为 3.75G。

1.9　成功 4G，标准归一

2003 年，负责制定 Wi-Fi 标准的 IEEE（Institute of Electrical and Electronics Engineers，电气电子工程师学会）引入 OFDM（orthogonal frequency-division multiplexing，正交频分复用技术）和 MIMO（multiple input multiple output，多天线技术），推出了 802.11g 标准，大幅提升了 Wi-Fi 的传输速率（达到了 54 Mbit/s），获得巨大成功。于是，以英特尔（Intel）为代表的 IT 厂商针对蜂窝移动通信市场，推出了 802.16 标准，意图和已有 3G 标准进行竞争。这个 802.16 标准就是当年火遍全球的 WiMAX（World Interoperability for Microwave Access，全球微波接入互操作性）。

面对 WiMAX 的挑战，以 3GPP 为代表的传统通信行业感受到了很大的压力。于是，他们在 3G 基础上，加快了技术研究和标准开发。2008 年，3GPP 提出了 LTE（long term evolution，长期演进技术）作为 3.9G 技术标准。2009 年 12 月 14 日，全球首个面向公众的 LTE 服务网络（以 4G 的名义），在瑞典首都斯德哥尔摩和挪威首都奥斯陆开通。网络设备分别来自爱立信和华为，而用户终端则来自三星。2011 年，3GPP 又提出了长期演进技术升级版（LTE-Advanced）作为 4G 技术标准。不管是 LTE 还是 LTE-A，都采用了 OFDM 技术。进入 LTE 时代后，手机终端的理论下行速率终于突破了 100 Mbit/s 大关，如表 1-2 所示。

表 1-2　各时代手机终端理论下行速率

时　代	制　式	理论下行速率
1G	AMPS、NMT、TACS 等	—
2G	IS-95A	14.4 kbit/s
	GSM	14.4 kbit/s
2.5G	CDMA2000 1X	153.6 kbit/s
	GPRS	107.2 kbit/s
2.75G	EDGE	384 kbit/s
3G	CDMA EV-DO Rev.A	3.1 Mbit/s
	TD-SCDMA	2.8 Mbit/s
	WCDMA	7.2 Mbit/s
3.9G	FDD-LTE	150 Mbit/s
	TDD-LTE	100 Mbit/s

就在 3GPP 大力发展 LTE 的同时，以高通为首的 3GPP2 也没闲着。2007 年，高通提出了 UMB（ultra-mobile broadband，超级移动宽带）计划，作为

CDMA2000 的下一步演进。但是因为高通在 3G 时期的专利费实在太高，所以 UMB 并没有得到多少企业的支持。大部分运营商和设备商投入了 3GPP 的 LTE 阵营。后来，因为 UMB 实在无人问津，高通干脆停掉了这个项目，自己也加入了 3GPP。

前面说的挑战者 WiMAX，后来也因为产业链和兼容性等方面的不足，在发展过程中遭受了巨大的挫折。最终，整个阵营分崩离析（详见第 5 章）。

于是，在一番激烈竞争之后，LTE/LTE-A 成为世界上最主流的 4G 移动通信标准，在全球普及。

图 1-22 展示了从 2G 到 4G 的完整技术演进过程，可以说是一步一个脚印，最终"修成正果"。

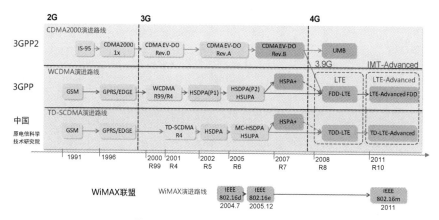

图 1-22　从 2G 到 4G 的标准演进过程

1.10　创新 5G，万物互联

4G 获得了巨大成功，推动人类社会全面走向了移动互联网时代。人们的生活被各种各样的手机 App 改变，并由此催生了一种全新的经济模式，那就是数字经济。

在数字经济时代的背景下，移动通信该往什么方向发展呢？有了 4G 之后，我们还需要继续前进吗?

当然需要。技术的演进是无止境的,产业的发展也不可能停滞不前。其实,早在 2010 年左右,欧盟、日本、韩国、美国和中国就已经纷纷启动了对 5G 标准的预研。2013 年初,欧盟在第七框架计划①下,启动了面向 5G 研究的 METIS 项目。几乎同时,中国成立了 IMT-2020(5G)推进组。这个推进组涵盖了我国移动通信领域产学研用的主要力量。它的任务很明确,就是引领我国 5G 发展,推动我国 5G 标准的研究和布局。

在 5G 标准研究之初,国际电信联盟曾经面向全球征集 5G 的指标需求,以及大家对 5G 的意见和期望。后来,根据各国的反馈,国际电信联盟确认了 5G 的正式指标要求(见表 1-3)。

表 1-3　国际电信联盟对 5G 的指标要求

指　　标	国际电信联盟的要求值
流量密度	每平方米 10 Mbit/s
连接密度	支持每平方千米 100 万个用户终端
时延	空中接口时延可达到 1 ms
移动性	支持终端以 500 km/h 的速度移动
网络能效	100 倍
频谱效率	2 倍 / 3 倍 / 5 倍
用户体验速率	可达 100 ~ 1000 Mbit/s
峰值速率	可达 10 Gbit/s 或 20 Gbit/s

从上面的指标可以发现,5G 的设计服务对象已经不再仅仅是手机,而是一个更宽阔的新领域,那就是物联网(IoT,Internet of Things)。5G 的目标就是实现"万物互联"。

2015 年 9 月,国际电信联盟正式确认了 5G 的三大应用场景,分别是 eMBB、uRLLC 和 mMTC。eMBB(enhanced mobile broadband,增强型移动

① 欧盟的第七框架计划(7th Framework Programm)简称 FP7,是欧盟在 2007 年启动的投资最多的全球性科技开发计划。

宽带）是传统移动宽带的升级版，强调高速率，主要服务于消费互联网。uRLLC
（ultra reliable & low latency communication，低时延、高可靠通信）强调低时
延和高可靠性，主要服务于车联网、工业互联网等。mMTC（massive machine
type communication，海量机器类通信）也称为大规模物联网，强调超大规模
连接数量和低功耗，主要应用于智能表计、智能井盖、智能路灯等。

　　5G 之所以要向物联网的方向发展，是由时代所决定的。从 1G 到 4G，人
类的基本通信需求已经得到了满足，消费互联网的发展空间日益缩小。然而，
行业对数字化的需求却是一片蓝海。包括工业制造、能源电力、教育文旅、医
疗卫生、运输物流等在内的各个垂直行业，希望借助 ICT 技术，进行数字化、
信息化、网络化、智能化的变革。行业与互联网的结合就是行业互联网。消费
互联网加上行业互联网才是完整的互联网。

　　国际电信联盟明确 5G 目标和要求之后，负责具体标准研究的仍然是
3GPP。3GPP 将 5G 标准分为两个阶段（见图 1-23）。R15 ～ R17[①]是第一阶段，
R18 ～ R20 是第二阶段。第二阶段，也称为 5G-Advanced 阶段（5.5G）。

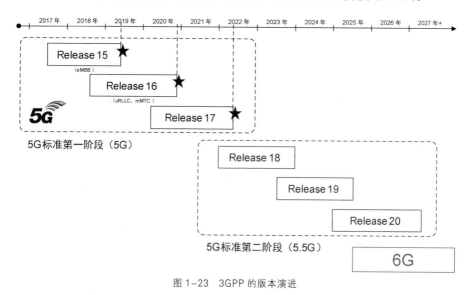

图 1-23　3GPP 的版本演进

---

① R15 指的是 Release 15，依此类推。——编者注

2019 年 4 月 3 日，韩国成为世界上第一个宣布 5G 网络商用的国家。近几年，全球 5G 网络建设取得了长足的发展。2021 年，全球超过 30%的国家部署了 5G 网络，5G 用户数突破 6 亿。

2022 年 6 月 9 日，3GPP R17 标准正式冻结，标志着 5G 昂首迈入 5G-Advanced 时代。移动通信技术，又将发生新的巨变！

1.11　结语

人类通信技术的发展历程是一部波澜壮阔的历史诗篇。从 19 世纪的基础理论奠基，到 20 世纪前 70 年的技术蓄力，我们最终迎来了现代通信技术的大飞跃。

从用户的角度来看，1G 出现了移动通话，2G 普及了移动通话，2.5G 实现了移动上网，3G 实现了更快速率的上网，4G 实现了移动互联网的全面普及，而 5G 则开启了万物互联的时代。

从技术的角度来看，通信网络的发展趋势就是从模拟到数字，从频分到时分到码分到综合，从低频到高频，从低速到高速，从电缆到光纤。通信系统的容量和速率不断提升，安全性和稳定性不断增强，时延和成本不断下降。

如今，通信技术与云计算、大数据、人工智能技术深入结合，正在从"万物互联"走向"万物智联"。

未来通信技术又会走向何方？有什么样的精彩在等待着我们？让我们拭目以待吧！

参考文献

[1] 丁奇，周康林. 大话移动通信（第 2 版）[M]. 北京：人民邮电出版社. 2021.

[2] 劳尼艾宁. 无线通信简史:从电磁波到 5G[M]. 蒋楠，译. 北京:人民邮电出版社. 2020.

[3]　网优雇佣军. 从 1G 到 5G，回顾波澜壮阔的移动网络进化史[EB/OL]. 半导体行业观察. (2017-09-17).

[4]　TACS (1st Generation Mobiles)[EB/OL]. Engaging with Communications.

[5]　The Foundations of Mobile and Cellular Telephony[EB/OL]. ETHW.

[6]　2G[EB/OL]. 维基百科.

[7]　3G[EB/OL]. 维基百科.

[8]　4G[EB/OL]. 维基百科.

[9]　AMPS[EB/OL]. 维基百科.

第 2 章

中国通信技术的发展

看完全球通信发展史，我们再来了解一下中国通信发展史。这是属于我们自己的故事。

2.1 从无到有，蹒跚起步

1844 年，美国人莫尔斯发明了电报，标志着电通信时代的开端。此后不久，电报技术迅速在欧美普及，并逐渐被引入世界各地。

当时的中国刚刚经历了第一次鸦片战争（1840—1842 年），处于积贫积弱、混乱不堪的状态。愚昧落后的清政府忙于割地赔款，根本无暇关注电报技术的诞生与发展，更别提引进了。直到 1861 年，俄英两国驻华公使先后向清政府提出铺设电报线路的要求，清政府才将发展电报这件事摆上台面，进行讨论。

以直隶总督崇厚为代表的守旧派官员坚决反对发展电报。他们认为，铺设电报线路所使用的电线杆将破坏大清朝的风水。

反观改革派官员，他们对发展电报也没有形成统一的意见。两江总督曾国藩认为，架设电报线路将造成信息差，影响社会公平。李鸿章（见图 2-1）则认为，电报花钱少、传递信息快，外国人迟早要建，拦也拦不住。与其让他们建，不如我们自己建。

很可惜，当时李鸿章的意见未被朝廷采纳。发展电报的事情，也就搁置了下来。

不久后，正如李鸿章所料，外国势力开始私自采取了行动。1865 年，英国利富洋行驻上海的负责人雷诺在川沙厅（今上海浦东）小岬到黄浦江金塘灯塔间，偷偷建起了一条专用电报线路，长约 21 千米，埋设电线杆 227 根。当时的老百姓觉得很好奇，纷纷驻足围观。不久，时任上海道的丁日昌秘密下令，在夜间将电线杆全部拔掉。

图 2-1　李鸿章

1870 年初，英国大东电报公司从欧洲到亚洲的海底电缆即将铺设至中国。当时，清政府明令禁止海缆登陆。经过反复协商，清政府勉强同意大东公司在中国东南沿海铺设电报线，也可以将线端引入上海以南各通商口岸，但是有一个前提：线端不能牵引上岸，只能安放在通商口岸码头之外的趸船内。

后来，大东公司将沪港海线的铺设权转让给了丹麦大北电报公司。1871 年 4 月，大北公司不顾禁令，秘密将长江口的海缆沿黄浦江铺设到了上海英租界，并在南京路 12 号设立报房。这个报房于 1871 年 6 月 3 日正式开始发报。这是帝国主义入侵中国后铺设的第一条电报水线线路。此后，英美等国的电信公司也纷纷效仿，将海缆牵引上岸，设立报房。

这些明目张胆的侵权行为很快引起了清政府的重视，也让其逐渐意识到自主开设电报业务的重要性。1877 年，直隶总督、北洋通商大臣李鸿章考虑到海防和贸易的需要，开始筹备自建电报线路。6 月 15 日，李鸿章在天津机器东局和直隶总督衙署之间铺设了一条电报线路。这条电报线路长约 8 千米，是有记录可查的中国第一条自主建设的电报线路。

1877 年 6 月 27 日，这条电报线路进行了第一次发报，内容只有六个字：行辕正午一刻。这里的"行辕"指的是直隶总督衙署，而"正午一刻"则是发报时间。

尽管这条电报拥有极其重大的意义，但当时无论官方还是民间，都将其视为一桩怪事。

李鸿章在首次发报成功后，先后给江西巡抚刘秉璋和福建船政大臣兼署福建巡抚丁日昌等人致信，用"幸速筹办"劝说他们在当地进行电报线路铺设的尝试。

福建地处东南沿海，电报业务其实早已展开。丹麦大北公司偷偷在上海铺设电报海缆之后，就将"触角"伸到了福建。1873 年，闽浙总督李鹤年就拆除过大北公司偷偷在厦门鼓浪屿架设的电报线杆。后来，因为发生了日本入侵中国台湾的事件，为便于与台湾进行通信，福建申请铺设沿海电报线。此时大北公司趁机入局，在 1876 年铺设了福州到马尾的电报线。这条线路一度被认为是中国第一条合法的电报线路。

1876 年，丁日昌到任福建巡抚。他认为，电报对国家海防意义重大，电报自主权一定要控制在中国人自己手里。于是，他亲自与丹麦大北公司交涉，收购了福州至马尾港罗星塔的电报线路。这条线路最终成为中国自营的第一条电报专线。后来，在他的支持下，福建船政学堂还专门设立了电报学堂，培养电报技术人才。

1877 年，丁日昌利用去台湾巡视的机会，提出设立台湾电报局。他亲自拟定了修建方案，并派电报学堂学生苏汝灼、陈平国等人负责落实。当年 8 月，首条从旗后（今高雄）到府城（今台南）的电报线路正式开工。10 月 11 日，工程完工。这条电报线路全长 40 多千米，是中国人修建并管理的第一条电报线路。

顺便一提，1887 年 9 月，在台湾首任巡抚刘铭传的推动下，一条从台湾淡水至福州川石的海底电缆铺设成功。这是中国第一条自主建设的海底电缆，全长约 217 千米，耗资 22 万银圆。

此后，李鸿章继续推动着中国"电报梦"的实现。1879 年 5 月，在他的支持下，中国第一条军用电报线路从天津铺设至大沽及北塘炮台。1880 年，曾纪泽（曾国藩之子）奉命出使俄国交涉新疆伊犁问题，需要与清政府保持沟通。因为北京没有电报，所以他当时的沟通方式是从莫斯科拍发电报到上海，然后通过轮船传递到北京（来回需要 10 多天）。9 月 16 日，李鸿章趁机奏请清政府，架设天津至上海的陆地电报线路，获得批准。10 月，津沪电报总局（后来的中国电报局）在天津成立，李鸿章任命郑藻如、盛宣怀（见图 2-2）、刘含芳三人出任该局总办。

图 2-2　盛宣怀

1881 年 4 月，中国第一条长途电报线路——津沪线在上海和天津两地同时开工架设。工程进展迅速，到当年年底，这条全长 1500 多千米的电报线路就全线竣工并投入使用了。

在津沪线的带头作用下，国内各地很快就掀起了修建电报线路的热潮。1882 年，长达 3000 多千米的苏浙闽粤线开工。天津—通州线、龙州—广州线、长江陆线、山海关—奉天线、广州—虎门线、江阴—无锡线等也紧随其后，陆续开工。1882 年 1 月 16 日，《申报》刊登了中国历史上第一条新闻专电："清廷查办云南按察使渎职。"

1884 年，清政府设置了内城电报局和外城电报局，前者专门负责收发官方电报，后者专门收发商用和民用电报。清政府还延伸了自行修建的第一条电报干线，使其经京郊通州入京城，由此开启了北京收发电报的历史。

后来，中国积极融入全球信息秩序，对世界政治经济规则有了更深入的了解。

1899 年，中国基本建成了早期的干线电报网络。到 1911 年清朝灭亡时，中国已铺设有线电报线路 6 万多千米，设立电报局约 700 处，拥有电报机 787

台。这些电报线路和设备为推动中国社会的进步发挥了巨大的作用。

相比电报，中国引进电话的速度要快得多。

1876 年，亚历山大·贝尔在美国费城举办的万国博览会上展示了自己刚刚发明的电话。当时，有一个来自万里之外的中国人看到了这个神奇的发明。他的名字叫李圭，是奉命前往参观万国博览会的宁波海关税务司官员。李圭被这个能通话的机器深深震撼，将其写进了《环游地球新录》一书。

后来，电话从美国传到了欧洲。1877 年，时任驻英公使的郭嵩焘受到伦敦电气厂老板的邀请，前往参观和体验电话。工厂老板在楼上和楼下设置了两部电话机，相距数十丈①。郭嵩焘拿起楼上的话筒，让中国使馆翻译官张德彝到楼下接听。

郭："你听闻乎？"

张："听闻。"

郭："你知觉乎？"

张："知觉。"

郭："请数数目字。"

张："一二三四五六七……"

郭嵩焘在当天的日记里详细记录了这次简短的通话。他将电话称为"声报机器"，写道："其语言多者亦多不能明，惟此数者分明。"这句话的大意是，说多了听不清，只有数数时很清楚。张德彝也对这次通话进行了记录："前丁丑年（1877 年），当余在英时，见西人创一种传声筒，曰德利风②。"

不久后，因为商业和贸易方面的需要，电话传入中国。1877 年 1 月，上海轮船招商局为了保持总局与金利源码头的联系，从海外买了一台单线双向通话机，拉起了从外滩到十六铺码头的电话线。这是史料记载的中国第一条电话线路。

---

① 3 丈为 10 米。——编者注
② "德利风"是 telephone 的音译，后来逐渐改称"德律风"。

1879 年 9 月，丹麦大北电报公司向租界工部局申请利用原有路灯杆开通电话，并申请取得电话专营权。作为交换，他们愿意向租界提供一整套电话通信网。这个申请很快获得了工部局的批准。1882 年 2 月 21 日，丹麦大北电报公司在外滩 7 号设置电话交换所，开通公共租界与法租界用户 25 家，每家话机年租费 150 银圆。

电话交换所的诞生，标志着中国开启了电话商业运作时代。

几乎与此同时，英商中国东洋德律风公司在上海设立了分公司——上海德律风公司，也经营电话业务。英国商人毕晓普（J. D. Bishop，也译作皮晓浦）组织成立了上海电话互助协会，获准在租界经营电话业务。上海电话互助协会的电话交换所分为南局和北局，前者在十六铺，后者在正丰街（今广东路中段）。

在同一个租界内有几个不同系统的电话网络，不能互通，不仅给用户带来了不便，也限制了各方业务的发展。于是，1883 年，英商中国东洋德律风公司收购了大北电话交换所和上海电话互助协会，统一了租界内的电话系统。

虽然电话业务在上海风生水起，但在北方却一直没有动静，主要原因是皇亲国戚担心线路会影响"龙脉""风水"。直到 19 世纪 80 年代，在李鸿章的推动下，电报和电话才出现在北方地区。李鸿章力主架设的从天津到保定的电话线是中国第一条长途电话线。

1885 年 3 月，天津电报局奉李鸿章之命规划了两条电话线路，分别从紫竹林新关南栈起至大沽海神庙新关公所止、从大沽新关公所起至炮台内新关挂旗处止。这两条电话线路基本和已有的电报线路重合。当年年底，两条电话线铺设完毕，并设立了两个德律风总局、四个德律风分局，由天津电报局的璞尔生（C. H. C. Poulsen）负责管理。璞尔生最早是丹麦大北电信公司的技师，后来受聘成为北洋电报学堂①的老师。

1899 年 11 月 19 日，清政府督办电政大臣盛宣怀向光绪皇帝递上奏折，

---

① 北洋电报学堂是我国最早的工业专科性质的学校之一，由李鸿章于 1880 年创办。

提出应该独立开办电话业务，掌握通信主权。光绪皇帝表示认可，并任命大清电报局总办黄开文兼任电话局总办，在北京试办电话局。但是没过多久，八国联军侵入北京城，慈禧太后挟光绪皇帝仓皇出逃。

1900 年，璞尔生在天津英租界维多利亚胡同 3 号开办了经营电话业务的天津电铃公司。1901 年，他趁时局混乱，擅自把电话业务延伸到了北京。他在北京东交民巷架设电话线路，并在东城船板胡同设立了分公司。这是北京最早的电话公司。

璞尔生的电话业务对清政府开办的电报局造成了很大的冲击，再次激起了清政府对通信主权的重视。1904 年 1 月 2 日，由清政府钦准的中国第一个官方部办电话局正式成立。这个电话局位于北京城内东单二条，占用的场地是清朝大学士翁同龢的 8 间马厩。当时电话局只安装了一台 100 门电话交换机，主要服务于各部衙署、朝廷大臣以及亲王。1905 年 3 月 23 日，清政府用 5 万两白银收购了天津电铃公司，将其并入大清北京电话局南苑分局，璞尔生被聘为电话局顾问。

值得一提的是，慈禧太后为了方便监视和控制光绪皇帝，于 1908 年特批在颐和园"水木自亲殿"和中南海"来薰风门"东配殿架设电话线路。这是中国第一条皇家御用电话专线。

2.2 时局动荡，摸索前行

1912 年，中华民国成立。民国政府接管了清政府邮传部，将其改组为交通部，设电政、邮政、路政、航政四司，负责管理全国的相关事务。

1913 年 8 月，为了培养更多通信人才，民国政府交通部传习所设立了有线电工程班和高等电气工程班，教授有线电、无线电等专业工程知识。同年，民国政府还在北京设立了邮电学校，开设高等班（两年毕业）和中等班（一年毕业）。

1913 年，北京无线电报局正式成立，在东便门外装设了一台功率为 5 千瓦的无线电发报机。1919 年 4 月，该局迁至天坛。同年 6 月 28 日，中国代表在巴黎和会上拒签和约。这一消息正是通过北京无线电报局传回国内的，极大地鼓舞了罢课抗议的学生，也推动了"五四运动"后的反帝爱国运动。

民国早期，军阀割据，战乱频发。军阀们发现，通过电报既可以掌握战场态势，调整兵力部署，又可以争取舆论支持，还能赚取商电、民电带来的巨大收益，于是纷纷染指。在与地方军阀进行反复争夺的同时，民国交通部仍在积极推进国内电信建设的规范化和制度化。1918 年，民国政府交通部制定了中国第一部《电信条例》。该条例对电信的含义做出了明确的解释，也对电信业务经营给出了法律条文约束。1920 年，在北洋政府交通部部长叶恭绰的推动下，中国正式签署《国际无线电报公约》。1921 年 1 月 7 日，中国正式加入万国电报公会。在此后的数年里，越来越多的大功率通信电台建立，加强了中国与外界的通信联系，也加速了中国与国际社会的接轨。

1912—1927 年的交通部主要由北洋派系掌控。1928 年，国民革命军北伐胜利，统一华北。当年 8 月，国民政府定都南京。南京国民政府成立后，设立了新的交通部，隶属于行政院，职责包括管理和运营全国铁路、公路、航空、电信、邮政等公共事业。

新的交通部大力推进了电信事业的健康发展：一方面，设立电政司，重新规划电政管辖区域，指导各地电信局架构建设，委派专家担任业务管理职位；另一方面，成立专业委员会，研究制定电信技术标准，编写技术规范。此外，交通部还设立了大量的电信设备制造工厂，研发生产电话电报器件，努力实现自给自足。

在交通部的努力下，全国无线电台和广播电台从无序变为有序，逐渐进入正常的发展轨道。全国电报电话网络建设进入了一个发展高潮期。1931—1934年，上海、南京、天津、青岛、广州、杭州、汉口等城市陆续开办了市内自动电话局。山东、江苏、浙江、安徽、河北、湖南等省也先后开办了省内长途电话业务。在此基础上，从 1934 年 1 月起，民国政府交通部计划建设江苏、浙江、安徽、江西、湖北、湖南、河南、山东、河北等九省的联络长途电话线路，干线总长 3173 千米。该工程于 1936 年 2 月基本修建完成。

正当国内的电信建设如火如荼之时，"七七事变"爆发，揭开了全国抗日战争的序幕。中国的通信网络建设和服务也全面进入了战时状态。

为了反抗日本帝国主义的侵略，为全国抗日战场提供可靠的通信服务，国民政府交通部制定了战时电信管理机制，成立了战时电信委员会，并组建了数量众多的通信队在各地进行通信保障支持。这些通信队的成员为抗日战争的胜利做出了巨大的贡献，很多人甚至献出了生命。

1945 年 8 月，日本投降，抗日战争全面胜利。可是不久后，蒋介石又将中国拖入了内战的漩涡。等中国大地再次恢复和平，已经是 1949 年了。随着解放战争的全面胜利，中国的历史翻开了新的篇章，中国的通信事业也进入了新的阶段。

2.3　命运多舛，成果有限

1949 年 10 月 1 日，中华人民共和国成立。此时的中国历经多年战乱，通信技术落后，基础设施薄弱。当时，我国的电话普及率不到 0.05%，全国的电话总用户数只有 26 万。绝大部分中国人没有用过电话，甚至没有见过电话。

1949 年 11 月，中央人民政府邮电部正式设立，领导全国邮电通信事业的发展。

邮电部采取"统一领导，分别经营，垂直系统"的管理机制，设邮政总局和电信总局，分别经营全国邮政和电信业务。很快，邮电部先后召开了第一次全国邮政会议和第一次全国电信会议，统筹安排全国邮政和电信机构的业务恢复、组织编制、制度编写以及责权划分。

1950 年 2 月，邮电部决定实行邮政电信合一的管理体制。截至 1952 年，这项工作基本完成，全国实现了邮政和电信的第一次合并。1954 年 9 月，中华人民共和国邮电部正式成立。1955 年，邮电部形成了三级管理体制，分别是邮电部、省（自治区、直辖市）邮电管理局、县邮电管理局。

在中华人民共和国第一代邮电工作者的努力下，到 20 世纪 50 年代末，我国的通信基础设施已经有了明显的进步。国内不仅建立了统一的电信组织管理体制，还建设完成了统一指挥调度的长途通信四级网络，电信服务体系不断完善，教育培训工作也有了初步成果。

在科研方面，面对西方国家的封锁，国内的通信技术人员仍通过自主研发，研制成功了一些通信设备。

在解放战争胜利初期，我国的电话交换机主要以人工交换机为主，步进制交换机为辅（这些少量的步进制交换机还是从国外引进的）。后来，我国开始启动了纵横制电话交换机的研发。1960 年，我国自行研发的第一套千门纵横制自动电话交换机在上海吴淞局开通使用。同年，我国还成功研发出符合国际标准的国产 312-4 型载波机，批量生产并投入使用。再后来，随着"30 千瓦自动调频单边带发信机""50 千瓦单边带发信机"等科研项目的成功，我国通信网络的技术水平有了显著的提升。

除了通信设备研发之外，我国还建成了北京电报大楼、新疆国际电台等现代化通信枢纽，服务于国家及人民群众的通信需求。

进入 20 世纪 60 年代，我国通信事业的发展速度稍有放缓。

2.4　七国八制，五朵金花

20 世纪 70 年代末，中国迎来了改革开放。此时的中国通信行业，普遍还在使用纵横制、步进制交换机，甚至人工交换机，完全看不到数字程控交换机的影子。当时中国电话交换网络的发展水平至少落后发达国家 20 年。1978 年，我国的电话普及率仅为 0.38%，全国的电话机总数还不到世界电话机总数的 1%。

随着经济的快速复苏，人们对通信的需求越来越迫切。尤其是在东南沿海地区，很多本地经商者和前来投资的外商希望进一步提升通信的效率。当时的邮电相关部门一没技术，二没资金。面对用户的迫切需求，他们只能引进国外的"落后"技术，甚至是淘汰下来的产品，仓促应对。

那个时候，普通老百姓安装一部电话需要花费上万元，还要提供单位介绍信。即使提交了申请，也往往要等好几个月。

20 世纪 80 年代早期，我国邮电相关部门把工作重点集中在固定电话业务。全国各地忙着开通程控交换网络，提升电话的普及率。1982 年，福建福州率先引进并开通了日本富士通的 F-150 万门程控电话交换机，轰动全国。

1984 年，上海贝尔电话设备有限公司成立。这是我国第一个研制程控电话交换机的合资企业，成立背景很特殊。当时"冷战"尚未结束，包括程控交换机在内的通信技术都受到"巴黎统筹委员会"[①]的封锁和限制，国内是买不到的。通过上海贝尔来制造先进的通信设备，在某种程度上是为了绕过这些封锁和限制。

1985 年，闻风而动的诺基亚、爱立信等公司纷纷来到中国设立办事处。一时间，国内的通信市场出现了快速而又混乱的发展局面。各个省市的市场份额被不同的厂家占据，我国进入了"七国八制"时代。所谓"七国八制"是指当时中国通信市场上总共有 8 种制式的机型，分别来自 7 个国家（见表 2-1）。这些不同制式的设备互不相通，造成了国内通信网络的"相互隔离"。

---

① 简称为"巴统"，正式名称是输出管制统筹委员会（Coordinating Committee on Export Control, COCOM），它专门限制成员国向社会主义国家出口战略物资和高新技术。

表 2-1　"七国八制"

国　　家	厂　　商	设备型号
日本	富士通	F-150
日本	NEC	NEAX-61
比利时	BTM	S-1240
美国	AT&T	5ESS-2000
德国	西门子	EWSD
瑞典	爱立信	AXE-10
加拿大	北电	DMS-100
法国	阿尔卡特	E10-B

为了改变这一局面，在邮电部的牵头下，各相关部门开始研究推动通信网络的互联互通。最终，在科研人员的不懈努力下，互联互通的目标得以实现，给世界电信行业带来了不小的震动。

国外企业垄断中国通信市场的局面并没有持续太久，随着时间的推移，越来越多的国营和民营企业开始进入利润丰厚的通信产业，与合资企业进行竞争。华为和中兴通讯等民族通信企业都是在那一时期成立并发展起来的。

当时国内通信企业的主要研发目标仍然是程控交换机，尤其是技术含量较低的小门数用户交换机。虽然国外厂商瓜分了中国的大部分通信市场，但是有一块市场被这些巨头"遗忘"了，那就是农村市场。因为农村线路条件差、利润薄，所以国外厂商都没有精力或者不屑拓展这块市场。然而，中兴和华为抓住了这个宝贵的机会。

1992 年 1 月，中兴通讯 ZX500A 农话（农村电话）端局交换机的实验局顺利开通。由于性价比高，符合客户要求，它获得了巨大的成功。到 1993 年，中兴 2000 门局用数字交换机的装机量已占全国农话年新增容量的 18%。无独有偶，华为公司 1993 年自主开发的第一代数字程控交换机 C&C08A 也在农话市场大赚了一笔。

在农话市场进行了技术验证和资金积累之后，两家中国企业迅速调整战略，推出了万门以上的程控交换机。1995 年 11 月，中兴通讯自行研制的 ZXJ10 大容量局用数字程控交换机获原邮电部电信总局颁发的入网许可证，该机终局容量可达 17 万线。同年，华为也推出了万门机的 C&C08C 型机。

1995 年，由原电子工业部第五十四研究所和华中科技大学联合研制开发的 EIM-601 大容量局用数字交换机通过了邮电部鉴定。凭借这个产品，金鹏电子诞生了。

成立于 1993 年的大唐电信也是一家国有通信企业，其技术与人才基本上来自原邮电部电信科学研究院。1995 年，大唐推出 SP30 超级数字程控交换机，容量可达 10 万门以上。

1991 年，邬江兴主持研制出了 HJD04-ISDN（简称 04 机）万门数字程控交换机，一举打破了国外厂商的垄断。当时，中兴和华为仍处于生产千门交换机的水平。后来，04 机的几家生产商共同组建了巨龙通信设备（集团）有限公司。短短 3 年之内，巨龙的累计总销售额高达 100 多亿元人民币，产品销量超过 1300 万，成绩相当惊人。

就这样，巨龙、大唐、金鹏、中兴和华为这五家企业突破了国外厂商的重围，凭借成本优势和政策支持站稳了脚跟，成为当时名震全国的"巨大金中华"五朵金花。

20 世纪 80 年代末，国内在大力发展程控交换技术的同时，也开始引进移动通信系统。

1987 年，在第六届全运会召开之际，中国第一个无线基站在广州建成，基站主设备来自爱立信，采用的是 TACS 制式。当时，整套系统拥有一个交换局、三个基地站，可容纳 1200 个用户。系统的发射机和交换机安装在西德胜山顶，收发信使用 450 MHz 频段，8 个信道、8 个载波，发信功率为每个信道 40 瓦，可覆盖范围达方圆 20 多千米。11 月 20 日，在第六届全运会的开幕式上，广东省省长接通了蜂窝移动电话，被人们形象地称为"神州第一波"。

中国第一个手机用户是谁呢？是南海渔村集团董事长徐峰。1987 年 11 月 21 日，他在广州办理了手机开户手续，号码是 901088。徐峰回忆道："当时邮电局的人还不知道这手机应该卖多少钱，他们让我押了一张 2 万元的支票，先把手机拿走。"那是一部日本 NEC 公司生产的模拟手机，进口价格 1350 美元，卖出价是 12 000 元人民币。当时的入网费是 6000 元，话费是 0.6 元/分钟，月租为 150 元。

中国的第一个无线基站建成之后，在全国范围内产生了巨大的反响。随后，重庆、北京、辽宁等地也争先恐后地开通了移动通信网络。越来越多的用户购买和使用"大哥大"，成为那一时期独特的风景线。

除了"大哥大"以外，BP 机（无线寻呼机）也受到了很多用户的欢迎，出现在广大老百姓的日常生活之中。

时代的车轮继续向前滚动。到了 20 世纪 90 年代，国外陆续启动 GSM 网络建设，我国紧随其后进行了引进。1993 年 9 月 19 日，我国第一个数字移动电话 GSM 网在浙江嘉兴开通，GSM 开始在中国市场生根发芽。

2.5 电信重组，产业崛起

在通信技术不断发展的同时，通信行业也酝酿着变化。国家一方面推进体制改革，实施"邮电分营"，另一方面成立了更多运营商，促进市场竞争。20 世纪 90 年代中期，中国吉通、中国联通、电信长城相继成立，预示着中国通信行业的格局即将发生巨变。

1998 年 3 月，经第九届全国人民代表大会第一次会议批准，在电子工业部和邮电部的基础上，成立了"中华人民共和国信息产业部"。

1999 年，轰轰烈烈的电信业第一次重组的大幕被徐徐拉开。在重组过程中，昔日无比强大的中国电信被拆分，寻呼、卫星和移动业务被剥离了出去：寻呼业务（国信寻呼）最终给了中国联通，卫星业务成为中国卫通的雏形，移动业务则成为中国移动的雏形。

1999 年 10 月 22 日，中国网通成立。2000 年 4 月 20 日，中国移动成立，并于 5 月 16 日挂牌，主营移动电话业务。2000 年 5 月 17 日，被拆得只剩固网业务的中国电信挂牌为"中国电信集团公司"。2001 年，中国铁通和中国卫通先后挂牌成立。至此，中国电信运营商"七雄（电信、移动、联通、卫通、小网通、吉通、铁通）争霸"的格局基本形成。

2002 年 1 月 8 日，联通 CDMA 网络正式开通，我国进入 GSM 与 CDMA 相互竞争、共同发展的新阶段。

运营商那边竞争激烈，设备商这边也没闲着。这一时期，中国电信运营商的大规模网络建设，不仅提升了电信基础设施的整体水平，也为设备商的成长创造了有利的条件。以华为、中兴为代表的中国通信设备制造企业迅速崛起，逐渐打破了国外厂商高价设备垄断的局面，也开始对世界一流设备商形成竞争压力。老百姓最大的体会就是通信资费大幅下降，电话走进千家万户。

电信业第一次重组结束没多久，第二次重组就开始了。2002 年 5 月 16 日，中国电信再次进行了拆分，其中北方九省一市电信公司从中国电信剥离，与小网通、吉通合并，成立了中国网通公司。网通的诞生，标志着中国"北网通，南电信"的通信行业格局就此形成。

在那之后，中国电信行业格局总算进入了一个比较稳定的发展阶段。那一时期，手机业务发展迅速，用户规模几乎呈爆炸式增长。拥有移动通信业务牌照的中国移动和中国联通在这一领域展开了激烈的市场竞争。中国电信和中国网通也搞起了"小灵通"，试图分一杯羹。

移动通信业务的蓬勃发展让手机厂商们赚得盆满钵满。以诺基亚、摩托罗拉为代表的国外手机制造业巨头占据了市场的绝大部分份额，像波导这样的国产厂商只占据较少的市场份额。

除了手机业务之外，随着互联网的普及，固定线路上网业务也得到了飞速发展。大大小小的网吧开始在街头巷尾出现，条件不错的家庭也装上了宽带。上网速率不断提升，网民人数也在不断增加。

2008 年，又一轮电信业重组开始了。3 月，信息产业部与其他几个部门合并为工业和信息化部（简称为工信部）。不久后，中国电信以 1100 亿元人民币收购联通的 CDMA 网络，中国联通与中国网通合并，中国卫通的基础电信业务并入中国电信，中国铁通并入中国移动。最终，"七雄"变成"三强"，形成了大家所熟知的三大运营商格局。

2009 年 1 月 7 日，工信部为中国移动、中国电信和中国联通发放 3G 牌照，标志着我国正式进入 3G 时代。此后，运营商之间的竞争进一步加剧，各运营商分别推出了自己的 3G 品牌，疯狂争夺用户。

与此同时，以 iPhone 和安卓手机为代表的智能手机迅速崛起，取代了曾经遍布中国的功能手机。

3G 时代并没有持续很久。2013 年，4G 牌照发放，我国快速进入了 4G 时代。

后来，运营商之间的竞争进入白热化阶段。中国移动猛然发力，全面推动 4G LTE 网络的建设。中国电信和中国联通想方设法追赶，试图跟上中国移动的步伐。尤其是中国联通，通过混合所有制改革引入民营资本，希望增强自身的竞争力，紧紧"咬住"对手。

随着移动通信网络的迭代，设备商的格局也已发生巨变。昔日国外通信设备巨头经过不断的兼并和收购，只剩下诺基亚和爱立信两家。中国的华为和中兴经过一轮又一轮的洗礼，最终脱颖而出，在世界舞台上占据了一席之地。

2019 年 6 月 6 日，工信部正式发放了 5G 商用牌照，中国迈入了 5G 时代。全国各地的 5G 建设正在逐步推进，越来越多的城市开始有了 5G 基站和 5G 信号。工信部的数据显示，截至 2022 年 2 月，国内 5G 基站数量已经达到 150.6 万个，5G 移动电话用户突破 3.84 亿户。中国 5G 正在引领世界的潮流！

2.6 结语

从清朝末年到改革开放早期的一百多年时间里，我国的通信技术远远落后于世界先进水平，和欧美列强之间有十几年甚至几十年的技术差距，即使和邻国日本相比也是如此。

然而，改革开放之后的中国通信行业牢牢抓住了时代机遇，奋发图强。在一路穷追猛赶之后，我们终于实现了"1G 空白、2G 跟随、3G 突破、4G 同步、5G 领先"的发展奇迹。只花了 40 余年的时间，中国就一跃成为世界通信强国，有全球最发达的通信基础设施，数量最多的基站，还有最庞大的移动电话用户数和移动宽带用户数。我们有世界最优秀的通信企业、数以万计的核心专利以及最为完整的通信产业链。

在移动互联网生态领先世界的同时，我们正在向"万物智联"的数字智能时代加速挺进。第四次工业革命的浪潮，等待着我们奋楫拼搏。

未来的中国通信会是什么样的？新的历史，就让我们自己去亲眼见证吧！

参考文献

[1] 哈尔西. 追寻富强：中国现代国家的建构，1850—1949 [M]. 赵莹，译. 北京：中信出版社. 2018.

[2] 马伯庸，阎乃川. 触电的帝国：电报与中国近代史[M]. 杭州：浙江大学出版社. 2012.

[3] 那丹珠. 中国通信史[M]. 北京：北京邮电大学出版社. 2019.

[4] 邵素宏，含光，周圣君. 移动通信改变中国[M]. 北京：人民邮电出版社. 2019.

[5] 张进. 历史天空的红色电波[M]. 北京：长城出版社. 2013.

[6] 王东. 2011. 近代中国电报利权的维护——以 1883—1884 年中英交涉福州电报利权为例[J]. 重庆邮电大学学报（社会科学版），2011，23(06)：33-38.

[7] 王海红. 电报在晚清的发展历程及作用[D]. 石家庄：河北师范大学，2011.

[8]　刘金良，雷少波，赵娜. 亲历与见证丨中国首个蜂窝移动基站建设者梁渭雄：矢志攻坚克难，跨越从"0"到"1" [EB/OL]. 人民号. (2019-09-18).

[9]　彤云. 上海近代电讯业[EB/OL]. 上海档案信息网. (2018-04-01).

[10]　章剑锋. 通信技术变革看广东，中国移动发力 5G 应用[EB/OL]. 网易科技. (2019-09-19).

[11]　张添翼，陈晨. 申城电话的发展变迁！你有多久没用家里的固定电话了？ [EB/OL]. 上海发布. (2019-05-04).

第3章

TD-SCDMA：第一个中国通信标准

对于 TD-SCDMA，很多读者应该并不陌生。它是一个充满历史意义的名词，代表了中国现代移动通信发展的一个特殊时期。TD-SCDMA 同样是"争议"的代名词，对它的评价呈现两极化：有人将它捧上天，也有人将它贬得一文不值。

为什么会出现这样的情况？围绕 TD-SCDMA 到底发生了些什么事？接下来，我们一起回顾一下 TD-SCDMA 的发展历程。

3.1　多方因素，引进 TD

20 世纪 90 年代，德国西门子公司研发了 TD-CDMA 技术。当时，西门子打算将这项技术发扬光大，形成标准，参与市场竞争。可惜，因为技术过于复杂，TD-CDMA 在欧洲电信标准组织 ETSI 关于 3G 标准的竞争中败下阵来，输给了爱立信、诺基亚主导的 WCDMA 标准。

面对"出师未捷身先死"的 TD-CDMA，西门子很矛盾，不知道该怎么办——继续研究下去肯定没戏，抛弃它又可惜。正在此时，在西门子研究部参与 3G 研发的中国专家李万林提出："要不，和中国合作吧？"

当时有一个说法，就是西门子的 TD-CDMA 技术在智能天线及相关技术方面存在问题，一直没能解决。正好中国邮电部电信科学技术研究院在这方面有研发积累，能够解决这个问题。

更巧的是，当时的中国通信行业确实想制定一个自己的移动通信技术标准。

那时候的世界通信格局就是 GSM 和 CDMA 针锋相对，GSM 占据领先地位。而 GSM 以及根据 GSM 发展起来的 WCDMA，都采用了 FDD（frequency division duplex，频分双工）技术。

国内的设备厂商（包括华为、中兴）在 2G、3G 技术方面刚刚起步，根本没法与国外巨头竞争，而一直跟随别人的脚步也不是长久之计。于是，中国通信行业打算另辟蹊径，摸索技术标准的自主研发。TDD（time division duplex，时分双工）就是摆在面前的一次机会。

当时，国外厂商并不重视 TDD，所以国内有专家认为：中国在 TDD 领域提出自己的标准有很高的成功率，可以等成功之后再慢慢深入研究，积攒实力。抱着这样的想法，邮电部电信科学技术研究院和西门子接触之后，买下了 TD-CDMA 技术专利，并在此基础上发展出了 TD-SCDMA。

3.2　中国标准，首次尝试

1998 年 1 月，在北京香山召开了一次对中国通信业至关重要的会议。会议的主要内容就是讨论中国的 3G 标准应对策略。在会议上，来自全国高校的教授和研究院所的专家分别介绍了各自在 3G 技术研究方面的成果和观点，其中就包括邮电部电信科学技术研究院和 TD-SCDMA。

据一名参会专家事后回忆，当时参加会议的有二三十人，对 TD-SCDMA 存在很大的争议，其中 90% 的人持怀疑态度。很多人认为，提移动通信标准的成本非常高、难度非常大，在中国没有先例，很可能会失败。

在争议声中，时任邮电部科技委主任的宋直元拍板："中国发展移动通信事业不能永远靠国外的技术，总得有个第一次。第一次可能不会成功，但会留下宝贵的经验。我支持他们把 TD-SCDMA 提到国际上去。如果真失败了，我们也把它看作一次胜利、一次中国人敢于创新的尝试，也为国家做出了贡献。"

至此，TD-SCDMA 的命运被决定了——它将代表中国冲击世界 3G 标准。

1998 年 6 月 29 日，在国际电信联盟规定的提交 3G 标准提案截止日的前一天，中国以 CATT（邮电部电信科学技术研究院）的名义提交了 TD-SCDMA 标准提案。该提案并没有引起国际上的重视，因为大家都在关心 WCDMA 和 CDMA2000，根本没有人关心 TD-SCDMA。不久之后，邮电部电信科学技术研究院改制成为大唐集团。作为 TD-SCDMA 专利的所有者，大唐在各个场合都强调 TD-SCDMA 是中国主导的标准，应该齐心协力将它发扬光大。最后，在大唐的努力推动下，国内形成了统一意见，支持 TD-SCDMA 参与国际标准的竞争。

2000 年 5 月，在中国各界的强势支持下，国际电信联盟正式宣布，中国的 TD-SCDMA、欧洲的 WCDMA 和美国的 CDMA2000 共同成为 3G 国际标准。

3.3　落户移动，黯然退网

TD-SCDMA 成为 3G 标准之后，依旧未能得到国外厂商的重视。他们对 TD-SCDMA 反应冷淡，根本不把它当回事。国内则积极研究和讨论：到底要不要建立 TD-SCDMA 网络？如果要建，应该由哪家运营商来承担这个任务？

2006 年 1 月，21 世纪的首次全国科技大会召开。TD-SCDMA 与神舟五号载人飞船、水稻超高产育种等一起，被列为"十五"期间自主创新取得的最具代表性的重大科技成就。之后，TD-SCDMA 被明确定为中国 3G 通信标准。接下来，我国针对 TD-SCDMA 开展了规模试验，划拨了研发基金，还进行了友好用户体验等活动。TD-SCDMA 的商用化进程明显加快。2006 年 3 月，TD-SCDMA 在厦门、保定、青岛三市开始规模试验，真正由实验室走向市场应用。

2009 年 1 月 7 日下午，工信部举行了一个小型的内部发牌仪式，将 TD-SCDMA 牌照发给了中国移动。与此同时，中国联通获得了 WCDMA 牌照，中国电信获得了 CDMA2000 牌照。

拿到 TD-SCDMA 牌照的中国移动很快启动了 TD-SCDMA 网络的建设，也投入了不少资金。但是后来，中国移动的 TD-SCDMA 网络建设并不顺利。由于 TD-SCDMA 的网络问题较多，无法与中国电信的 CDMA2000 和中国联通的 WCDMA 进行竞争，中国移动流失了很多优质用户。

TD-SCDMA 的手机终端短缺问题也很严重。当时，几乎所有主流机型都支持 WCDMA；支持 CDMA2000 的手机虽然不算多，但至少还有一些；支持 TD-SCDMA 的手机最少。因此，中国移动不得不每年拿出数百亿元资金补贴终端，用于推动 TD-SCDMA 终端产业链的发展。

2013 年，工信部发放了 4G 牌照。此时距离 2008 年发放 3G 牌照，才过了五年。中国移动在拿到 TD-LTE 4G 牌照之后，开始全力建设 4G LTE 网络，推动 2G、3G 用户转 4G。仅用了一年，中国移动的 TD-LTE 基站数量就达到了 70 万个，远远超过了过去五年 TD-SCDMA 基站建设数量的总和。

后来，中国移动早早地进行了 3G TD-SCDMA 的退网。至此，TD-SCDMA 彻底退出了历史舞台。

3.4　结语

有些人认为，TD-SCDMA 是一项失败的技术，中国不应该上线 TD-SCDMA。

其实，我觉得，TD-SCDMA 出现在特定的历史时期，有独特的时代背景，不能简单地评价其成败。TD-SCDMA 虽然在技术上有一些不成熟的地方，但确实是我国第一次尝试提出国际通信标准，在国际舞台上发出自己的声音，也积累了通信标准方面的经验。这对我们后续参与 4G、5G 标准的竞争，无疑是有所帮助的。所谓改革创新，就是大胆尝试，努力前进。完全不冒险、不犯错是不可能的。

对于中国移动而言，虽然建设 TD-SCDMA 的过程非常曲折，最终也没能成功，但积累了 TDD 网络的建设经验，培养了人才。如今，5G 网络几乎全部采用 TDD 制式，拥有 TDD 建网经验的中国移动反而占据了一定优势。

总而言之，我们应该辩证地看待这些技术的成功和失败。从这些尝试中汲取经验，为未来的决策提供参考，才是最重要的。

参考文献

[1] 左飞. 大话 TD-SCDMA[M]. 北京：人民邮电出版社. 2010.

[2] 覃敏. TD 式创新[J]. 财新周刊，2014，(47)：50-61.

[3] 曹江. TD-SCDMA 的前世今生[EB/OL]. 通信实习生. (2017-12-17).

[4] 许十文，雷中辉. 中国 3G 之父李世鹤谈 TD-SCDMA 前世今生[EB/OL]. 南都周刊. (2006-03-16).

[5] 专栏：TD-SCDMA 正式颁布为我国通信行业标准[EB/OL]. 腾讯科技.

第 4 章

小灵通：不是手机的手机

对于很多人来说，"小灵通"是一个既熟悉又陌生的概念。遥想当年，它风靡大江南北，拥有大量的用户，带给竞争对手很大的压力。然而，短短几年时间，小灵通就迅速没落，离开了我们的视野，成为历史。

这项技术和 TD-SCDMA 一样引发了很大的争议。很多人说它不符合国家规定，也有很多人说它"存在即合理"，双方争论不休。

小灵通到底是一项什么技术？为什么会引起这么大的争议？它为什么会那么快取得成功，又那么快失败？

接下来，我们就来了解一下小灵通的故事。

4.1 电信看中，灵通诞生

1978 年，少年儿童出版社出版了一本名为《小灵通漫游未来》的科幻小说，作者是著名作家叶永烈。在书中，名叫"小灵通"的主角是一个聪明可爱的小记者，他漫游未来世界，有各种各样的神奇见闻。这本书出版之后，迅速引起了巨大的轰动，还被改编为连环画，成了当时的经典读物。

谁曾想到，20 年后，"小灵通"这三个字竟然会重现江湖。

1998 年 1 月，浙江省余杭电信局正式开通了小灵通业务。这是一项"半手机半固话"的业务。之所以这么说，是因为它虽然看上去像一个手机，但是使用的却是固定电话的网络。

小灵通的诞生有独特的历史背景。当时，中国移动和中国电信分家，前者有手机通信业务，发展势头迅猛，而后者没有无线通信牌照，只能眼睁睁看着中国移动赚得盆满钵满。背负利润增长压力的中国电信一直希望能找到一项适合自己的技术，既符合当时的政策，又可以分享移动通信的红利。

浙江电信下属的余杭电信局局长徐福新有一次去日本考察时，发现了小灵通这项技术，顿时感觉如获至宝：这不是刚好符合我们的需求吗？！

当然，小灵通技术在日本并不叫小灵通，而是 PHS（personal handyphone system，个人手持式无线电话系统）。PHS 属于第二代通信技术，也属于 WLL（wireless local loop，无线本地环路）技术。它通过微蜂窝基站实现无线覆盖，将用户终端（即无线市话手机）以无线的方式接入本地固定电话网（PSTN），使传统意义上的固定电话不再"固定"，可以在无线网络的覆盖范围内自由移动、使用。说白了，它有点像加强版的无绳电话。

这项技术其实是日本闭门造车开发出来的，在日本推出后并不受欢迎。原因是，虽然它的资费很低，但是基站覆盖范围很小，信号不佳。

正因为小灵通基于固定电话网络，从严格意义上来说并不属于移动通信技术，所以它非常符合中国电信的需求（中国电信没有移动通信牌照）。

说到小灵通，不得不提到一家公司，那就是 UT 斯达康（UTStarcom）。

1995 年，UT 斯达康公司在美国成立，创始人是吴鹰。吴鹰瞅准了 PHS 技术的商机，决定全力将其引入中国。为了买下这项技术，UT 斯达康花了几千万美元。

"小灵通"这个名字，也是 UT 斯达康邀请徐福新取的（徐福新因此被称为"小灵通之父"）。"小灵通"最开始专属于 UT 斯达康的 PHS 产品（获得了叶永烈先生的无偿授权），后来因为好记，慢慢变成了 PHS 技术的"昵称"，所有厂家的产品都叫这个名字。UT 斯达康干脆听之任之，放弃了这个名字的专属所有权。

4.2　技术特点，喜忧参半

我们来详细看看小灵通的特点。

- **便宜**

小灵通的建设成本远远低于传统 2G（GSM），所以资费很低。余杭电信首先推出的小灵通业务单向收费（接听不要钱），月租 20 元，通话费每分钟只需要 0.2 元。这个资费标准远低于中国移动和中国联通，基本上和固话业务差不多，在当时造成了极大的轰动。此外，小灵通手机（其实是无线市话终端，简单起见，称为"手机"）的价格也很便宜，只要几百块钱。因此，小灵通吸引了大量的用户。

- **环保**

环保是小灵通的一大优势。所谓环保，就是低功率。小灵通终端的功率只有 10 mW，而一般 2G 终端是 1 W 左右。小灵通基站功率是 500 mW，而 2G GSM 基站是 20 W。所以，使用功率较低的小灵通打电话，用户的心理感受会更好。也正是因为这一点，当时日本的很多医院不允许使用 GSM 手机，但是允许使用小灵通手机。同样，低功率使得小灵通手机的待机时间远远长于普通手机。

- **音质好**

小灵通的语音通信采用速率为 32 kbit/s 的 ADPCM 编码技术，该技术是对传统 64 kbit/s 的 PCM 编码技术的改进，虽然数据量降为传统 PCM 的一半，效果却不相上下。因此，小灵通的音质与固定电话没有多大区别，比其他 2G 手机要好。

● **延迟短**

小灵通基站覆盖半径较小，无线接口的设计和处理方式与传统 2G 有所不同，延迟时间相对更短。

说完了优点，再来看看缺点。

低功率给了小灵通很多优点，也不可避免地带来了致命的缺陷——信号差。当时有很多调侃小灵通信号质量的笑话，还有人专门编了打油诗："拿着小灵通，站在风雨中。左手换右手，还是打不通。"小灵通的信号之差，由此可见一斑。

话说回来，小灵通在日本的用户体验虽然不佳，但并没有特别差。这主要是因为日本房屋多为木质结构，在一定程度上减少了信号的衰减。

4.3　伴随争议，发力崛起

不管怎么说，中国电信当时没有别的选择：手上只有小灵通这张牌，必须靠它挽回颓势。当时，各地电信局对小灵通都持观望态度。不仅如此，设备商的态度也很模糊。华为、爱立信等几家设备商在仔细评估了小灵通技术后，认为这项技术过于落后，不可能有什么前途，所以选择了放弃。除了 UT 斯达康之外，只有中兴、朗讯决定跟进。

中国电信坚持认为小灵通是固定电话技术，而竞争对手则认为小灵通是移动通信技术，中国电信的做法属于"违规"。双方争执不下。

2000 年 6 月，信息产业部下发通知，将小灵通定位为"固定电话的补充和延伸"。这标志着限制小灵通发展的政策有所松动。于是，各地电信纷纷上马小灵通业务。2002 年 8 月，小灵通在中国 200 多个地市开通，系统容量达到 1100 万线，用户超过 600 万。当时，除了北京和上海之外，全国各地基本上都开通了小灵通业务。

2003 年 3 月，相关人士表示，对小灵通的政策是"不鼓励，不干涉"。几乎与此同时，小灵通在北京怀柔区放号。2004 年 2 月，小灵通顺利进入上海。至此，小灵通实现了全国开通。

此后，小灵通的用户数量猛增：2004 年 4 月为 4700 万；2005 年 9 月为 8127.5 万；2006 年 10 月为 9341 万，达到历史顶峰。一时间，小灵通在中国家喻户晓。很多老百姓，尤其是家里的长辈，办理并使用了小灵通。

4.4　完成使命，走向没落

达到用户数顶峰的小灵通很快迎来了命运的拐点。事实上，UT 斯达康的拐点来得更早一些。

在小灵通刚开始爆发的时候，UT 斯达康跟着赚得盆满钵满。2000 年 3 月，UT 斯达康控股在美国纳斯达克成功上市。当天，UT 斯达康的股价一度冲到 73 美元，涨幅为 278%，公司市值瞬间膨胀到 70 多亿美元。在鼎盛时期，小灵通为 UT 斯达康带来了 25.93 亿美元的年收入。UT 斯达康的市值甚至一度超过 IT 巨头思科公司。2003 年，UT 斯达康控股被美国《商业周刊》杂志评选为全球 IT 企业 100 强之一；2005 年，被《福布斯》杂志评为全球最成功的 20 家小企业之一。

公司赚了大钱，创始人当然也风光无限。那时候的吴鹰频繁出现在聚光灯下：参加各种会议，接受各种访谈，还经常登上杂志的封面。

然而，从 2005 年开始，UT 斯达康走上了衰败之路。虽然小灵通用户数还在增长，但是公司由小灵通业务所带来的收入占比却在下降，由 2004 年的 79% 下降到 32%，且公司全年亏损 4.3 亿美元。此后，UT 斯达康连续亏损长达 6 年之久。

2008 年，运营商进行了第三轮拆分重组，中国电信终于获得了正式的移动通信牌照，并且从中国联通手上买来了 CDMA 网络。有了 CDMA 这项真正的移动通信技术之后，中国电信很快放弃了小灵通这个过渡技术。中国电信在小灵通方面的投入不断减少，加上各大运营商手机资费不断下调，小灵通的竞争力大幅下降，用户数开始明显下滑。2008 年 5 月，中国（除香港特别行政区、澳门特别行政区和台湾地区）小灵通用户数跌破 8000 万。

雪上加霜的是，小灵通使用的频段影响了当时 TD-SCDMA 的频段，所以它注定要被提前终结。2009 年 2 月，主管部门明确要求 1900～1920 MHz 频段（也就是小灵通的频段）的所有无线接入系统在 2011 年底前完成清频退网工作，确保不对 1880～1900 MHz 频段的 TD-SCDMA 系统产生干扰。这就意味着小灵通必须在 2011 年内彻底退网。

虽然有明确的退网时间点要求，但实际上，小灵通的退网之路非常坎坷。

当时，开展了小灵通业务的运营商，除了中国电信之外，还有中国联通（2008 年，"北网通，南电信"中的网通并入联通）。两家运营商一开始以为退网比较容易，后来才发现并非如此。

为什么呢？

对用户来说，抛开资费便宜的因素（运营商会提供补贴），转网往往需要去营业厅办理手续，非常麻烦。不少小灵通用户要求继续提供小灵通服务，并且保证服务质量。这对运营商形成了很大的舆论压力。对运营商来说，监管部门实行严格的投诉率考核机制，使其无法强制小灵通用户转网。

2011 年，小灵通的退网工作没有按时完成。到了 2014 年 10 月 1 日，所有小灵通基站才最终被关闭。至此，小灵通业务在国内彻底消失。

4.5 结语

从 1998 年上线到 2006 年的巅峰，再到 2014 年退网，小灵通在中国一共存活了 16 年。它崛起的速度很快，没落的速度也很快。

小灵通的命运其实在一开始就已经注定了，它只是一个用于短暂过渡的产品。客观来说，小灵通完成了它的历史使命：中国电信利用它积累了移动通信的运营经验，培养了很多早期移动通信用户，也避免了进一步落后于中国移动。

作为小灵通的设备商之一，UT 斯达康的表现令人非常失望。在最开始的时候，UT 斯达康和吴鹰其实就很清楚，小灵通并非长久之计。但是，他们高估了小灵通的生命力，错过了最合适的转型时机。不仅如此，UT 斯达康的转型战略也非常失败。虽然它曾经尝试在 3G、IPTV 等业务上进行投入，但是整体战略冒进、杂乱无章，没有形成竞争力。

吴鹰最后的结局也令人唏嘘。走出光环的他，在经历 UT 斯达康内部的分歧和激烈斗争之后黯然离开，从此消失在公众的视野之中。

参考文献

[1]　孙宇彤，刘强，朱美根等. 小灵通技术百问百答[M]. 北京：人民邮电出版社. 2005.

[2]　蔺玉红. 小灵通为我们带来了什么[N/OL]. 光明日报，2005-08-25.

[3]　田宝峰. 小灵通商标战——叶永烈："小灵通"是我的创意[N/OL]. 成都商报，2003-03-28.

[4]　专栏：小灵通 3 年内将彻底消失[EB/OL]. 网易科技. (2009-02-03).

[5]　UT 斯达康[EB/OL]. 百度百科.

[6]　小灵通[EB/OL]. 百度百科.

第 5 章

WiMAX：走下神坛的"超级 Wi-Fi"

5.1 超级 Wi-Fi，发起挑战

2000 年左右，全球 3G 标准刚刚确定。此时的欧洲在通信实力方面处于领先地位，拥有多家实力雄厚的通信设备商企业，如爱立信（瑞典）、诺基亚（芬兰）、阿尔卡特（法国）、西门子（德国）等。尤其是爱立信，当时是世界排名第一的通信设备商。

北美（美国和加拿大）的通信设备商企业有摩托罗拉、朗讯、北电等，整体实力弱于欧洲。但是，美国在计算机行业具有优势，拥有英特尔、IBM、微软这样的 IT 巨头。值得注意的是，美国还有一家重要的通信企业——高通（就是它推出了 CDMA 标准）。虽然高通不是设备商，但拥有很多专利，说话很有分量。

除了欧洲和北美之外，中国力量也在通信领域迅速崛起。以华为和中兴为代表的通信设备商以及国内几大运营商、科研院所，凭借高速发展起来的技术实力，逐渐在全球通信领域拥有了一定的话语权。

当时，欧洲希望全世界都采用 WCDMA 标准，以此巩固自身的领导地位。美国则希望大力推广 CDMA2000，掌握更多的话语权和主动权。除了 CDMA2000 之外，以英特尔为首的几家美国 IT 企业还研发了另一项极具竞争力的移动通信技术，向传统通信行业发起挑战。这项技术就是 WiMAX。

WiMAX 的英文全名有点长，叫 World Interoperability for Microwave Access，但它还有另外一个简单的名字，只有几个数字——802.16。

从 802.16 就能看出它和 802.11（无线局域网，也就是 Wi-Fi）之间的关系。WiMAX 和 Wi-Fi 都是 IEEE 所定义的通信技术协议标准。大家很熟悉的 Wi-Fi 是局域网技术，而 WiMAX 是城域网技术。简单来说，WiMAX 就是加强版的 Wi-Fi。

加强到什么程度呢？Wi-Fi 最多无障碍传输几百米，而 WiMAX 理论上可以传输 50 千米。除此之外，它还有传输速率高、业务丰富多样等特点。WiMAX 采用了很多新型技术，例如 OFDM 和 MIMO 等，极大地提高了数据传输能力，受到行业追捧。

5.2　春风得意，来势汹汹

由于技术优势明显、市场前景广阔，WiMAX 迅速成为通信圈的新宠，不仅动摇了 3GPP 和 3GPP2 的地位，还对传统三大 3G 标准构成了实质威胁。

警钟敲响后，传统通信厂家迅速清醒过来，开始组织反击。不久后，3GPP 推出了 LTE 技术，与 WiMAX 抗衡。LTE 采用了前面所说的 OFDM 和 MIMO，算是"以其人之道，还治其人之身"了。

WiMAX 技术的主导者是英特尔、IBM、摩托罗拉、北电，以及北美的一些运营商。英特尔与摩托罗拉向 WiMAX 项目注资 9 亿美元，算是开了张。紧接着，美国运营商注资 30 亿美元，一下子就把"火"烧旺了。为了给 WiMAX 造势，英特尔宣称，WiMAX 芯片价格只有传统 3G 芯片价格的 1/10。这一下，整个行业沸腾了。大量与 WiMAX 相关的研究论文被发表，很多企业纷纷投入这项技术的怀抱。

眼看形势一片大好，WiMAX 阵营的企业开始不惜一切代价追加投入：先把 WiMAX 扶植成正式的国际标准再说。毕竟名不正言不顺，不是标准就等于没有法定身份，也就没有合法频率。但是，当时已经是 2007 年了。前面说过，早在 2000 年，国际电信联盟就已经敲定了三大 3G 标准。确切地说，3G 标准提交的最终截止时间是 1998 年 6 月 30 日（国际电信联盟曾公告全世界）。现在突然要求追加标准，从道理上来说是不可能的。

然而，这个看似不可能完成的任务还是被 WiMAX 阵营搞定了。他们凭借自己的力量强行推开了国际电信联盟的大门，不仅召开了专题会议，把 WiMAX 纳为第四个 3G 国际电信标准，而且如愿地分配到了全球频率。

这下 WiMAX 要钱有钱，要身份有身份，要频段有频段，真可谓春风得意。

此后，加拿大的北电闻风而动，将传统 3G 业务出售给法国的阿尔卡特，然后孤注一掷地全面转向 WiMAX。亚洲的日本、韩国、马来西亚、菲律宾等国对 WiMAX 技术十分看好，相继进行了网络部署。值得一提的是，中国台湾地区当时也发放了多张 WiMAX 牌照。

WiMAX 阵营看到形势一片大好，开始得意起来，一方面继续为 WiMAX 摇旗呐喊，另一方面鼓动包括中国移动在内的 TD-SCDMA 运营商加入 WiMAX："TD-SCDMA 没有前途，唯一的出路就是向 WiMAX 靠拢。"

为什么要拉拢 TD-SCDMA 运营商呢？因为 TD-SCDMA 和 WiMAX 都采用了 TDD 机制，相互之间的替代性更强。

面对 WiMAX 的崛起，欧洲通信巨头们非常不满：美国本来就有 CDMA2000 标准，现在又出了个 WiMAX，有完没完啊？整个行业的气氛变得很紧张，大家明争暗斗，都想占据上风。

5.3 竞争失败，草草收场

仔细分析一下，全球通信设备商里有实力的就那么几家：爱立信（瑞典）、阿尔卡特（法国）、西门子（德国）、华为（中国）、中兴（中国）、北电（加拿大）、朗讯（美国）、摩托罗拉（美国）。一眼就能看出孰弱孰强。朗讯后来被阿尔卡特收购，美国在传统通信领域就只剩下高通有点实力。高通又是一家芯片制造公司，主打专利授权，压根不造设备。

高通在传统通信领域有很多既得利益，三大 3G 标准（WCDMA、CDMA2000、TD-SCDMA）使用了它的大量专利，所以它根本不希望发展WiMAX。虽然高通自己的 UMB（基于 CDMA2000 演进的 4G）没有成功，但 LTE 仍然对它有利。因此，高通在和 WiMAX 联盟的谈判失败后，自己所有的芯片干脆都不支持 WiMAX。英特尔当时没有预见智能手机的崛起，所以根本没有重点发展手机芯片。

没有设备，没有芯片，也没有成熟的产业链，WiMAX 还能走多远？

于是，这场战役很快分出了胜负，WiMAX 的形势急转直下。因为网络设备和芯片供应跟不上，产业链发展严重不足，WiMAX 的使用体验非常差。WiMAX 阵营开始土崩瓦解。

澳大利亚最早部署 WiMAX 的运营商首先"开炮"，在国际会议上痛骂WiMAX，称其室内覆盖范围不足 400 米，时延高达 1000 毫秒。到了 2010 年，WiMAX 标准的最大支持者英特尔撑不住了，宣布解散 WiMAX 部门。当初孤注一掷转向 WiMAX 的加拿大北电，也破产了。

一看大事不妙，马来西亚、菲律宾、韩国等亚洲国家纷纷改弦更张，由WiMAX 转向 TD-LTE。就连全球最大的 WiMAX 服务提供商美国 Clearwire公司，也把业务重心由 WiMAX 转向了 TD-LTE。2011 年 9 月，他们宣布与中国移动达成合作伙伴关系，共同推进基于 TD-LTE 标准的产品与设备的开发。什么叫"树倒猢狲散"？这就是了。

随着大量企业的退出，WiMAX 阵营彻底输掉了这场战争。WiMAX 这个词也逐渐淡出了我们的视野。最终，3GPP 阵营赢得了标准之战的胜利，LTE也如愿成为 4G 标准，奠定了至今无法撼动的地位。

尘埃落定之后，现在的世界通信行业格局逐渐成形。

5.4 结语

转眼之间，LTE 与 WiMAX 之间的世纪大战已经过去了十多年。往事虽然如过眼云烟，但如今回想起来仍然令人心惊肉跳。如果当初中国不慎选错了方向，也许今天的全球通信行业竞争格局就是另外一幅景象。中国的移动通信事业可能会走很多弯路，不一定会有现在的地位和优势。

斗争还在继续，全球通信行业依旧暗流涌动、剑拔弩张，各方势力此消彼长、合纵连横。充满未知的将来，究竟谁能笑到最后，只能让时间来告诉我们答案了。

参考文献

[1] 王茜，王岩. 无线城域网 WiMAX 技术及其应用[J]. 电信科学，2004，(08)：27-30.

[2] PAREIT D，LANNOO B，MOERMAN I. The History of WiMAX: A Complete Survey of the Evolution in Certification and Standardization for IEEE 802.16 and WiMAX[J]. IEEE Communications Surveys and Tutorials，2012，4(14)：1183-1211.

[3] LI N J. Overview of WiMax：Technical and Application Analysis[D]. Turku：Turku University of Applied Sciences，2011.

[4] 张弛. 让印度军队崩溃的中国短信背后，是中美日欧生死暗战 20 年的逆势崛起！[EB/OL]. 瞭望智库. (2018-04-05).

[5] GINEVAN S. WiMax 到底能走多远？[EB/OL]. 董德鲁，译. 信息周刊. (2008-05-29).

[6] 奥卡姆剃刀. 从 WiMAX 看自主创新[EB/OL]. 新浪微博. (2014-12-28).

[7] 蔡伟. WiMAX 与 3G 的楚汉之争[EB/OL]. 赛迪网. (2005-12-13).

[8] JOWITT T. Tales In Tech History: WiMax[EB/OL]. Silicon. (2019-11-05).

[9] WiMAX[EB/OL]. 维基百科.

第二部分
通信企业篇

企业，是行业发展和技术创新的重要推动力量。

在通信行业的漫长发展历程中，诞生过很多伟大的企业。这些企业汇聚了大量优秀的人才，热衷于前沿技术的研发，创造出很多足以改变世界的产品。它们是时代的亲历者和见证者，其中一些虽然已经消失在历史的长河中，但仍然值得载入史册，被我们铭记、学习。

第 6 章
华为：百折不挠的世界通信巨头

在中国，有一家民营企业无人不知、无人不晓。它充满了传奇色彩，却又褒贬不一。它是全球排名前列的通信设备商，也是世界 500 强中少有的非上市公司。

它的名字就是华为。

近年来，随着华为手机的热销，以及美国制裁事件的发酵，华为的知名度不断提升，成为媒体和大众关注的焦点。这家公司以及它的创始人有太多光环，也有太多争议。

这究竟是一家怎样的企业？它是如何从两万余元起家，逐步成长为世界通信龙头的？今天，我们将对华为的发展历程进行一次完整的回顾。

图 6-1　任正非

6.1　转业老兵，被迫创业

华为的创始人是出生于贵州省山区的任正非（见图 6-1）。

任正非的父亲是一名乡村中学教师。家中除了任正非之外，还有子女 6 人，生活条件极为艰苦。不过，尽管家中贫困，他的父母仍坚持供他上学读书，没有让他放弃学业。

1963 年，任正非考入重庆建筑工程学院（现已并入重庆大学）。毕业后，他进入了一家建筑工程单位工作。1974 年，任正非应征入伍，成为一名基建工程兵，承担辽阳化纤总厂的建设任务。后来，任正非一路从技术员、工程师做到副所长（技术副团级干部），成为一名管理干部。在这期间，任正非的高光时刻，就是参加 1978 年的全国科学大会。

1983 年，随着基建工程兵兵种的撤销，任正非复员转业。因为妻子在深圳市南海石油集团工作，所以他也来到了深圳，在南海石油集团下的一家电子公司任副总经理。后来，任正非因为被骗给公司造成了 200 万元人民币的损失，被公司辞退。他的妻子也出于种种原因与他离了婚。

无奈之下，任正非筹集了 2.1 万元人民币，于 1987 年在深圳南油新村的居民楼里创立了华为技术有限公司。

这一年，任正非已经是 43 岁"高龄"了。

在创业早期，任正非并没有找到合适的业务方向。为了糊口，他只能接一些贸易方面的生意做，甚至包括转卖减肥药（他还咨询过做墓碑业务的可能性）。后来，在机缘巧合之下，经过辽宁省农话处一位处长的介绍，任正非做起了 PBX（private branch exchange，专用小交换机）的代理生意。这种交换机主要用于企业内部的固定电话分机。当时，华为代理的是中国香港一家公司的产品，主要销售对象是国内的一些企事业单位。慢慢地，华为建立起了自己的销售网络。

虽然那个时候的中国通信市场需求旺盛、发展迅速，但国内企业的自主研发能力很弱，根本无法和海外厂商竞争。各地市邮电局等主流市场更是被国外产品长期占据，形成了"七国八制"的局面。

华为的交换机代理生意在刚启动的时候，利润还算不错。然而，随着时间的推移，越来越多的代理公司进入行业。在激烈的竞争之下，华为的代理利润大幅下滑，而且经常断货。1989 年，华为开始着手从国内企业购买散件，自己组装生产一款 24 门的小型模拟交换机，名为 BH01。

此时的任正非逐渐意识到，想要继续生存，必须走自主研发的道路，生产完全拥有自主知识产权的产品。

6.2 自主研发，有喜有忧

1991 年 9 月，华为租下了深圳宝安县蚝业村工业大厦的三楼，开始了破釜沉舟式的自主研发之路。当时的华为只有几十名员工，资金极度紧张，随时面临倒闭的风险。

华为自主研发的第一款通信产品是 HJD48 小型模拟空分式用户交换机，产品的研发负责人名叫郑宝用。郑宝用也是一个带有传奇色彩的人。他 1964 年出生，籍贯是福建莆田，本科毕业于华中理工大学（现在的华中科技大学），后来考上清华大学读博士。1989 年，博士还没毕业，他就被大学校友郭平（曾任华为公司常务副总裁，当时已经加入华为）劝说，进入了这家当时毫无名气的小公司。

任正非自己虽然不太懂通信技术，但是知人善用。他任命郑宝用为总工程师，全权负责 HJD48 的研发。郑宝用不负众望，没过多久就带领团队完成了任务。产品推出之后，在市场上获得了巨大的成功。

1992 年，为了进入局用电信交换机市场，华为开始了第二款产品的研发，即 JK1000 空分式端局交换机。对于这款产品，郑宝用仍然是技术总负责人，硬件和软件方面则分别由来自东南大学的徐文伟和来自中国科学技术大学的王文胜负责。

1993 年 5 月，JK1000 通过中国邮电部的验收，正式获得入网许可。当时，任正非十分重视 JK1000 的市场推广，不仅召开了销售动员会，还亲自拟定了销售方案。然而事与愿违，JK1000 在市场上遭遇惨败，仅卖出了 200 多套。这几乎赔光了华为的老本。JK1000 失败的原因很简单——它是一款模拟交换机。当时，数字交换机已经是大势所趋，用户对即将淘汰的模拟技术设备毫无兴趣。

面对惨败，任正非不得不孤注一掷，全力推进数字交换机的研发。

6.3　生死关头，成功逆袭

此时，另一个传奇人物登场了。他就是大家熟知的"天才少年"李一男。李一男是湖南长沙人，出生于 1970 年，15 岁就考入了华中理工大学少年班。1993 年 6 月，研究生毕业的李一男正式加入华为。

进入华为之后，李一男很快证明了自己的能力。他仅用半个月就升任主任工程师，半年后升任华为中央研究部副总经理。任正非非常器重和信任李一男，甚至以"儿子"来称呼他。在李一男于1992 年进入华为实习之时，任正非就把 C&C08 万门数字程控交换机（见图 6-2）的研发重任交给了他，希望他能一举成功，带领华为走出困境。

据老一辈华为人回忆，为了维持经营，任正非借了利息极高的贷款。有一次，他对华为的干部们说："这次研发如果失败了，我只有从楼上跳下去，你们还可以另谋出路。"

图 6-2　华为的 C&C08 机柜

经过大半年的艰苦奋斗，李一男和他的团队不辱使命，完成了任正非交予的任务——1993 年初，华为 2000 门的大型数字程控交换机 C&C08 研发成功；

同年 9 月，C&C08 数字程控交换机万门机型研发成功。

C&C08 这个名字是在华为内部征名得来的，有两个含义：一是 Country & City（农村与城市），代表农村包围城市；二是 Computer & Communication（计算机与通信），代表数字程控交换机就是计算机和通信的组合。C&C 的命名格式模仿了当时电信业的老大——AT&T。08 则没有什么特别的含义，只是华为员工们觉得这两个数字比较吉利。

C&C08 研发成功后，迅速进入市场，在浙江义乌完成了首个局点的开通。不过，华为很快发现，C&C08 面临着极为残酷的竞争局面：站在 C&C08 面前的对手，除了以上海贝尔 S1240 数字程控交换机为代表的"七国八制"之外，还包括邬江兴的 HJD04，以及同城兄弟中兴的 ZXJ2000A。

面对激烈的竞争，任正非一方面坚持"农村包围城市"的市场策略，主攻外资企业看不上的农网市场；另一方面派出大量营销人员和技术人员，到各地现场蹲守，以便及时解决产品出现的问题。无微不至的服务在很大程度上弥补了产品及品牌的不足，帮助华为获得了用户的认可。

当时，为了抢占更大的市场份额，华为还做了一个现在看起来匪夷所思的决定，就是与国内 17 家省市级电信局合资，成立一家叫作莫贝克的通信实业公司。通过此举，华为不仅募集到几千万参股资金，解决了当时的资金困难问题，还与邮电企业职工形成利益共同体，极大地带动了产品的销售。

1995 年，C&C08 交换机通过中国邮电部的生产定型鉴定。同年，国家提出了"村村通"计划。凭借这个宝贵的市场契机，华为实现了 15 亿元人民币的销售收入。

6.4 管理变革，涅槃重生

C&C08 的成功暂时解除了华为的生存危机。此时的任正非又开始思考一个新的问题：有钱有人之后，华为到底该往何处走？

当时，国内电信设备市场的总体发展已经大幅减速。数字程控交换机的普及，以及更多厂商的出现，使得市场规模和利润空间逐步缩小。再看华为内部，短期的野蛮生长使企业急剧膨胀，员工人数迅速增多。华为的管理体系跟不上企业的发展，变得越来越混乱，研发效率也迅速下降。华为在各地的办事处形成了"派系山头"，陋习频现。

如果不改革，华为就会像一辆失速的列车，脱轨、毁灭。

1996 年，任正非提出，华为很多管理干部的思想观念和业务能力跟不上，必须进行整顿，引入竞争和淘汰机制。于是，在时任市场和人力资源常务副总裁孙亚芳（见图 6-3）的带领下，华为所有市场部正职干部集体辞职。当时，每位干部需要提交两份报告（一份述职报告，一份辞职报告），并且重新参加竞聘答辩。公司会根据干部的表现，批准其中一份报告。

图 6-3　孙亚芳

经过这次声势浩大的下岗重聘事件，华为替换了大约 30% 的干部。被替换下来的很多干部重新回到基层，从零干起。此后，华为就形成了"干部能上能下，工作能左能右，人员能进能出，待遇能升能降"的人事管理机制。

对于任正非来说，"集体辞职事件"只是对管理改革的试水。1996 年 3 月，华为邀请包括中国人民大学教授在内的众多外部专家，共同成立了《华为基本法》起草小组。两年后，经过反复修改，《华为基本法》最终于 1998 年 3 月 23 日正式发布。

作为中国的第一部"企业宪法"，它全文共 6 章、103 条，多达 1.6 万余字，详细规定了华为的基本组织目标和管理原则，明确了企业的发展战略和核心价值观。

虽然有了《华为基本法》，但任正非还是觉得不够。为了重塑华为的管理体系和流程，任正非将眼光投向国外。他希望引进国际领先企业的经验，进行更深入的管理改革。

从 1997 年开始，华为陆续与 IBM（International Business Machines Corporation，国际商业机器公司）、韬睿（Towers Perrin）、合益（Hay Group）、普华永道（Pricewaterhouse Coopers）、德勤（Deloitte）、盖洛普（Gallup）、甲骨文（Oracle）等国际一流管理咨询公司合作，邀请他们诊断自己的管理流程、员工股权计划、人力资源制度、财务制度和质量制度。1997 年底，任正非还亲赴美国，接连考察了休斯敦电子、朗讯、惠普和 IBM 等多家企业。最终，他看中了 IBM 的管理体系，决定斥资数十亿元人民币进行全面学习。

1998 年 8 月，任正非组织华为的主要管理干部召开誓师大会，全面启动了与 IBM 合作的"IT 战略规划"（IT S&P）项目。这个项目包括华为未来 3～5 年向世界级企业转型所需开展的集成产品开发（Integrated Product Development，IPD）、集成供应链（Integrated Supply Chain，ISC）、IT 系统重整、财务四统一等 8 个管理变革项目。

不久之后，首批（50 多位）IBM 顾问进驻华为，引起全国轰动。为了成功推进该项目，任正非专门抽调了 300 多名华为内部骨干，全程配合变革。任正非撂下狠话："谁要是抵触变革，谁就离开华为。"

后来，随着项目的推进，华为逐渐建立起了现代化的公司治理模式，实现了流程的规范化、财务的清晰化、研发的高效化，完成了从粗犷型扩张向精细化管理的转变。事实证明，华为的巨额学费没有白交。IBM 的优秀经验帮助华为实现了脱胎换骨的变化，也为华为后续 20 多年的高速发展奠定了坚实的基础。

6.5 产品多元，进军国际

1995 年，华为对自己的产品和市场战略进行了调整。

在产品方面，为了避免在程控交换机的方向上走入死局，华为紧跟国际趋势，开始朝产品多元化的方向发展。

1996 年，华为成立了新业务部，主要负责会议电视系统、光传输和数据通信。后来，新业务部发展成为三个部门，分别是多媒体业务部、传输业务部和数据通信业务部。除了有线通信之外，华为还看准无线通信的发展潜力，启动了 2G 和 3G 的研究。1997 年，华为正式推出了 GSM 的解决方案。值得一提的是，华为的很多产品是以 C&C08 为基础平台进行二次开发的。

为了支撑企业的业务发展，招揽更多人才，华为在 1995 年和 1996 年先后成立了北京研究所和上海研究所。当时，华为在综合业务数字网（Integrated Services Digital Network，ISDN）、生成树协议（Spanning Tree Protocol，STP）、异步传输模式（Asynchronous Transmission Mode，ATM）等领域都进行了探索，有的获得了成功，有的则以失败告终。无论成功与否，这些探索都帮助华为建立起了一支强大的研发团队，也逐渐建立起了完善的产品体系。尤其是数通产品和光传输产品，后来成为华为 1996—2006 年高速发展期的重要利润来源。

除了拓宽产品研发路线之外，华为还举起了全球化的大旗。

华为最先突破的是中国香港的市场。1996 年，华为与长江实业旗下的香港和记电讯签订了一单价值 3600 万元人民币的综合性商业网合同，将 C&C08 卖入香港，并且开通了多项内地没有的新业务。

1996 年，中国和俄罗斯宣布建立"平等信任、面向 21 世纪的战略协作伙伴关系"。华为看准这个时机，进军俄罗斯和独联体国家市场。1997 年 6 月，华为和俄罗斯贝托公司签署协议，成立了"贝托华为"合资公司，打算大干一场。不过事与愿违，1998 年爆发了全球经济危机，独联体市场全面陷入停滞。此后数年，华为没有任何收获。直到 2000 年，华为才从俄罗斯获得了乌拉尔电信交换机和莫斯科 MTS 移动网络两个项目。2003 年，坚持不懈的华为在独联体国家市场终获丰收，销售总额超过 3 亿美元，成为当地最大的通信设备供应商。

除此之外，华为还向亚洲其他国家、非洲和拉丁美洲全面进军。这些地区的部分国家经济较为落后，有些国家还常年处于战乱之中，发达国家的设备供应商不太愿意进入。相比之下，华为的员工吃苦耐劳，他们克服语言障碍和文化差异，甚至冒着生命风险，参与到了当地的通信基础设施建设中。很快，他们赢得了用户的信任，市场份额也突飞猛进。

积累了丰富的项目经验之后，华为在 2004 年开始重点进攻欧洲市场。欧洲是阿尔卡特、爱立信、西门子、诺基亚等老牌顶尖设备供应商的"根据地"，当然不会让华为轻易染指。于是，华为从欧洲较为贫困、落后的国家入手，通过远低于竞争对手的报价，以及比竞争对手更细致全面的服务，实现了个别项目的突破。然后，华为通过这些项目建立起来的口碑，进一步在更多的项目上寻求市场机会。

2004 年 12 月，华为获得荷兰运营商 Telfort 价值超过 2500 万美元的 3G WCDMA 合同，成功打入了欧洲高端市场。不久之后，法国、德国和英国等欧洲主流市场纷纷向华为打开了大门。

在坚持不懈的努力下，华为在 2006 年的销售收入达到 656 亿元人民币，其中海外销售额所占的比例突破 65%。这意味着华为的全球化战略取得了初步胜利。

6.6　内忧外患，命悬一线

进入 21 世纪，全球经济发生了剧烈的动荡。IT 互联网泡沫的破灭，给包括通信设备市场在内的全球科技产业带来了巨大的冲击。2001—2002 年，全球对电信基础设施的投资下降了 50%。大量科技企业倒闭，整个行业进入寒冬。

2001 年 3 月，任正非在企业内刊上发表了著名的文章《华为的冬天》，预示了即将到来的危机，并号召员工做好准备。

随着时间的推移，华为面临的局面果然越来越严峻。一方面，任正非在

CDMA 和小灵通上接连做出错误的市场判断，导致竞争对手"弯道超车"，获得大量利润，缩小了与华为之间的差距。另一方面，"港湾事件"和"思科事件"接连发生，让华为来到了死亡的边缘。

"港湾事件"源于华为在 2000 年左右启动的一项内部创业计划。当时，华为鼓励入职两年以上的员工申请内部创业，成为华为的代理商。任正非没想到的是，自己重点培养的接班人李一男也加入了这个计划。李一男通过股份回购，拿到了价值 1000 多万元人民币的设备，北上创办了港湾网络。不久之后，李一男凭借自己的技术能力，开始带队研发数据通信产品，并在市场上获得了成功。当时，他还从华为挖走人才，补充进自己的研发团队。

2002 年，逐步意识到威胁的华为收回了港湾网络的代理权。然而，这没能阻止港湾网络的扩张。2003 年，港湾网络击败 UT 斯达康，成功收购了一家光传输企业——深圳钧天科技（由华为元老黄耀旭创立）。根据李一男的计划，港湾网络会去美国纳斯达克上市，以筹集资金，与华为对抗。

2004 年，在任正非的指示下，华为成立"打港办"，誓以一切代价打垮港湾网络：港湾到哪里，华为就跟到哪里；港湾卖什么产品，华为就白送什么产品。在华为的"极端"政策打压之下，港湾网络上市失败。2006 年 6 月，港湾网络被华为收购，李一男回到华为，担任首席电信科学家、副总裁。（2008 年，李一男再次离开华为。2017 年，他因内幕交易罪被判入狱。）

华为虽然取得了这场战斗的胜利，但是损失惨重，消耗了大量的资金和精力。

相比之下，"思科事件"更为致命。

2003 年 1 月 22 日，也就是中国农历新年的 9 天前，美国思科公司正式提起了针对华为的知识产权侵权诉讼。思科提交的起诉书长达 77 页，指控涉及专利、版权、不正当竞争、商业秘密等方面的 21 项罪名。如果完全按照思科提出的方案赔偿，华为预计需要赔偿上百亿美元，会直接破产倒闭。

诉讼事件发生后，很多合作伙伴暂停了与华为之间的业务往来，观望事态的发展。华为的销售业绩一落千丈。在这段时间里，由于压力过大，任正非的抑郁症复发，他情绪低落，开始每晚失眠、大哭。这一年，任正非还差点以 75 亿美元的价格将华为卖给摩托罗拉。幸运的是，在谈判的最后阶段，新任的摩托罗拉 CEO 爱德华·桑德尔（Edward Zander）认为华为的报价太高，放弃了这笔交易。

当时，任正非委派郭平全权负责应对思科知识产权诉讼事宜。华为也聘请了美国当地最有名的知识产权律师代理诉讼。很快，华为就找到了思科诉讼的漏洞，以"思科垄断市场"为由进行反击。与此同时，华为与思科的竞争对手 3Com 公司合作，成立了一家合资公司——华为 3Com（华为三康）。3Com 公司的 CEO 专程前来作证：华为没有侵犯思科的知识产权。

2003 年 10 月 1 日，华为与思科达成了初步协议，将被思科起诉的所有代码发到美国进行第三方检验。检验结果表明，华为并不存在侵权行为。于是，2004 年 7 月 28 日，双方签署了一份和解协议，"思科事件"宣告结束。

接踵而至的内外部事件严重影响了华为的现金流。彼时，华为正在积极开拓国际市场，非常缺钱。为了能够平安渡过危机，华为进行了几次重大的资产调整。

首先，华为卖掉最大的子公司安圣电气（Avansys），安圣电气的前身就是前面提到的莫贝克公司。1996 年，华为将电源事业部并入莫贝克。后来，莫贝克更名为安圣电气，正式独立。2000 年左右，安圣电气逐渐成为中国通信能源领域的领军企业，其电源产品的市场占有率约为 40%，监控产品的市场占有率则高达 50% ~ 60%。2001 年，安圣电气被华为以 7.5 亿美元的价格卖给了全球能源巨头艾默生。

2006 年，华为又以 8.82 亿美元的价格将华为 3Com 49%的股份出售给3Com。不久之后，华为 3Com 正式更名为杭州华三通信技术有限公司（H3C）。几经周折，杭州华三后来变成了紫光集团旗下的新华三。

2006 年后，华为终于熬过危机时期，借助国际 3G 市场的复苏走出阴霾，回到了正轨。华为重点投入的 3G WCDMA 开始带来巨额的利润回报。

2007 年，华为获得 UMTS 及 HSPA 全球新增合同的 45%，名列世界第一。此外，华为还获得了中国移动 2007 年 GSM 集中采购项目 23.6% 的合同份额，跻身 GSM 全球市场前三之列。同年，华为 CDMA 新增合同的市场份额为 44.8%，居业界第一，并在全球部署了 12 个 WiMAX 商用网络。

2009 年，华为在无线接入市场的份额升至全球第二。这一年，华为成功交付了全球首个 LTE 商用网络（客户是北欧运营商 TeliaSonera），并获得了全球最多的 LTE 商用合同。

6.7 全面转型，终端逆袭

2011 年，华为进入了一个新的发展阶段。

这一年，华为在经营结构上做了公司创建以来最大的一次"裂变"，在以往运营商 BG（business group，业务集团）的基础上，成立运营商 BG、企业 BG 和消费者 BG。华为的 BG 可以被看作一个"超级事业部"。

运营商 BG 主要服务于国内外电信运营商，侧重于接入网、传输网、核心网等传统通信领域。企业 BG 则重点瞄准政府和企业市场。当时，华为非常看重企业 BG 的市场潜力，大量招兵买马，希望使其成为新的利润增长点。不过，根据后来的发展情况来看，他们做得并不是很成功。

现在大家知道，消费者 BG 是华为之后 10 年中最成功的 BG。华为的手机终端产品就是在这个时期成功崛起的。

接下来，我们回顾一下华为的终端发展历程。

华为的终端其实起步并不晚。早在 1994 年，华为就成立了终端事业部，负责终端的开发。只不过他们当时做的并不是手机终端，而是固定电话终端。

当时，华为的电话终端质量很差，一般用来送人，还经常出故障，严重影响了华为的企业形象。后来，终端事业部以亏损 2 亿多元人民币惨淡收场。

终端项目出师不利，严重打击了任正非的信心，他提出"华为以后再也不搞终端了""谁再提搞终端，谁就滚蛋"。后来，手机通信业务崛起，华为中央研究部多次提出立项开发手机，都被任正非否决。直到 2003 年，由于竞争对手把手机做得风生水起，任正非才出于阻击对手的目的，勉强同意华为重新进入手机市场。

2003 年 11 月，华为终端公司正式成立。

二次起步的华为终端依旧没有什么起色，主要销售业绩来自给运营商做低端的贴牌定制机。后来，华为打算整体出售手机业务。但是，因为金融危机爆发，潜在买家资金紧张，再加上华为"蓝军"①力谏保留，所以没有出售成功。

有心栽花花不开，无心插柳柳成荫。在手机业务萎靡不振的同时，华为的另一块终端业务突然崛起，那就是数据卡。

2005 年，3G 业务开始流行，欧美各国纷纷开始建设 3G（WCDMA）网络。当时，智能手机尚未出现，市场仍然是功能手机的天下。很多商务用户需要移动办公，于是就对数据卡产生了需求：通过将数据卡连接在笔记本计算机上，用户就能实现拨号上网。当时，华为数据卡在欧洲大卖，仅 E220 一款型号，销量就高达 900 万。一时间，华为的整个手机终端部门都需要靠小小的数据卡来养活。

后来，出于市场的需要，华为启动了移动终端基带处理器（芯片）的自主研发。2010 年初，华为成功推出了业界首款支持 TD-LTE 的基带处理器，它能同时支持 FDD-LTE 和 TD-LTE 双模工作。

---

① "蓝军"原指在军事模拟对抗演习中专门扮演假想敌的部队，通过模仿对手的作战特征与代表正面部队的"红军"进行针对性的训练。在企业中，"红军"代表现行的战略发展模式，"蓝军"代表主要竞争对手或创新型的战略发展模式。——编者注

2011 年，华为消费者 BG 成立，并逐步崛起。余承东作为消费者 BG 的 CEO，开启了属于他的时代。在他的领导下，华为手机 MATE 系列和 P 系列历经波折，从失败走向成功，逐步成为智能手机中的佼佼者，有力地支撑了华为公司的业绩增长。

就在华为的手机业务不断取得突破的同时，芯片业务也顺势崛起。华为芯片业务的起源可以追溯至 1991 年成立的 ASIC（application specific integrated circuit，专用集成电路）设计中心。当时，这个中心专门负责设计专用集成电路。2004 年，华为成立了全资子公司——深圳市海思半导体有限公司，也就是我们现在经常说的"华为海思"。

华为海思不仅研发手机芯片，还研发移动通信系统设备芯片、传输网络设备芯片、家庭数字设备芯片等。对于大众消费者来说，因为更经常使用、关注手机，所以手机芯片的知名度更高，例如华为海思的麒麟系列手机 SoC（system on chip，单片系统）。

回顾华为手机业务的成功，原因是多方面的。

第一，重视终端业务。华为在早期并没有重视 C 端产品，也不太擅长 C 端市场的开拓。后来，运营商市场持续低迷，业务增长乏力，华为才加强了对终端业务的重视，投入了大量资源进行扶持。第二，华为终端有余承东这样的领军人物。他擅长打破陈规，虚心向对手学习，很快掌握了消费者产品运营的诀窍，完成了消费者 BG 的转型。第三，占据资源优势。华为利用自身在传统通信领域积累的技术、人才和资金优势，义无反顾地在手机终端上投入资源，最终获得了成功。

6.8 制裁之下，何去何从

2018 年 12 月 1 日，加拿大应美国当局的要求，逮捕了华为公司的常务董事、首席财务官孟晚舟，而孟晚舟正是任正非的大女儿。

2019 年 5 月 16 日，美国商务部工业与安全局把华为列入"实体清单"，禁止美国企业与华为开展贸易。这意味着，美国将从基础元器件、芯片、操作系统和应用软件等各个环节，对华为供应链实行打压。

这一系列事件将华为推向风口浪尖，引发了国内外前所未有的关注。时间过去三年之后，我们仍未看到华为在"实体清单事件"中胜利的曙光。

毫无疑问，来自美国的严厉制裁对华为的业务经营造成了重大的影响，其中消费者 BG 受到的影响最大：荣耀品牌已经被华为打包出售，华为自己的 5G 手机也没办法正常出货。运营商 BG 受到的影响也不小。在美国政府的施压下，很多国家放弃了和华为的合作。目前全球 5G 建设正处于高峰期，大量的 5G 合同被国外竞争对手抢走。华为要想再抢回来，困难重重。

根据华为 2021 年的财报数据来看，其全球销售收入为 6368 亿元人民币，同比下降 28.6%；净利润为 1137 亿元人民币，同比增长 75.9%。华为后面的路，漫长且艰辛。

目前的华为正在逐渐将发展重心迁移到云计算和 AI 领域上。2020 年 1 月，华为对内部组织架构进行了新一轮的调整，将 Cloud & AI（云计算与人工智能）升级为华为第四大 BG。

华为将自己定位为 ICT（information and communications technology，信息与通信技术）融合解决方案提供商，所以从传统通信领域向算力领域转型是必然的选择。目前看来，华为追赶的速度很快，已经稳居国内前三。

随着 5G 建设的深入，国家新基建战略的不断推进，华为在数字化领域的技术和人才优势将发挥更大的作用。华为在芯片、操作系统和数据库等算力软硬件方面的追赶步伐仍然在加快，生态扩建的速度惊人。随着时间的推移，这些投入会带来长期的回报，很可能成为华为未来的"诺亚方舟"。

6.9　结语

最后，我们回到本章开头的问题：华为到底为什么能够获得成功？

我认为，华为能够一路走到现在，成为世界级的科技企业，主要有三个方面的因素。

第一，时代机遇。

这是我眼中最重要的因素。

华为的成长历程几乎和中国改革开放的历程同步。改革开放早期的中国通信基础设施建设热潮，程控交换网络的快速普及，以及国家对农网的重视，都帮助华为赚到第一桶金，解决了生存问题。2000 年前后，全球科技泡沫破碎，通信产业进入寒冬。但是，中国通信市场表现得异常坚挺。国内持续不断的通信网络投资，帮助包括华为在内的国内设备供应商缩小了和国外对手之间的差距。尤其是在 3G 正式启动之后，华为趁机崛起，最终登顶成为世界第一的通信设备商。

可以说，时代造就了华为。中国的快速发展，成就了像华为这样的民族通信企业。

第二，独特的领导者。

没有任正非就没有华为。然而，作为华为 30 多年发展历程的掌舵者，任正非也是一个充满争议的人物。一方面，很多人将其神化，认为他是管理天才、难得的企业领袖。另一方面，也有人认为他性格怪异、脾气暴躁，是个难伺候的"狂人"。

其实，任正非就是改革开放时期千千万万创业企业家的一个典型代表。正所谓"不疯魔，不成活"，创业的过程就是闯荡和搏杀的过程。政策变化、市场波动、对手暗算……各种意外事件都会发生。任正非的成长环境促成了他现在的性格。他不懂技术，但是懂人性，而懂人性的人都懂管理。他不会未卜先知，对行业趋势的把握经常出错。但是，他有远见，有决心，有魄力。这些特质帮助他运筹帷幄，让华为一路走到了今天。

第三，人才。

这一点其实和时代机遇也有很大的关系，因为中国通信行业的崛起和人口红利密不可分。大量接受过高等教育的年轻人进入行业，为行业的高速发展奠定了基础。华为对人才的尊重，以及丰厚的报酬，吸引了大量人才加入。这些人才是华为前进和发展的动力来源，也是活力来源。

总而言之，华为的崛起过程，是改革开放时期中国民营企业摸爬滚打的一个缩影。时代已成过往，华为的成功也无法复制。

新的时代会孵化出新的优秀企业，而这些企业最终会帮助中华民族永远屹立于世界强手之林。

参考文献

[1] 程东升，刘丽丽. 华为三十年：从"土狼"到"狮子"的生死蜕变[M]. 贵州：贵州人民出版社. 2016.

[2] 邓斌. 华为成长之路：影响华为的 22 个关键事件[M]. 北京：人民邮电出版社. 2020.

[3] 杨少龙. 华为靠什么：任正非创业史与华为成长揭秘[M]. 北京：中信出版社. 2014.

[4] 张利华. 华为研发（第 3 版）[M]. 北京：机械工业出版社. 2017.

[5] 大帅去伐柴. 华为芯征程[EB/OL]. 伐柴商心事. (2019-01-03).

[6] 何新云. 华为组织 30 年演变[EB/OL]. 虎嗅. (2018-04-26).

[7] 华为公司. 华为年报[EB/OL]. 华为公司网站.

[8] 刘平. 华为往事[EB/OL]. 百度文库. (2011-05-09).

[9] 彭剑锋，正和岛. 揭秘华为过去发展的四个阶段[EB/OL]. 百度文库. (2016-10-10).

[10] 华为技术有限公司[EB/OL]. 百度百科.

[11] 任正非[EB/OL]. 百度百科.

第 7 章

中兴：在探索中成长的 5G 先锋

1981 年，一位姓侯的国营企业科长不远万里到美国进行商业考察。初来乍到的侯科长对这个陌生的国家感到既兴奋、又好奇，但是很快，兴奋与好奇便被巨大的心灵震撼所取代。这种震撼，来自他看到的先进生产力，以及中美之间的生活水平差距。震撼之余，侯科长的内心深处萌生了创业的念头："中国即将进入一个波澜壮阔的时代。这个时代，一定有我的一席之地！"

他不会想到，若干年后，他的梦想真的实现了。他创办的企业成了世界上最优秀的通信企业之一，而他本人也成为载入史册的通信行业教父级人物。令人唏嘘的是，这个当时令他无比震撼的国家在 36 年后差点将他一手创办的企业彻底扼杀。

没错，这位姓侯的科长就是全球知名通信企业中兴通讯的创始人——侯为贵。

侯为贵出生于 1942 年。大学毕业后，他进入陕西西安的一所中专学校教了几年书。之后，这所学校转为企业，侯为贵也成了一名技术员。因为勤奋钻研、善于学习，侯为贵很快成为厂里的技术骨干，被提拔为科长。

7.1 创业维艰，自主研发

20 世纪 70 年代末，中国开始了改革开放，中美关系进入"蜜月期"。时任第七机械工业部副部长的钱学森要求跟进研究计算机芯片（即半导体技术），于是就有了本章开头的"侯科长美国之行"。

1984 年 8 月，侯为贵的创业梦正式启航。他受厂领导的指派，带着几名员工到深圳筹备开设"窗口"企业，"外引内联"，以求发展。1985 年 2 月 7 日，在侯为贵的积极运作下，中兴半导体有限公司在深圳正式创立。该公司由香港运兴电子贸易公司和长城工业深圳分公司（后并入深圳广宇工业公司）等共同出资创办，注册资金为 280 万人民币，由侯为贵担任总经理。

刚成立的中兴半导体有限公司虽然名字响亮，但其实并没有核心技术和产品。公司的主要业务是低端电子产品（电话机、电子琴、冷暖风机等）的加工，以及一些贸易生意，俗称"三来一补"（来料加工、来样加工、来件装配和补偿贸易）。为了节省所获的投资，中兴在远离深圳的广东花县雅瑶乡租用了一个四面透风的乡镇礼堂作为加工场地。当时，公司的技术人员、管理人员和雇用的工人（差不多 100 人）吃住都在这个礼堂里，材料仓库也设在这里。1986 年，中兴的销售收入是 35 万元，人均创收远低于预期。

就在帮香港公司组装电话机的过程中，侯为贵意识到，内地电话通信市场蕴藏着巨大的商业机遇，想要把握住这个机遇，必须走自主研发的道路。1986 年 6 月，中兴正式成立了自己的研究院。说是研究院，其实也就是一个只有十几人的研究小组。

研究院成立后，第一个研究目标就是小型电话交换机。功夫不负有心人，1987 年 7 月，中兴的第一款自主研发产品——ZX-60 小容量模拟空分用户交换机诞生了。

不久之后，这款产品通过技术鉴定，并取得了中国邮电部颁发的入网许可证。当时，各地邮电局都销售过该产品。

1988 年，国内的通信行业政策开始发生变化。邮电部明确提出"三定"（定职能、定机构、定编制）方案，开启体制和机构改革，朝着"政企分开、邮电分营"的方向发展。电信行业改革的步伐由此开始加快，摩托罗拉、北电网络等国外通信企业纷纷进入中国，抢占市场。很多民族通信企业也在这一时期诞生，试图分一杯羹。

日趋激烈的市场竞争让侯为贵坐立不安。他更加坚定地认为，只有做出具有自主知识产权的优秀产品，才能在竞争中存活下去。于是，他开始寻求与高校合作，弥补自身研发力量不足的缺点。他最先想到的合作对象，就是北京邮电学院（现在的北京邮电大学）和南京邮电学院（现在的南京邮电大学）。当时，南京邮电学院有两位程控交换领域的领军级专家——陈锡生教授和糜正琨教授。两位教授慷慨地对侯为贵给予了支持，派出教研室的三位年轻老师前往深圳，帮助开发侯为贵极为看好的数字程控交换机。后来，两位老师因为家眷的关系回了南京，只留下一个"单身汉"继续为中兴效力。这个长相帅气的单身汉叫作殷一民。

1989 年 11 月，中兴 500 门用户数字程控交换机通过邮电部的全部测试，并由航天部主持进行了部级技术鉴定，被认定为第一款具有自主产权的国产化数字程控交换机，产品名称为 ZX500。

ZX500 诞生后，并没有获得很大的成功。当时在国内处于垄断地位的是合资公司上海贝尔的 S1240 数字程控交换机。

正当侯为贵为 ZX500 的销路发愁的时候，出现了一个机遇。当时，江苏省邮电局打算启用国产化的数字交换机，实行农话端局级的数字化。为此，他们找到了中兴，并对中兴进行了实地考察。侯为贵马上意识到，虽然国内县级以上的交换局市场几乎全部被对手占据，但是农话端局市场还是空白，大有可为。于是，侯为贵调整战略，面向农话 C5 级端局对 ZX500 进行了改进。

1991 年 12 月，中兴成功研发了适应我国农话 C5 端局数字化改造的小容量数字局用交换机 ZX500A，并很快在江苏省和江西省进行了三个实验局的安装和开通。这一年，中兴凭借 ZX500A 在农话市场的优异表现，销售额猛增至 6000 万元人民币。次年，中兴的销售额突破了 1 亿元人民币。

7.2 股权改革，高歌猛进

就在公司业绩迅猛增长的同时，中兴迎来了一次重大的经营危机。

当时，侯为贵希望继续将经营利润投入研发，尽快推出 ZX2000 数字局用机。部分股东则认为应该见好就收，将利润用于分红。双方矛盾迅速激化，开始影响公司的正常经营。1992 年 12 月，以侯为贵为首的中兴核心技术骨干和管理人员集体出走，以个人集资的方式成立深圳市中兴维先通设备有限公司（中兴维先通），注册资本为 300 万元人民币。1993 年 3 月，中兴维先通与深圳广宇工业公司等共同投资创建了中兴新通讯设备有限公司，其中两家国有企业控股 51%，维先通控股 49%。

鉴于以往的教训，公司董事会确定由中兴维先通承担经营责任，两家国有企业不参与运营。于是，中兴成了国内第一家"国有控股，授权经营"（国有民营）的企业。

除了股权制度之外，侯为贵还进行了企业文化方面的思考。1993 年 6 月，侯为贵第一次提出了中兴通讯的核心价值观：互相尊重，忠于中兴事业；精诚服务，凝聚顾客身上；拼搏创新，集成中兴名牌；科学管理，提高企业效益。

此后，解决了后顾之忧的中兴就像坐上了火箭，以惊人的速度向前发展。1993 年 10 月，中兴南京研究所成立，着手研发大容量局用数字程控交换机。1994 年 4 月，中兴将总部迁入深圳莲塘鹏基工业区 710 栋。同年 5 月，中兴自行研发的 2500 门数字用户（专网）程控交换机 ZXJ2000A 获邮电部入网许可证，这款产品不仅面向农话，也面向大中型企事业单位、宾馆、军队等专网市场。同年 8 月，中兴上海第一研究所成立，以无线和接入为主要研究方向。1995 年 3 月，中兴南京研究所研发的万门大容量数字局用交换机开通了实验局，产品定名为 ZXJ10。

1995 年 11 月，ZXJ10 获得邮电部颁发的入网许可证。在邮电部组织的专家评审中，ZXJ10 被认定为"目前能与国际一流机型相媲美的最好机型"。

ZXJ10 是中兴最重要的一代产品，地位相当于华为的 C&C08。后来，中兴的很多产品是基于 ZXJ10 研发的。

产品的成功，以及公司规模的扩张，并没有冲昏侯为贵的头脑。他开始积极思考中兴的战略转型。1995—1996 年，中兴做出了发展战略上的调整：产品结构从单一的交换机设备向多元化产品转变；目标市场从农话市场向本地网、市话网扩展；由国内市场向国际市场拓展。这一时期，中兴开始启动 GSM、CDMA、路由器、光传输、智能网等一系列新产品的研发（见表 7-1），浩浩荡荡的国际化征程正式拉开了帷幕。

表 7-1 中兴主要产品的研发启动时间和商用时间

产 品	研发启动时间	商用时间
GSM	1995 年	1999 年 12 月
CDMA	1995 年	2001 年 5 月
低端路由器	1995 年	1999 年
高端路由器	1995 年	1999 年
光传输	1995 年	1999 年
有线智能网	1996 年	1999 年
GSM 无线智能网	1998 年	2000 年 6 月

1997 年，中兴迎来了历史性的时刻。11 月 18 日，中兴成功在深交所 A 股上市，股票代码为 000063。改制后的中兴才有了现在的名字：中兴通讯股份有限公司。这一年，中兴的产品销售额达到了 13.9 亿元人民币，员工人数发展到了 2600 多人。中兴成了民族通信产业的龙头企业。

7.3 弯道超车，度过寒冬

中兴上市之后，很快进入了 1998 年。对于很多人来说，1998 年是一个特别值得纪念的年份。这一年，发生了太多事情，例如九八"抗洪"、法国世界杯……王菲和那英的歌《相约九八》也给我们留下了深刻的印象。

对于中国通信行业来说，1998 年同样值得载入史册。这一年 3 月，经第九届全国人民代表大会第一次会议批准，在电子工业部和邮电部的基础上组建了信息产业部。这意味着我国电信业第一次重组的大幕正在徐徐拉开，中国通信行业即将进入一个全新的时代，而这个时代有一个响亮的名字——移动通信时代。

对于中兴通讯来说，1998—2004 年的发展可以总结成三个关键词——CDMA、小灵通、手机。

先说说 CDMA。

中兴最早开始接触 CDMA 是在 1995—1996 年。当时，因为与高通关于 CDMA 的合作谈判破裂，中国决定自主研发 CDMA 技术。1995 年 8 月，当时的邮电部等下发文件，决定在全国采用 CDMA 制式，建立 800 MHz 蜂窝移动通信网络。

中兴内部曾经分别针对 CDMA 和 GSM 写过两份可行性报告。侯为贵拿到报告后做出决策，优先做 GSM，但也不放弃 CDMA。一方面，站在战略安全的角度，国家需要一种和 GSM 相制衡的技术。CDMA 抗干扰性强、容量大，具有技术上的先进性。另一方面，即使在国内不会由运营商大规模建网，CDMA 也可以用于军队等专网项目，还可以进军海外运营商市场。

事实证明，侯为贵的决策是对的。2000 年 10 月 16 日，时任中国联通副总裁的王建宙正式对外表示，中国联通将采用 CDMA 标准，建设在现有 GSM 网络之外的另一个独立网络。

2001 年，在联通对 CDMA 的第一期招标中，中兴作为唯一一家以自有品牌竞标成功的国内厂商，斩获了招标额的 7.5%，合同价值共计 9 亿元人民币。在后来的第二期、第三期招标中，中兴也大获成功。

除此之外，中兴还将 CDMA 推向国际，在东南亚等地区建设了移动通信网络，获得不少利润。到 2004 年左右，中兴成为全球最具竞争力的 CDMA 设备商之一。2003 年，CDMA 业务收入就占了中兴当年总收入的 16%。

CDMA 业务虽然发展得如火如荼，但并不是当时中兴最赚钱的产品。那么最赚钱的产品是哪个呢？

答案就是小灵通。

2003 年，小灵通总共为中兴通讯贡献了 70 多亿元人民币的销售额，占其主营业务收入的三分之一。（小灵通的故事详见第 4 章。）当时，中兴之所以做小灵通，既有决策上的考量，也有运气的成分。最终结果就是，中兴押宝成功，大赚了一笔。

最后谈谈手机。

1999 年，中兴推出了自己的第一款手机——ZTE189。这也是中国第一款自主研发的全中文双频手机。当时，中兴做手机的主要目的其实并不是赚钱，而是为了满足运营商的需求。运营商的 CDMA 和小灵通业务缺乏终端产业链的支持，于是中兴就承担起了这一重任。彼时的很多中兴员工和干部觉得：技术复杂的系统产品我们都能做，为什么手机不能做呢？于是，中兴花了不少资金，投入了不少资源，开始造手机。结果，手机造出来了，却因为销售渠道等问题卖不出去，亏了不少钱。于是，中兴手机慢慢走向了运营商代销的"贴牌"模式。也就是说，运营商在营业厅卖中兴手机，不过手机上往往没有 ZTE 的 logo，只有运营商的 logo。

上一章提到，华为的手机业务差点被卖掉。其实，中兴手机也一样，差点被卖给联想（2000 年）。后来因为价格不合适，没有谈妥，中兴才勉强留下手机业务继续经营。（联想后来转而收购了厦华手机。）

2002 年，手机市场突然开始呈爆发式增长。当年年底，国产手机的市场份额增至 30%。这再次刺激了中兴做手机的热情。为此，中兴专门成立了手机事业部，将之前分布于各个系统事业部的 CDMA、GSM、PCS（personal communication system，个人通信系统，即小灵通）终端部门都集中起来，并且招兵买马，不断扩充这一队伍。当时，中兴公司的第一副总裁殷一民还主动请缨，到上海担任手机事业部的总经理。

尽管中兴在手机方面投入巨大，但是"贴牌"模式使其对运营商形成了很强的依赖性，丧失了形成自己品牌的能力。很多消费者根本不知道自己购买的是中兴手机。他们会觉得，中兴手机只是在运营商那里办理套餐赠送的低端产品，在质量和外观等各个方面都不如国外品牌，甚至不如波导、TCL 等国产品牌。这个问题长时间未能得到彻底解决，影响了中兴手机的后续发展。

2004 年，中兴发生了两件大事。

第一件：1 月 15 日，中兴选举产生公司第三届董事会，侯为贵当选为公司董事长，殷一民被董事会聘任为公司总经理。在外界看来，中兴顺利完成了"交接班"。

第二件：12 月 9 日，中兴 H 股在香港联合交易所主板正式上市，共集资 35 亿港元。这是中国首家内地 A 股上市公司在香港发行 H 股股票。

1998—2004 年是全球科技企业的寒冬。在全球经济危机和科技泡沫破碎的影响下，很多企业没能熬过去，倒闭了。幸存下来的企业也如履薄冰，小心翼翼。例如那一时期的华为，上上下下都在想着如何度过"冬天"，形势非常严峻。然而，中兴凭借 CDMA 和小灵通带来的巨额收入，把日子过得相当滋润。尽管侯为贵也提到了"过紧日子"，但账面上的现金流还是足以让同行羡慕不已。2004 年，中兴营收 227 亿元人民币，华为营收 462 亿元人民币，只比中兴多了约一倍。谁也没有想到，在往后的日子里，差距会变得越来越大。

7.4 命运多舛，摸索前行

2004 年之后，全球经济逐渐复苏，通信行业也开始回暖。iPhone 和安卓手机的诞生，宣告智能手机时代的到来，也拯救了 3G 及整个通信行业。一时之间，全球的设备商和运营商都开始忙于建设 3G 数据移动通信网络，中国也不例外（于 2009 年发牌）。

老子云："祸兮福所倚，福兮祸所伏。"中兴前期在 CDMA 和小灵通方面获得了大量的利润，这也不可避免地影响了其后期的战略方向和市场策略。

我们经常说，人的性格决定命运。其实，企业也是一样的。企业的性格在很大程度上受其创始人性格的影响。侯为贵以国有企业代表的身份创业，行事稳健，注重政策走向，所以押宝往往能获得成功。在外界看来，侯为贵中庸、儒雅，像一头老黄牛。与他形成鲜明对比的是军人出身、搞过技术的任正非。任正非因为被骗，自己拿着一点儿钱出来创业，所以压力更大，求生欲更强烈。同时，他是一个理想主义者，认死理儿，看重技术的价值，眼光更长远，杀伐更决绝，风格更凶悍。正因为如此，任正非和他带领的华为，一直被认为是狼性文化的代表。

早期，因为市场巨大，所以两家公司之间的性格和文化差异并没有在业绩上体现出来。然而，在 2004 年之后，两家企业都开始进入深耕的经营状态，开始发力、拼内功。企业性格和文化的区别，还有管理水平、流程制度、价值观的差异，就开始在公司业绩上有所体现。

中兴在 CDMA 和小灵通上获得成功，不可避免地松懈了下来，投机心态上扬。虽然中兴仍然在对 WCDMA 持续投入，但是没有沉下心苦练内功，也没有实现针对主流及重点运营商的突破。尤其是面对欧美大国及其通信运营商，中兴迟迟没有打开局面。

中兴部分高管的决策也存在一些问题。他们过于关注融资项目（如国家开发银行的援助项目），没有重视主流客户，产品水平也没有在摸爬滚打中得到提升，最终失去了突出重围的机会。即便有个别项目获得成功，也是因为集中了全公司的资源，难以复制。

在国际化方面做得不彻底、不坚决，也是中兴未能成功的原因之一。例如，员工本地化（招聘和培养国外本地员工，降低中方员工比例）就曾经被反复推行和放弃，最终也没有培养出可以依赖的国外员工队伍。

从产品的角度来看，中兴的 GSM 产品线一直不如 CDMA 产品线。CDMA 是中兴最成功的产品线，也是中兴最强势的产品线，走出过很多名高管。然而，CDMA 再厉害，也挡不住历史的发展趋势。随着时间的推移，CDMA 被淘汰，中兴也就失去了优势。

2010 年左右，中兴将内部的 CDMA 和 WCDMA 合并。此时，华为凭借在 WCDMA 产品研发方面的积累，已经成功打入欧美高端市场，在全球获得了大量合同。

2010 年 3 月，出于种种原因，殷一民辞任总裁，由史立荣接任。史立荣是一位性格温和、宽容的领导，喜欢放权，很少进行强硬的干涉。在他的领导下，中兴做出了一系列战略调整。但是，情况并没有得到明显的改善，中兴反而因为过于看重市场份额，牺牲了利润，做了很多不赚钱甚至亏钱的项目，导致公司现金流大幅减少。2012 年，中兴出现了上市后的第一次亏损（28.4 亿元人民币）。在这期间，中兴裁掉了一些员工，流失了一些研发和营销骨干，对后续的产品质量造成了一定的影响。

后来，中兴开始在公司范围内推行 LTC（lead to cash，从线索到现金）和 HPPD（high performance product development，高效研发管理流程），规范了项目的执行，提升了研发效率，也扭转了现金流不足的局面。公司发展渐渐回到正轨。

再后来，公司进行了管理层的调整。2016 年 4 月，公司原 CEO 史立荣等三位高管卸任，赵先明博士出任中兴通讯 CEO 兼董事长，侯为贵担任非执行董事长。这也意味着侯为贵正式退休。

7.5 死里逃生，重整旗鼓

2016 年之后的故事，大家应该比较熟悉。中兴遭遇了自公司创立以来最严重的一次危机，那就是来自美国政府的制裁和封禁。事件的具体过程不再赘述，最终结果是，中兴支付巨额罚金，并且全体管理层"换血"。2018 年 8 月，中兴通讯宣布李自学担任公司董事长，徐子阳担任总裁。

此次制裁对中兴的影响是深远的，除了短期的经济损失之外，还对公司的品牌形象造成了损害。很多人认为，中兴是因为没有自主知识产权，才会被"卡脖子"。

确实，中兴犯了错，也为之付出了代价。但是，以这件事否定中兴的研发实力是不合适的。所有真正了解中兴的人都不会小看中兴。在很长一段时间里，中兴都是中国排名第二、世界排名前五的通信设备商，是少数具备通信全领域解决方案的企业之一。中兴在研发上的投入远远超过行业平均水平，每年至少要花费 100 亿元人民币（见表 7-2）。

表 7-2　中兴研发投入情况（2015—2020 年）

年　　份	研发支出合计（人民币）	研发支出占营业收入比例
2015 年	122.01 亿元	12.18%
2016 年	127.62 亿元	12.61%
2017 年	129.62 亿元	11.91%
2018 年	109.06 亿元	12.80%
2019 年	125.50 亿元	13.80%
2020 年	147.97 亿元	14.60%

在专利方面，2020 年，中兴在中国上市公司专利排行榜中排名第一，总共拥有 52 170 件专利。2021 年 3 月，国际知名专利数据公司 IPLytics 发布的《5G 专利竞赛领跑者》报告指出，中兴 5G（见图 7-1）专利申请数占申请总数的 9.81%，排名世界第三。

在芯片方面，中兴早在 1996 年就成立了 IC 设计部，开始进行芯片的研发。2003 年，中兴微电子正式成立。2015—2017 年，中兴微电子的业绩连续三年在国内芯片设计企业中排名第三（见表 7-3）。虽然其营收在 2018 年下滑，只有 61 亿元人民币，但也排在全国第四。

图 7-1　中兴通讯 5G 设备

表 7-3　中兴微电子业绩（2014—2017 年）

年　份	营收（人民币）	净利润（人民币）	净 利 率
2014 年	30.64 亿元	4.59 亿元	14.98%
2015 年	40.15 亿元	7.17 亿元	17.85%
2016 年	56 亿元	9.96 亿元	17.30%
2017 年	64 亿元	12 亿元	18.75%

这样的企业，怎么能说它没有自主研发能力？

中兴拥有众多产品线，在这些产品线的核心供应链中有大量的美国企业。除了元器件等硬件，中兴的很多软件开发工具也是美国公司提供的（行业内都是如此）。正因为深度融入了全球产业链，中兴当时才出现了"休克"的局面。

制裁之后的中兴痛定思痛，重点加强了公司的合规建设，在很大程度上让公司的经营变得更加稳健。讲究合规经营的中兴，对之前混乱的子公司、孙公司关系进行了彻底的清理。这对公司的长远发展来说是一件好事，卖掉子公司、孙公司也给中兴贡献了现金流。在如今 5G 竞争日趋激烈的情况下，现金流作用巨大。

7.6　结语

我对中兴有着复杂的情感，因为我把最宝贵的青春都贡献给了这家公司。即便现在已经离开，我仍然会关注它的发展和走向。

中兴的成长过程其实和华为非常像。两家公司几乎在同一时期诞生，也都位于深圳，被称为"鹏城双子星"。然而，随着时间的推移，两家公司的命运发生了截然不同的变化。这背后的原因其实是非常复杂的。

一方面，中兴在重要的历史节点做出了一些错误的决策。另一方面，中兴在偶然的市场机遇中走了好运，但是"因福得祸"，错过了后面的机会。从管理的角度来看，中兴在企业规模扩展的过程中，未能梳理并完善管理体系和业务流程，改革没有深入骨髓。这也是中兴后来出现一系列问题的根本原因。

总而言之，中兴未来还有很长的路要走。不管是辉煌还是黯淡，过去的终究属于过去。人要往前看，公司也一样。面对传统通信持续衰弱的局面，作为通信设备商，中兴接下来的路并不会好走：如果走错，很可能坠入深渊；如果走对，就能再创辉煌。

希望它能够发展得越来越好！

参考文献

[1] 米周，尹生."巨大中华"之中兴通讯：全面分散企业风险的中庸之道[M]. 北京：当代中国出版社. 2005.

[2] 大帅去伐柴. 1998,"巨大中华"的岔路口[EB/OL]. 伐柴商心事. (2019-05-10).

[3] 深圳特区报. 特区 40 年 l 刚到深圳工作就 007，研发成功我国第一台数字程控交换机[EB/OL]. 深圳特区报社. (2020-08-17).

[4] 师伟. 论中兴"解禁"[EB/OL]. 新浪微博. (2018-07-15).

[5] 中兴通讯公司. 中兴企业年报[EB/OL]. 中兴通讯公司网站.

第 8 章

爱立信：百年老店的风雨历程

8.1　北欧小伙，创业立身

19 世纪中叶，电报业务逐渐开始在欧洲大陆普及。1853 年，北欧小国瑞典动用"海盗基金"[①]架设了从首都斯德哥尔摩到乌普萨拉的电报线路，这也是瑞典的第一条电报线路。为了确保这条线路的正常运营，瑞典政府还成立了自己的第一家电报公司，名叫 Televerket。

当时，Televerket 公司急需大量的电报硬件设备。于是，乌普萨拉电报局局长安东·亨里克·奥勒（Anton Henric Öller）决定创办一家公司，为其生产、修理和改进电报机。不久之后，这家电气设备维修公司正式成立，名叫奥勒公司（Öller & Co）。

虽然名义上是一家公司，但奥勒公司其实就是一个手工作坊，规模很小，靠 Televerket 公司的资助才能维持生存。在奥勒公司的员工中，有一个勤奋的小伙子，当时专门负责维修电报设备以及其他机械设备。他的名字就是拉什·马格纳斯·爱立信（Lars Magnus Ericsson，见图 8-1）。

图 8-1　拉什·马格纳斯·爱立信

[①] 不是海盗的钱，是政府用来打击海盗的钱。

1846 年 5 月 5 日，拉什·爱立信出生于瑞典中部瓦姆兰省的一个小农场里。他在 9 个兄弟姐妹中排行第六，家庭贫困。在 11 岁时，由于父亲病逝，他不得不外出工作，养家糊口。在这期间，他当过矿工，修过铁路，还在铁匠铺做了很长时间的学徒。1867 年，拉什·爱立信终于攒够了路费，来到他向往已久的瑞典首都——斯德哥尔摩。经过一周的试用，他成功加入了奥勒公司，成为一名修理工。尽管这份工作的工资微薄，拉什·爱立信仍然感到十分满足。他后来回忆说："（这份工作）足以满足我的需求，让我庆幸地看到生活比以往任何时候都更加光明，我心中第一次感受到了生活的快乐。"

工作之余，拉什·爱立信努力学习数学、材料技术、工程制图，以及德语和英语。在公司老板奥勒先生的推荐下，拉什·爱立信在 1873 年和 1875 年先后两次获得瑞典政府的官方资助，前往德国和瑞士游学和实习。在这期间，拉什·爱立信来到了位于德国柏林的 Siemens & Halske（西门子公司），学到了很多电报工程技术知识，也接触了一些先进的机床设备。

游学结束之后，拉什·爱立信返回瑞典。此时的他已经具备非常丰富的专业知识，有能力开创属于自己的事业了。1876 年 4 月，拉什·爱立信拒绝了奥勒公司升职加薪的提议，在位于斯德哥尔摩皇后街 15 号的一座普通建筑的小厨房里创建了 L. M. Ericsson 公司[①]（见图 8-2）。

图 8-2　爱立信公司最初的 logo（MEK.WERKSTAD 的意思是"机械作坊"，STOCKHOLM 就是瑞典首都"斯德哥尔摩"）

当时的爱立信公司，其实就是一个作坊式的修理铺：启动资金 1000 瑞典克朗，是借来的；小厨房不到 13 平方米，是租来的；仅有的一套工作设备，是一架脚踏式机床；除了拉什·爱立信本人之外，公司里只有一名临时工。不久之后，拉什·爱立信在奥勒公司的同事卡尔·乔汗·安德森（Carl Johan Andersson）加入了他的新公司，成为合伙人。

---

① 与之后的 Allmänna Telefonaktiebolaget LM Ericsson 和 Telefon AB LM Ericsson 统称为"爱立信公司"。——编者注

爱立信公司诞生之后，主要业务是维修各种机械设备和电器仪表。他们接到的第一单生意是维修一个用于防火警报的机械指示器，收费 2 瑞典克朗。没过多久，拉什·爱立信凭借自己的才华和经验制造出了一些不错的产品，例如用于铁路系统的拨号电报仪器，以及用于小型社区的防火电报系统。这些产品逐渐赢得了铁路、消防等部门的认可，带来了源源不断的订单。

8.2　涉足电话，迅速扩张

在爱立信公司成立的那一年（1876 年），美国的亚历山大·贝尔申请并获得了电话的发明专利，从而将人类带入了电话时代。

1877 年，电话被引入瑞典。拉什·爱立信第一时间购买了一对电话机，并进行了拆解和研究。后来，很多用户将损坏的电话机送到爱立信公司维修，使得拉什·爱立信对电话机的内部结构有了更深入的了解。凭借敏锐的商业嗅觉，拉什·爱立信意识到了电话背后的巨大商机。于是，他决定研制自己的电话机型号。

图 8-3　爱立信的墙式电话机

1878 年底，拉什·爱立信在妻子希尔达·爱立信（Hilda Ericsson）的帮助下，成功研制出了第一部电话机。这款产品性能出色，价格远低于竞争对手，受到了用户的欢迎。后来，爱立信公司又推出了自己的墙式电话机（见图 8-3），并再次畅销。

1880 年，拉什·爱立信和爱立信公司迎来了一次重大的机遇。当时，美国贝尔公司在瑞典的斯德哥尔摩、哥德堡、马尔默、松兹瓦尔和瑟德港等地建造了一个电话网络。如果任由其发展下去，贝尔公司将垄断整个瑞典的电话市场。于是，拉什·爱立信决定与贝尔公司进行正面竞争。不久之后，爱立信公司成功击败对手，先后赢得了瑞典耶夫勒市和挪威卑尔根市的本地电话系统合同。拉什·爱立信的胜利极大地增强了瑞典人民的信心。事实证明，瑞典的工艺和技术完全可以与世界最领先的公司相媲美。

1883 年，拉什·爱立信遇到了自己创业早期最重要的合作伙伴兼客户——亨里克·托勒·塞德格伦（Henrik Thore Cedergren）。

亨里克·塞德格伦原本是一个珠宝商人。作为瑞典最早的电话机用户之一，他非常看好电话的发展潜力。但是，他认为贝尔公司的收费过于昂贵，阻碍了电话业务的普及。于是，他在 1883 年 2 月成立了一家名为 Stockholms Allmänna Telefonaktiebolag（SAT，斯德哥尔摩公共电话公司）的电话公司，旨在为大众提供廉价的电话连接服务。

起初，拉什·爱立信并不看好亨里克·塞德格伦和他的公司，因为他们完全没有电话网络方面的经验。后来，亨里克·塞德格伦凭借自己的热情打动了拉什·爱立信，说服了他支持自己的事业。

1883 年，爱立信公司与 SAT 就电话供应签订了一项合同，全面负责电话及相关设备的供货。那一年，爱立信公司成功交付了 SAT 订购的 1000 部电话机和 22 套电话交换设备。

此后，爱立信公司进入了发展的快车道：1884 年，建造了自己的第一家大规模工厂；1885 年，生产了第一部手持话筒；1887 年，签订了其当时最大的合同，为 SAT 在斯德哥尔摩开办的电话局提供设备（这个电话局是当时欧洲最大的电话局）。

1890 年，爱立信公司的员工数上升到 153 人。1896 年，爱立信公司改制为有限责任公司，股份资本为 100 万瑞典克朗。这一年的 6 月 1 日，爱立信公司累计生产电话超过 10 万部。

改制之后，爱立信开始全面进军海外市场。1897 年，爱立信在俄罗斯圣彼得堡开办工厂，主要业务是组装电话机。1902 年，爱立信在美国纽约开设办事处。1903 年，爱立信与英国国家电话公司联合组建英国爱立信制造有限公司。后来，爱立信陆续进入了挪威、丹麦、芬兰、澳大利亚、新西兰、南非、墨西哥、法国、匈牙利、奥地利等国家，成为一家全球性的电信设备公司。

1900 年，正当爱立信公司高速发展的时候，创始人拉什·爱立信决定辞去总经理的职务。次年，他又辞任董事长，并逐步出售他持有的爱立信公司的股票（1905 年全部出售）。1926 年 12 月 17 日，拉什·爱立信逝世，被安葬在距离斯德哥尔摩不远的布特许尔卡。按照他的遗嘱，他的墓前没有立碑。1946 年，在拉什·爱立信百年诞辰之际，他家乡的教会为他树立了一座石碑，上面刻着"瑞典电话工业见证了他的成就"。

8.3 股权危机，动荡时刻

1914 年，第一次世界大战爆发，爱立信的海外市场受到重创。因为瑞典地处波罗的海沿岸，而战争导致其出海口被封，所以爱立信的设备根本运不出去，营业额大减。1917 年，俄国十月革命爆发，新成立的政府将爱立信在俄国的工厂和业务全部国有化，使其失去了价值约 2000 万瑞典克朗的资产。

1918 年，为了渡过经营危机，爱立信公司与 SAT 正式合并，成为 Allmänna Telefonaktiebolaget LM Ericsson 公司。合并之后的新公司得到了瑞典政府支付的约 5000 万瑞典克朗的电话网络运营费用，大大缓解了经营压力。

不久之后，新公司迎来了一个更大的危机，一个关于控制权的危机。

1909 年，SAT 的创始人亨里克·塞德格伦在去世之前，将公司所有权转移给了家人和一个基金会。在 SAT 与爱立信公司合并之后，该基金会和亨里克·塞德格伦的家人继而拥有了新公司的大部分控制权。后来，爱立信公司在第一次世界大战期间的巨额亏损，使得他们面临巨大的经济压力。于是，他们将爱立信公司的股权卖给了卡尔·弗雷德里克·温克兰茨（Karl Fredrik Wincrantz）。

温克兰茨是谁？他原本是 SAT 旗下斯德哥尔摩电信的总裁，于 1925 年被任命为爱立信公司的总裁。

为了巩固自己的权力，温克兰茨一直在努力增加自己的持股比例。1928 年，在温克兰茨的推动下，爱立信公司开始发行"A 股"和"B 股"，同等股份的"B 股"持有者只有"A 股"持有者千分之一的投票权。温克兰茨希望借此通过持有少数"A 股"来控制公司。同时，他主导发行大量"B 股"，以筹措公司发展所需的资金。这一时期，公司更名为 Telefon AB LM Ericsson。

温克兰茨增持股票肯定需要资金，但他自己并没有这么多资金。于是，他找到了国际金融家伊瓦尔·克鲁格（Ivar Kreuger）。伊瓦尔·克鲁格帮助温克兰茨控制了爱立信公司。后来，克鲁格与温克兰茨闹翻，赶走了温克兰茨，委任了自己的亲信担任爱立信公司的总裁。

克鲁格是一个做火柴生意起家的商人，非常精明，也非常奸诈。为了从资本市场骗取资金，他长期谎报自己的资产规模和旗下企业的盈利能力。1931 年，经济大萧条愈演愈烈，克鲁格的资金链断裂。为了偿还债务，他找到了美国 ITT 公司的创始人索申尼斯·奔尼（Sosthenes Behn），把自己手中的爱立信股票以 1100 万美元的价格出售给了 ITT。ITT 是什么？它就是美国国际电话电报公司（International Telephone and Telegraph Corporation），爱立信最大的竞争对手。克鲁格的这一举动相当于把爱立信的控制权拱手交给了死对头。1932 年 3 月，克鲁格自杀身亡。此时，ITT 拥有爱立信三分之一的股份。

在此事被揭露之后，瑞典举国哗然。自己的民族企业竟然被国外对手大量控股，这是令人无法接受的事情。不过好在瑞典法律规定，禁止外国利益相关者在瑞典公司中行使多数表决权，所以 ITT 公司没有办法完全控制爱立信公司。

后来，瑞典三大银行（斯堪的纳维亚银行、斯德哥尔摩恩斯基尔达银行和瑞典商业银行）迅速采取行动，拯救了爱立信。他们与 ITT 进行谈判，逐渐增加对爱立信公司的控股，夺回了控制权。当时，负责牵头此次拯救行动的是瓦伦堡家族的小马库斯·瓦伦堡（Marcus Wallenberg Jr.），而斯德哥尔摩恩斯基尔达银行就属于瓦伦堡家族。

经过数十年的漫长周旋，小马库斯·瓦伦堡直到 1960 年才完全收回了 ITT 所持有的爱立信公司股份。爱立信公司也由此完全摆脱了伊瓦尔·克鲁格事件的阴影。

8.4　专注研发，成功反超

在第二次世界大战期间，爱立信的业务再度因为出海口问题遭受重创，很多国外资产也被战争摧毁，销售额大幅下降。爱立信不得不临时转行，为军队制造电话、飞机仪表、机枪和弹药等，以维持生存。第二次世界大战结束后，全球电话市场需求激增，爱立信公司的业务也逐渐开始复苏。

1960 年，爱立信开始缩减业务。他们撤销了电信之外的业务，专注于通信设备的研发。当时，爱立信着手研发了一种名为 AKE 的商用交换系统。到 20 世纪 60 年代末，爱立信意识到 AKE 系统已经跟不上时代了，它的速度太慢而且价格过于昂贵，在竞争中经常输给 ITT、GTE（General Telephone & Electric Corporation，通用电话电子公司）和西门子等竞争对手的产品。

1969 年底，爱立信在一个大合同上再次输给了 ITT。这次失败迫使爱立信管理层下定决心与瑞典电报公司 Televerket 联手，共同开发有竞争力的新型产品。1970 年 4 月，爱立信与 Televerket 正式签署协议，成立了一家名为 Ellemtel Utvecklings AB 的联合研发公司。该公司的主要任务就是开发一种先进的自动化数字电话交换系统，名为 AX 系统。

经过不懈努力，Ellemtel 公司在 1976 年成功研发出了世界首台全数字交换机——AXE 交换机（见图 8-4）。

图 8-4　AXE 是爱立信历史上最重要、最成功的产品

AXE 是一个划时代的产品。它采用模块化的软硬件设计方式，不仅易于制造和测试，也易于维修。因为在技术上领先，AXE 在推出后的两年时间里赢得了大量的客户合同。领导 AXE 开发团队的年轻工程师 Björn Svedberg 在 1977 年直接被任命为爱立信公司总裁。

AXE 成功商用后，Ellemtel 完成了自己的使命，逐步将研究成果移交给了爱立信和 Televerket。后来，Televerket 将自己的 Ellemtel 股份出售给爱立信，Ellemtel 也因此被完全整合进了爱立信公司。

8.5　移动浪潮，风雨沉浮

20 世纪 80 年代初，爱立信的数字交换技术继续在行业内保持领先。这一时期，因为沉迷于自己的 AXE 系统，爱立信错过了移动通信技术崛起的第一波浪潮。等到对手纷纷有所成就后，爱立信公司才反应过来，赶紧调整战略方向，转战蜂窝移动通信市场。1981 年 9 月，爱立信在沙特阿拉伯建设完成了世界上第一个投入商业运营的 NMT 网络（见图 8-5，比在瑞典建设完成还早 1 个月）。

　　1988 年，爱立信决定继续将关注点放在核心业务上。这一年，它以 2.17 亿美元的价格将其计算机和终端业务出售给了芬兰的诺基亚公司。与此同时，它最主要的竞争对手 AT&T 公司因为涉嫌垄断被美国政府强行拆分。爱立信从中受益，很快占据了全球 40% 的移动系统市场。

图 8-5　沙特阿拉伯的 NMT 系统

　　随后，到了 2G 时代。欧洲基于 NMT 推出了 GSM，爱立信也及时地推出了自己对应的产品。在这期间，爱立信连续 10 年保持了年均 35% 以上的惊人增长速度，成了世界上最大的电话及蜂窝移动通信设备商之一。

　　1994 年，爱立信的收入达到 76.1 亿瑞典克朗。1996 年，爱立信在全球的研发工程师突破 18 000 名。1997 年，爱立信在世界移动市场上的份额达到 40%，拥有大约 5400 万名用户。

　　1998 年，斯温 - 克里斯特·尼尔森（Sven-Christer Nilsson）当选为爱立信公司的 CEO。在他的领导下，爱立信进行了重大的组织架构调整。他将公司业务分为三个板块，分别是网络运营商部门、消费品部门（包括手机业务）和企业解决方案部门。除了重组之外，尼尔森还宣布了一个涉及 11 000 人的裁员计划。一年后，业务重组失败，尼尔森被迫辞职。

　　1999 年，爱立信与高通公司结束了为期两年的 CDMA 技术专利官司，达成和解。作为和解的一部分，爱立信收购了高通的无线基础设施业务。同年，爱立信的手机业务在与诺基亚的竞争中落后，市场份额从 15.1% 下降到 10.5%。当时，爱立信收入的 70% 来自基础设施销售，只有 21% 来自手机销售。

　　进入 21 世纪，爱立信的霉运没有结束。2000 年，因为产品质量问题以及工厂发生的火灾意外，爱立信的亏损高达 240 亿瑞典克朗。

2001 年，爱立信宣布将手机的生产外包给伟创力国际有限公司，自己则集中力量做手机的技术研发、设计和市场推广。同时，爱立信大幅削减了消费品部门的员工人数。同年 10 月，爱立信与日本索尼公司分别出资 50%，组建了中国用户比较熟悉的索尼爱立信移动通信公司，专门生产手机产品。

2002 年，在全球金融危机的持续影响下，爱立信再次遭受巨额亏损。面对亏损，爱立信一方面推出了降低运营成本、提高效率的"成本控制计划"；另一方面调整市场战略，全面优化和整合了公司的核心业务，出售了一些非核心业务。2002 年 6 月，爱立信以 4 亿美元的价格，将自己的微电子部门出售给了英飞凌科技股份公司（Infineon Technologies，当时是西门子的子公司）。

2003 年，随着全球科技产业回暖，加上之前的一系列战略调整显露成效，爱立信宣告亏损局面结束，恢复盈利。复苏后的爱立信在全球 3G 市场上表现突出，拥有 40%的 3G WCDMA 市场份额，是当时当之无愧的全球第一设备商。

8.6　棋逢对手，遭遇挑战

爱立信与中国的关系源远流长。早在 1892 年，爱立信就接到了来自中国的订单（2000 部电话机），并为中国供货。1906 年，清政府还派代表团前往斯德哥尔摩，参观了爱立信公司总部。

一个多世纪以来，爱立信在中国电信发展史上贡献了多个"第一"。中国的第一部人工交换机（1900 年）和第一部自动交换机（1924 年）就来自爱立信。2.4 节提到过，1987 年，中国的第一套移动电话系统在广州开通，所用的设备也来自爱立信。爱立信一直非常重视中国市场，不仅在中国成立了合资公司和独资公司，还设立了爱立信学院和研究院。

不过，当年在把电话卖到这个国家的时候，拉什·爱立信一定想不到，一百多年后，会从这里走出两个名不见经传的小公司，扰乱他开创的通信"霸业"。

这两个小公司当然就是华为和中兴。

在华为和中兴的挑战和冲击下，爱立信公司在 21 世纪初的市场份额不断下滑，CEO 频繁更换。那些年，伴随爱立信的坏消息总是一个接着一个，不是出售业务就是裁员。2013 年，华为的全年销售收入正式超过爱立信，成为全球第一的通信设备商。2016 年，爱立信计划关闭瑞典境内的所有工厂，结束在瑞典制造产品长达 140 年的历史。2017 年，爱立信净亏损 44.76 亿美元，全年裁员 1.7 万人。

8.7　形势回转，业绩反弹

2018 年之后，爱立信的形势有了明显的好转。

一个原因就是 5G 市场增长带来了新的商业机会。作为设备商，爱立信非常重视 5G 的商业价值，投入了大量资源进行技术研发。2014 年，爱立信发布了全球首台 5G 移动终端原型。2016 年，爱立信发布了一款号称"全球首个 5G NR（New Radio，新空口）无线设备"的 5G 基站——AIR 6468。2017 年 2 月，爱立信推出了自己的 5G 平台。2018 年 1 月，爱立信发布了首个 5G 小基站"5G Radio Dot"（见图 8-6），引起了行业内的广泛关注。

图 8-6　爱立信 5G Radio Dot 系统

另一个有助于爱立信业绩复苏的原因是微妙变化的外部环境。由于贸易摩擦，美国对中国的通信设备商进行了强力打压，多个国家宣布"禁用"华为和中兴的产品。于是，欧美国家的设备商就有了难得的市场机会。

综合这些因素，爱立信的业绩迅速转好，扭亏为盈，股价攀升。2020 年，爱立信全年净销售额达到了 2324 亿瑞典克朗（约 278 亿美元），同比上涨 2%；净利润为 176 亿瑞典克朗（约 21 亿美元），比 2019 年增长了近 9 倍。

8.8　结语

爱立信是通信行业中历史最悠久的企业之一，从诞生至今已有近 150 年的历史。

在很长的一段时间里，爱立信都是世界排名第一的通信设备制造商。它的很多技术创新改变了通信行业的发展走向，很多经典的通信产品和知名的通信项目也出自这家企业。

在一百多年的发展过程中，爱立信有过辉煌，也有过挫折。现在，它仍然屹立不倒，在世界通信第一阵营中牢牢占据着自己的一席之地。这充分说明，这家企业有自己的技术积累和文化底蕴，有属于自己的"韧性"。

如今，5G 的竞争还在继续，"百年老店"爱立信的奋斗之路也在继续。面对变幻莫测的市场环境，爱立信究竟会走向何方？它还会续写另一个百年辉煌吗？

参考文献

[1]　ERICSSON. About us[EB/OL]. 爱立信公司网站.

[2]　Ericsson[EB/OL]. 维基百科.

[3]　Lars Magnus Ericsson[EB/OL]. Engineering and Technology History Wiki.

[4]　Telefonaktiebolaget LM Ericsson[EB/OL]. Company Histories.

第 9 章

诺基亚：靠造纸起家的北欧通信名企

9.1　造纸工厂，产业扩张

1865 年 5 月 12 日，一个名叫弗雷德里克·艾德斯坦（Fredrik Idestam）的采矿工程师（见图 9-1）在芬兰西南部小镇坦佩雷的一条河边创办了一家木浆工厂，专门生产木浆和纸板。

艾德斯坦是一个善于钻研技术的企业家。1867 年，他凭借自己在纸浆工艺方面的发明，获得了巴黎世界博览会的铜奖。后来，他还被誉为芬兰纸浆工艺之父。

图 9-1　弗雷德里克·艾德斯坦

1868 年，艾德斯坦在坦佩雷镇西边 15 千米处的诺基亚河（Nokianvirta River）河畔创办了第二家工厂。这是一个橡胶加工厂，专门生产胶靴、轮胎等橡胶制品。1871 年，艾德斯坦在朋友利奥·米其林（Leo Mechelin，见图 9-2）的帮助下，将两家工厂合并，并且将其转变为一家股份有限公司。这家公司的名字就叫作 NOKIA Ab（诺基亚公司，见图 9-3）。

图 9-2　利奥·米其林

nokia 这个词是什么意思呢？在现代芬兰语中，noki 的意思是"烟煤"，而 nokia 则是 noki 的复数形式，极少使用。在古芬兰语中，nokia 是 nois 的复数形式，特指一种栖息在诺基亚河两岸、类似于远古貂鼠的小型黑貂。后来，nokia 通常特指住在帕卡拉（Pirkkala）教区诺基亚领地上的人。

图 9-3　诺基亚公司的早期 logo

诺基亚公司创立之后，艾德斯坦担任公司的 CEO，利奥·米其林是联合创始人。1896 年，艾德斯坦退休，利奥·米其林成为公司的董事长。1902 年，在利奥·米其林的推动下，诺基亚成立了发电部门。

在第一次世界大战期间，诺基亚公司濒临破产，被芬兰橡胶厂收购。芬兰橡胶厂的老板是芬兰著名企业家爱德华·波隆（Eduard Polón）。不久之后的 1922 年，芬兰橡胶厂又收购了芬兰电缆厂。此后，三家公司仍然保持独立经营（见表 9-1）。他们的产品在北欧市场随处可见，市场占有率很高。

表 9-1　爱德华·波隆创办和收购的公司/工厂

名　　称	创　始　人	创办时间	被收购时间
诺基亚公司 （NOKIA Ab）	弗雷德里克·艾德斯坦	1865 年	1918 年
芬兰橡胶厂 [Suomen Gummitehdas Oy（芬兰语），Finnish Rubber Works（英语）]	爱德华·波隆	1898 年	—
芬兰电缆厂 [Suomen Kaapelitehdas Oy（芬兰语），Finnish Cable Works（英语）]	阿尔维德·威克斯特罗姆 （Arvid Wickström）	1912 年	1922 年

1967 年，诺基亚公司、芬兰橡胶厂和芬兰电缆厂终于正式合并，成为新的诺基亚公司（见图 9-4），旗下产业涉及造纸、化工、橡胶、电缆、制药、天然气、石油、

图 9-4　诺基亚在 1967 年启用的新 logo

军事等多个领域，产品极为多元化。对于芬兰人民来说，诺基亚公司就是自己国家的一张名片。

9.2　进军通信，迅速崛起

作为传统制造业企业的诺基亚，又是怎么和通信搭上边的呢？

图 9-5　比昂·韦斯特伦德

这就要回到 1960 年了。当时的诺基亚总裁比昂·韦斯特伦德（Björn Westerlund，见图 9-5）眼光独到，他认为电子信息技术行业即将迎来高速发展，诺基亚必须把握住这个机遇。于是，他授命建立了诺基亚电子部，专注于电信系统方面的工作。1963 年，诺基亚就推出了自己的第一个无线通信系统。当时，这个系统是专门为芬兰国防军开发的。

1967 年，诺基亚又专门成立了一个部门，负责开发数据处理、工业自动化和通信系统。后来，这个部门不断扩大，业务领域包括个人计算机、工作站、数字通信系统和移动电话。

进入 20 世纪 70 年代，诺基亚的经营遭遇了一次重大的危机。1973 年，全球石油危机爆发，油价暴涨。长期以来，芬兰政府通过向苏联出口木材产品和机械来换取石油。油价暴涨之后，芬兰政府对石油的购买力大幅下降，经济受到很大影响。诺基亚作为芬兰最大的企业之一，营收也受到影响。

图 9-6　卡利·凯拉莫

1977 年，卡利·凯拉莫（Kari Kairamo，见图 9-6）就任诺基亚公司的 CEO，开始对诺基亚的经营战略进行调整。卡利·凯拉莫认为，诺基亚公司应该先巩固斯堪的纳维亚半岛上各个国家的市场，然后逐步进入其他欧洲国家，最后进入国际市场。当时，他还打算剥离公司的传统重工业业务，专注于电子和电信领域。不过他后来放弃了这个想法，改为对重工业业务进行现代化改造。

在卡利·凯拉莫的战略指引下，诺基亚很快回到了正轨，海外业务大幅增加。1979 年，诺基亚与斯堪的纳维亚半岛上最大的彩电制造商 Salora 合作，共同成立了一家专门研发无线电话的合资公司——Mobira Oy（莫比亚公司）。

1981 年，诺基亚参与推出了欧洲第一个蜂窝式电话公用网络——NMT。1982 年，诺基亚(实际上是诺基亚控股的 Mobira Oy 公司)生产了第一部 NMT 车载电话——Mobira Senator（见图 9-7）。

同样在 1982 年，诺基亚推出了自己的首款数字电话交换机产品——DX 200。这款产品采用了高级计算机语言以及英特尔的微处理器，技术非常领先。后来，它成为诺基亚网络基础设施（核心网和基站）的重要平台。

1984 年，看到手机业务蓬勃发展，诺基亚干脆直接收购了 Salora。同时，诺基亚还收购了一家瑞典国有电子计算机公司 Luxor。诺基亚将这两家公司合并为一个部门（Nokia-Mobira Oy），专门生产消费类电子产品。同年，诺基亚推出了非常经典的便携式车载电话——Mobira Talkman（见图 9-8）。

图 9-7 Mobira Senator，重达 9.8 千克，适用于 NMT-450 网络

图 9-8 Mobira Talkman，重约 5 千克

在收购一系列公司之后，诺基亚逐渐
成为排名欧洲前列的电子设备制造商。

1987 年，诺基亚正式发布了它的第一
部手提电话——Mobira Cityman 900（见
图 9-9）。同年 10 月，当时的苏联总统米哈
伊尔·戈尔巴乔夫（Mikhail Gorbachev）
在一次新闻发布会上使用了这部电话，使
其名声大噪。人们给这部电话起了一个外
号——Gorba（戈尔巴）。

1988 年，诺基亚收购了爱立信的信息
系统部门，成为斯堪的纳维亚地区最大的
信息技术公司。

图 9-9　Mobira Cityman 900，重约
0.8 千克，适用于 NMT-900 网络

好景不长，20 世纪 80 年代末，由于消费类电子产品市场中激烈的价格竞
争，诺基亚的利润急剧下降，公司再次进入了一个艰难的阶段。因为业绩压力
过大，公司董事长卡利·凯拉莫甚至选择了结束自己的生命。

卡利·凯拉莫自杀之后，西莫·沃尔莱托（Simo Vuorilehto）接任了董事
长的职位，开始对诺基亚公司进行大刀阔斧的改革。他将公司重新划分为六个
部门：电信部、消费电子部、电缆和机械部、数据部、移动电话部和基础产业
部。他还剥离了地板、纸张、橡胶和通风系统等部门，卖掉了 Nokian Tyres（诺
基亚轮胎厂）、Nokian Footwear（诺基亚橡胶靴厂）等产业。诺基亚的电视和
个人计算机部门后来也被他卖掉了。

疯狂的甩卖并没有很快扭转诺基亚的不利局面。1991 年，诺基亚的经营
亏损还是达到了 1.02 亿美元之多。

值得一提的是，诺基亚亏损的原因是多方面的。除了激烈的市场竞争之外，
芬兰银行体系的崩溃以及苏联的政治动荡都对其业务经营造成了不利的影响。

因为芬兰和苏联之间长期保持着紧密的贸易往来，而 1990 年前后正是苏联政治最为动荡的时期，所以芬兰难以独善其身。

9.3　手机称王，制霸全球

1992 年，在最危急的时刻，诺基亚集团董事会将 Nokia-Mobira 公司的总裁乔玛·奥利拉（Jorma Ollila，见图 9-10）调任集团总裁。奥利拉对诺基亚进行了更彻底的改革，更加专注于核心电信业务。

图 9-10　乔玛·奥利拉，后来被认为是诺基亚史上最伟大的总裁

在奥利拉的强力领导下，诺基亚的下跌势头终于得到了扭转。不仅如此，他们还很快开启了自己的黄金时代。1991 年，时任芬兰总理的哈里·霍尔克里（Harri Holkeri）通过诺基亚的设备拨通了世界上第一个 GSM 电话。1992 年，诺基亚紧接着推出了第一部 GSM 手机——诺基亚 1011。这款手机能够存储 99 个电话号码，可以通话 90 分钟。这一年，Nokia-Mobira Oy 正式更名为诺基亚移动电话。

1994 年，诺基亚又推出了 2100 手机，首次采用了诺基亚的标志性铃声。一开始，诺基亚以为这款手机只能卖出 40 万部，没想到最终卖出了 2000 万部，大受市场欢迎。

1996 年，诺基亚推出了 9000 Communicator 手机。这款售价 800 美元的手机除了可以编辑文档和表格外，还可以发送电子邮件、使用传真和浏览网络，被认为是智能手机的早期雏形。它内置的 GEOS 操作系统是 Symbian OS（塞班系统）的前身。

1998 年，诺基亚击败摩托罗拉，成为全球市场份额第一的移动电话制造商。此后的诺基亚几乎成了手机的代名词，推出了无数经典的手机型号，也创造了无数的行业第一。

9.4 昔日王者，跌落神坛

2007 年第四季度，诺基亚达到了业务发展的巅峰，市场份额飙升至前所未有的 50.9%。

正所谓盛极必衰，后来发生的故事大家应该都比较熟悉了。2007 年 6 月 29 日，史蒂夫·乔布斯领导下的苹果公司开始正式发售 iPhone。2008 年，谷歌推出了安卓操作系统。从此，我们进入了智能手机时代。

面对 iOS 和安卓的挑战，诺基亚虽然力推自家的塞班系统，但毫无招架之力，市场份额迅速下滑。

2009 年，诺基亚业绩暴跌，在全球裁员 1700 人。2010 年，病急乱投医的诺基亚请来了微软前高管斯蒂芬·埃洛普（Stephen Elop）接任 CEO。来自加拿大的他是诺基亚历史上的首任非芬兰籍 CEO。

埃洛普上任后立刻开始了裁员，甚至出售了公司总部大楼。同时，在他的领导下，诺基亚彻底放弃了自己的塞班系统，也放弃了大家寄予厚望的 MeeGo 系统（塞班的接班人），甚至拒绝了呼声最高的安卓系统。

埃洛普最后投靠了微软，决定使用微软的 WP（Windows Phone）系统。然而，WP 系统并没能成功拯救诺基亚。不久之后，这位"手机巨人"轰然倒下。2013 年，经历了市值的大幅跳水（见图 9-11）之后，诺基亚以 73 亿美元的价格把手机业务贱卖给了微软。

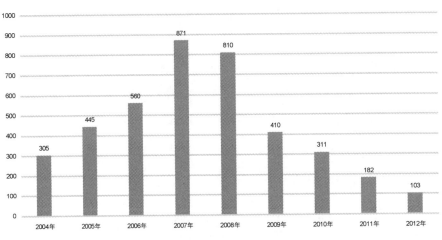

图 9-11　诺基亚公司市值变化（单位：亿美元）

　　颇具讽刺意味的是，就在诺基亚手机业务被贱卖后不久，埃洛普拿着诺基亚 2500 万美元的离职补偿金回到了微软，后来还一度成了微软总裁的热门人选。

9.5　网络业务，迅速发展

　　虽然手机业务遭受重创，但是诺基亚的另一块业务却经营得很好，那就是制造通信设备并提供相关的解决方案。诺基亚依靠这块业务"偷偷地"实现了业绩逆袭。诺基亚作为通信设备制造商，那些年到底经历了什么？

- ❏ 2006 年，诺基亚和西门子合资成立了诺基亚西门子通信公司（Nokia Siemens Networks，NSN）。
- ❏ 2010 年，诺基亚西门子以 12 亿美元的价格收购了摩托罗拉的无线业务部门。
- ❏ 2013 年，诺基亚收购了诺基亚西门子网络公司 100% 的股份，并将其更名为诺基亚网络公司。

□ 2016 年，诺基亚以 156 亿欧元的价格，收购阿尔卡特朗讯的全球业务。

□ 2017 年，诺基亚超越爱立信，成为全球第二大通信设备商。

也就是说，诺基亚通过兼并西门子（部分）、摩托罗拉（部分）和阿尔卡特朗讯（全部），一度成为世界第二的通信设备商。

现在的诺基亚是摩托罗拉、阿尔卡特、朗讯、贝尔和西门子的超级联合体，其中的每一家公司都曾是通信行业中的重要角色。

如今的诺基亚（见图 9-12）早已不是手机制造商，而是一个在全球市场中占有重要地位的通信综合解决方案提供商。目前诺基亚的产品线包括无线产品、固定电话网络、IP 路由器、光网络等，在行业里有很强的竞争力。

图 9-12　诺基亚总部（位于芬兰埃斯波市）

值得一提的是，作为朗讯资产的继承者，诺基亚拥有通信行业的殿堂级圣地——贝尔实验室。

在中国，诺基亚的实际经营实体是上海诺基亚贝尔股份有限公司（详见第 21 章）。

近年来，诺基亚在 5G 市场上表现活跃（见图 9-13）。2018 年 1 月，诺基亚与日本运营商 NTT Docomo 签署协议，为其提供 5G 基站设备。2018 年 7 月，诺基亚与美国 T-Mobile 公司签署了一份价值 35 亿美元的 5G 合同，这是全球第一份 5G 大额合同。2020 年 6 月，诺基亚独家中标台湾大哥大 5G 网络合同，价值 4 亿欧元。凭借这个合同，诺基亚成为台湾地区最大的 5G 网络设备供应商。

图 9-13　诺基亚 5G 设备

和爱立信一样，诺基亚近几年的业务也受到了国际政治环境变化的影响。目前，诺基亚在中国大陆的 5G 市场份额不高，与国内运营商的多次 5G 集采失之交臂。

诺基亚公司的财报显示，其 2021 年的净销售额为 222.02 亿欧元，净利润为 16.45 亿欧元。截至 2022 年 6 月，诺基亚已经在全球获得了 220 多个 5G 商用合同。

诺基亚的未来走向，尤其是它在中国市场的发展趋势，值得我们关注。

9.6　结语

诺基亚是在中国知名度极高的一家科技型企业。很多人购买并使用过诺基亚品牌的手机，对它有着特殊的感情。关于诺基亚手机崛起与失败的原因，这里不再赘述。

如今的诺基亚，作为一家通信设备商，仍在续写自己 150 多年的传奇故事。面对全球数字化浪潮，诺基亚还有很多市场机会。此外，它手上握有大量的通信技术专利，并且仍然在坚持进行技术投入与创新。这家历尽磨难仍坚持不倒的公司，有着极其顽强的生命力，是行业中不可忽视的重要力量。

希望它能够凭借自己的技术积累和人才资源，继续活跃在世界通信舞台之上，带给用户更多惊喜。

参考文献

[1] HAIKIO M. Nokia: The Inside Story[M]. New York：Prentice Hall. 2002.

[2] STEINBOCK D. Nokia Revolution: The Story of an Extraordinary Company That Transformed an Industry[M]. New York：AMACOM. 2001.

[3] BAROKOVA A. The History of the Nokia Company[D/OL]. Vienna：University of Vienna，2012.

[4] NOKIA CORPORATION. Company[EB/OL]. 诺基亚公司网站.

[5] NOKIA CORPORATION. Nokia Corporation Financial Report for Q4 and Full Year 2020[EB/OL]. 诺基亚公司网站.

[6] VERMA P. The History of Nokia[EB/OL]. FEEDOUGH. (2022-02-28).

[7] Nokia[EB/OL]. 维基百科.

[8] Timeline of Nokia[EB/OL]. Timelines.

第 10 章

摩托罗拉：改变世界的科技巨头

1928 年 9 月 25 日，一家名叫 Galvin Manufacturing（加尔文制造）的公司（后面简称为"加尔文公司"）在美国芝加哥市哈里森街 847 号正式成立。

这家公司的创始人保罗·文森特·加尔文（Paul Vincent Galvin，见图 10-1）是一名退役老兵，曾经参加过第一次世界大战。和他一起创业的，还有他的弟弟约瑟夫·加尔文（Joseph Galvin）。

图 10-1　保罗·文森特·加尔文

加尔文公司的规模很小，只有 5 名员工，公司账面上的运营资金也仅有 565 美元。然而，就是这家不起眼的小公司，日后逐步成长为世界级的通信巨头，市值超过百亿美元，引领了全球通信技术的发展。

没错，加尔文公司就是后来举世闻名的摩托罗拉（Motorola）。

10.1　萌芽起步，战场成名

在创办加尔文公司之前，保罗·加尔文已经有过多次创业经历，不过都以失败告终。加尔文制造公司就是保罗·加尔文在之前失败公司的基础上创立起来的。他收购了前合伙人爱德华·斯图尔特（Edward Stewart）的电池代用器专利，打算继续销售，以此创业。

1929 年，美国进入了"大萧条"时期。保罗·加尔文很快发现，公司的库存越来越多，收入越来越少，再次濒临破产。无奈之下，他开始寻找新的商机。

不久之后，保罗·加尔文盯上了汽车收音机市场。当时，无线电广播逐渐流行，很多人希望在自己的汽车上安装收音机，以便收听新闻和音乐。但是，市面上所有的车载收音机产品都有一个问题，那就是容易因汽车发动机盖产生的静电而受到干扰，出现杂音。

保罗·加尔文带领公司员工，经过细心钻研解决了静电干扰的问题，推出了没有杂音的车载收音机产品，并将其命名为 Motorola。

Motorola 这个名字由两个词根组成，其中 motor 表示汽车，ola 表示声音，合起来就是"汽车之声"的意思。当时，很多品牌采用了类似的命名方式，例如人尽皆知的可口可乐（Coca Cola）。

摩托罗拉车载收音机被推向市场后，受到了用户的广泛欢迎，销量一路猛增。到 1936 年，加尔文公司累计销售了 150 万台汽车收音机。当时，福特、克莱斯勒等公司生产的大多数汽车会预先安装摩托罗拉收音机。

除了面向大众市场的汽车收音机之外，加尔文公司还研发了面向警察局和市政府的专用无线电接收设备。1936 年，加尔文公司推出了一种称为"警察巡洋舰"（Police Cruiser）的调幅汽车收音机。这种收音机被预先调谐到指定频率，专门用于收听警方广播。

1939 年，第二次世界大战爆发，加尔文公司的车载收音机销量锐减。因此，保罗·加尔文决定将公司的产品研发方向从民用转向军用，寻找新的出路。

当时，美国军方正在进行军用无线通信设备的研发。1939 年，军方造出了第一台无线背负式步话机（walkie talkie），型号为 SCR-194。但是 SCR-194

的缺陷很多，不适合在战场上使用。于是，军方开始邀请民营企业加入，共同进行该项目的研究。加尔文公司就在受邀请的民营企业之列。

加尔文公司牵头研发的型号是 SCR-536（见图 10-2）。当时的研发负责人是公司总工唐·米切尔（Don Mitchell）。后来，无线电领域顶级专家丹尼尔·诺布尔（Daniel E. Noble）也加入了他们，担任研究总监。

图 10-2　SCR-536 无线步话机

经过不懈的努力，SCR-536 无线步话机于 1940 年正式定型，并于次年 7 月投入量产。这款无线步话机采用 AM 波段，重约 2.3 千克，工作频率为 3.5 ~ 6 MHz，输出功率为 360 mW。SCR-536 的有效通话距离比较短，只有 1 英里[①]左右。作为世界上第一款手持对讲设备，SCR-536 也被称为 handie talkie。

1942 年春，加尔文公司又推出了一款新产品——SCR-300（见图 10-3）。SCR-300 的重量约为 14.5 ~ 17.5 千克，比 SCR-536 重得多，需要专人背负。但是它的有效通话距离更远，可以达到近 5 千米。在太平洋及欧洲战场上，SCR-300 大放异彩，深受同盟国军队官兵好评。在诺曼底登陆等一系列战役中都可以看到它的身影。

————————

① 1 英里约为 1.6 千米。——编者注

图 10-3　SCR-300 无线步话机

在整个战争期间，SCR-300 累计生产了 5 万多部，SCR-536 则超过 13 万部。这些性能出色的步话机为反法西斯战争的胜利做出了巨大贡献。加尔文公司也借此成为世界知名的无线电设备制造商。

10.2　发展壮大，引领创新

1940 年，除了军用无线电产品之外，加尔文公司还推出了一款民用挎包式无线电设备，名叫 Motorola Sporter。这款设备的肩带上有一根天线，可以帮助人们在室外移动时收听广播。1941 年，加尔文公司又推出了一款小型个人便携式收音机，售价 19.95 美元，取名为 Playboy（见图 10-4）。

1942 年，保罗·加尔文的家庭遭遇了一次严重的意外。他的妻子莉莉安·加尔文（Lillian Galvin）被一个人

图 10-4　摩托罗拉个人便携式收音机 Playboy

123

室抢劫的歹徒杀害。1943 年，加尔文家族出于规避遗产税的原因，选择将公司上市。

1944 年，在美国俄亥俄州的克利夫兰市，加尔文公司为当地的出租车公司（Yellow Cab Co.）安装了美国第一套出租车专用的调频双向通信系统。第二次世界大战结束后，在美国肯塔基州的保灵格林市，加尔文公司又安装了世界上第一套完整的调幅双向警用无线电通信系统。

1946 年 10 月 2 日，在美国伊利诺伊州的芝加哥市，贝尔电话公司启动了世界上首个面向公众的车载无线电话服务（见图 10-5）。当时，贝尔电话公司采用摩托罗拉的通信设备，拨打出了这个系统的第一个电话。

随着产品的迅速普及，摩托罗拉的品牌影响力也不断扩大，逐渐成了无线通信的代名词。1947 年，保罗·加尔文干脆把公司的名字直接改成了 Motorola, Inc.。

同样在 1947 年，摩托罗拉推出了首款面向工业领域的便携式双向无线电对讲机，以及首款电视机产品。这款电视机被命名为"黄金视野"（Golden View，见图 10-6），因为价格便宜，深受用户欢迎，一年的销量就超过了 10 万台。摩托罗拉也一跃成为全美国排名第四的电视机制造商。

图 10-5　保罗·加尔文和他的车载无线电话

图 10-6　摩托罗拉电视机广告

1948 年，贝尔实验室发明了晶体管，带给摩托罗拉很大的震动。不久之后，摩托罗拉在美国亚利桑那州的菲尼克斯市创办了一个实验室，专门从事新型半导体技术的研究。后来，这里变成了摩托罗拉半导体业务的发源地。

1955 年，摩托罗拉生产出了世界上第一批商用高功率晶体管，用于车载无线电。同年，摩托罗拉制造出了世界上第一台无线寻呼机（pager，见图 10-7）。这种小型无线接收机小巧轻便、便于携带，可以接收信息，早期服务于医院等用户。

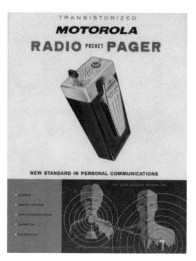

图 10-7 摩托罗拉无线寻呼机广告

同样在 1955 年，摩托罗拉推出了自己标志性的"蝙蝠翼"logo（见图 10-8）。

图 10-8 摩托罗拉的"蝙蝠翼"logo

1956 年，保罗·加尔文将总裁一职移交给了自己的儿子罗伯特·加尔文（Robert W. Galvin）。两年后，罗伯特·加尔文继任公司董事长。从此，摩托罗拉进入了罗伯特时代。后来的事实证明，罗伯特·加尔文是一位优秀的继承者，极具管理才能。摩托罗拉在他的领导下，一步一步迈入全球顶尖科技公司的行列。

1958 年，摩托罗拉推出了全球首台电源和接收器全部使用晶体管制造的双工车载对讲机——Motrac（见图 10-9）。由于耗电量少，这款对讲机即使在汽车没有发动的

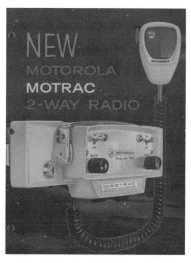

图 10-9 Motrac 车载对讲机

情况下，也可以进行通话。

1963 年，摩托罗拉与 National Video 公司合资，推出了全球首台真正意义上的长方形彩色显像管，并迅速成为行业标准。在此之前，所有的电视机屏幕都是圆形的。

1969 年又是摩托罗拉的高光时刻。7 月 20 日，阿波罗登月计划获得成功，人类首次登上月球，而摩托罗拉的无线电设备让地球上超过 5 亿人得以共同见证这一历史时刻。宇航员尼尔·阿姆斯特朗的经典名言 "That's one small step for man, one giant leap for mankind"（"这是个人的一小步，却是人类的一大步"）就是通过摩托罗拉的设备回传给地球的。

当时的摩托罗拉已经成为世界最顶尖通信技术的代表，也是全球通信行业的领导者。

20 世纪 70 年代，民用公共无线通信开始进入爆发期。摩托罗拉和贝尔实验室（归属 AT&T 公司）暗暗较劲，想要取得在这个领域中的竞争优势。1973 年，摩托罗拉工程师马丁·库珀（见图 10-10）及同事发明了世界上第一部手机，将自己和公司的名字载入史册。

图 10-10　马丁·库珀

此后，摩托罗拉逐步停止了在消费类电子产品领域中的投入，转向高科技电子元器件方向。1974 年，摩托罗拉将旗下的消费品部门（包括电视机）整体出售给了日本松下电器。同年，摩托罗拉推出了自己的第一款微处理器产品——MC6800（见图 10-11）。

图 10-11　摩托罗拉 MC6800L 处理器

1979 年，摩托罗拉又推出了 MC6800 的升级版——MC68000。这款 32 位微处理器的技术非常先进，领先同时代的英特尔处理器大概"半代"，成为当时最受个人计算机和小型工作站欢迎的 CPU。苹果公司的第一代 Mac 就采用了 MC68000。

20 世纪 80 年代，日美贸易战进入高潮期，两国的半导体企业竞争也进入了白热化阶段。为了巩固本国市场，罗伯特·加尔文一直努力游说美国政府对日本半导体产业进行严格的贸易限制。他还创办了一个名叫"国际贸易公平联盟"的组织，专门劝说美国政府对外国公司征收高关税，以缩小美国的贸易逆差。

摩托罗拉与日本半导体企业的竞争一直持续到 1986 年。在此期间，摩托罗拉并没有占到什么便宜。后来，中国的改革开放如火如荼，罗伯特·加尔文敏锐地意识到中国市场蕴藏着巨大的商机，于是带队来到中国进行投资。摩托罗拉进入中国后，不仅帮助中国数百家供应商企业建立了高标准的生产线，还为中国通信现代化建设做出了重要贡献。

1986 年，摩托罗拉开创了大名鼎鼎的六西格玛（6σ）质量改进流程（见图 10-12）。这套流程提供了通用的质量评估方法，可以确保99.99966%的产品没有品质问题。不久之后，六西格玛风靡全世界，被通用汽车、IBM、波音等众多大公司采用。

图 10-12　六西格玛质量改进流程

20 世纪 80 年代中期，摩托罗拉成功研发了数字信号处理器（digital signal processor，DSP），与德州仪器（Texas Instruments，TI）、AT&T 并列成为美国三大 DSP 供应商。

除了半导体之外，摩托罗拉的蜂窝移动通信业务也在那一时期崛起。1984 年，摩托罗拉推出了自己的第一个蜂窝无线电话系统，以及第一款商用蜂窝移动电话——DynaTAC 8000X（见图 10-13）。这款电话定价 3995 美元，能够支持 30 分钟的通话。它虽然昂贵，但是获得了市场的欢迎。

1985 年，摩托罗拉在美国、英国、日本等各国签订供货合同，帮助全球建立起了第一代移动通信网络（1G）。1989 年，摩托罗拉推出 MicroTAC 个人蜂窝电话（见图 10-14）。这是当时市场上最小、最轻的蜂窝电话，堪称经典。

图 10-13　DynaTAC 8000X

图 10-14　MicroTAC 9800X

10.3　魂断"铱星"，梦想受挫

进入 20 世纪 80 年代中后期，摩托罗拉遭受了一次沉痛的打击。这次打击来自著名的"铱星计划"。

1985 年夏，摩托罗拉工程师巴里·伯提格（Bary Bertiger）的妻子在加勒比海度假时，抱怨无法用电话联系客户。于是，巴里·伯提格的脑海里冒出了一个疯狂的想法：是不是可以用很多颗卫星组成一张覆盖全球的通信网，实现全球通话呢？根据巴里·伯提格和另外两名同事的设想，采用 77 颗近地卫星就可以做到这一点。他们以元素周期表上序数为 77 的"铱"（Iridium）来命名这套系统。虽然后来改为由 66 颗运行卫星（见图 10-15）和 6 颗在轨备份卫星构成，但"铱星"的名称仍被沿用了下来。

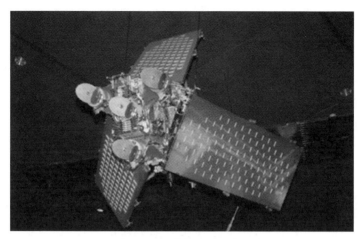

图 10-15　第一代铱星卫星的复制品

"铱星计划"推出之后，引起了董事长罗伯特·加尔文的兴趣。他认为这是一项伟大的计划，以摩托罗拉当时的技术和财力，足以完成这项计划，名垂青史。

1997 年，"铱星计划"开始布星。次年 5 月，布星任务全部完成。1998 年 11 月 1 日，在累计投入 63 亿美元的真金白银之后，"铱星计划"开始正式提供通信业务。

不过，"铱星计划"没有走向成功，而是迅速跌落神坛。当时，铱星用的电话机价格是每部 3000 美元，每分钟话费高达 3～8 美元。如此高昂的价格足以令人望而却步。到 1999 年 4 月，整个铱星电话系统只有 1 万个用户，距离达到公司 50 万用户的目标遥遥无期。然而铱星公司每个月的贷款利息就有 4000 万美元。

1999 年 8 月，在拖欠了 15 亿美元贷款后，铱星公司提出破产保护。此时，距离"铱星计划"正式投入商用还不到一年。

很多人认为"铱星计划"是使摩托罗拉走向衰败的罪魁祸首，实际上并非如此。摩托罗拉滑入深渊，虽然"铱星计划"有很大的责任，但并不是主要原因。真正的原因在移动通信市场上。

10.4 一错再错，滑入深渊

正如前文所述，摩托罗拉在 1G 时代是处于绝对垄断地位的。但是，巨大的领先优势冲昏了公司管理层和员工的头脑。他们开始骄傲、膨胀，走向封闭和混乱。当时，摩托罗拉手机部门的人经常花天酒地，而公共安全部门的同事则疲于奔命，非常辛苦。

摩托罗拉鼓励内部竞争，经常悬赏巨额奖金刺激部门之间的竞争。于是，公司内斗日益加剧，在大厅里经常可以看到吵架的部门领导。

在内部问题不断深化的同时，摩托罗拉面对的市场环境也在变化。20 世纪 90 年代，通信开始进入 2G 时代，欧洲率先提出了 GSM，移动通信从模拟走向数字。移动通信技术的发展重心也悄悄从美国转移到了欧洲。

摩托罗拉推出 2G GSM 其实并不算迟。1991 年，摩托罗拉就在德国汉诺威展示了全球首个使用 GSM 标准的数字蜂窝系统和电话原型。

不过，摩托罗拉在数字化上的决心不足，战略出现了问题。它的手机部门和网络部门逐渐脱节，走向了不同的发展方向。网络部门坚定地希望尽快从模拟走向数字，而手机部门还长时间执着于模拟，因为模拟贡献着大量的利润。于是，网络部门开始抛下手机部门，独自发展数字通信系统。有一段时间，网络部门的工程师甚至使用了由高通（摩托罗拉的最大竞争对手）制造的数字制式手机进行研发测试。

摩托罗拉的问题并没有引起管理层的重视。当时，他们仍然沉浸于手机热销的狂喜之中。1993 年，摩托罗拉的销售额猛增 56%，达到 169.6 亿美元，利润则翻了一番还多，达到 10 亿美元以上。次年，摩托罗拉在美国《财富》杂志的 500 强企业排行榜中位列第 23 名，营收达 220 亿美元，利润接近 20 亿美元。这一年，在美国售出的手机有 60% 来自摩托罗拉。

从 1995 年开始，摩托罗拉逐渐走上了下坡路。这一时期，一家芬兰公司快速崛起，取代了摩托罗拉在手机市场上的领先地位。这家公司，就是后来如日中天的手机王者——诺基亚。

1998 年，诺基亚正式超越摩托罗拉，成为世界上最大的手机制造商。

摩托罗拉引以为豪的半导体业务也急转直下。在 20 世纪 90 年代早期，摩托罗拉是世界排名第三的半导体企业，仅次于英特尔和 NEC（Nippon Electric Company，日本电气公司）。后来，摩托罗拉、IBM 和苹果公司合作的 PowerPC 被英特尔的 x86 击败。在 DSP 方面，摩托罗拉也被德州仪器全面赶超。

1997 年，摩托罗拉董事会找来了罗伯特·加尔文的儿子克里斯托弗·加尔文（Christopher Galvin）担任公司的 CEO，希望能挽回局面。

克里斯托弗·加尔文虽然是商学院的 MBA 高才生，但是管理水平远不如自己的父亲，他没有足够的能力帮助公司走出困境。

1999 年，摩托罗拉进行了自己历史上最大的一笔收购。它以 170 亿美元的价格和宽带机顶盒制造商通用仪器公司进行股票互换，将其变成了自己的宽带通信部门。完成收购后，摩托罗拉的全球员工人数达到了峰值——15 万。

2000 年，就在"铱星计划"惨遭失败不久之后，紧随而来的全球经济危机又给摩托罗拉带来重创，公司的股价一度下跌 40%。2001 年，摩托罗拉的亏损达到 40 亿美元。无奈之下，克里斯托弗·加尔文裁掉了 5.6 万名员工，关闭了多家工厂，试图挽回局面。不过，收效甚微。

2003 年，迫于公司董事会和华尔街股东的压力，克里斯托弗·加尔文辞职离开公司。不久之后，加尔文家族卖出了手中仅有的 3% 的摩托罗拉股份（价值约 7.2 亿美元）。从此，摩托罗拉公司和加尔文家族再无关系。

10.5　刀锋救主，昙花一现

克里斯托弗·加尔文辞职之后，接替他的是 Sun Microsystems 公司的前 CEO，爱德华·桑德尔。在上任伊始，爱德华·桑德尔评价摩托罗拉为"不仅发展缓慢，而且对未来电信技术的融合一塌糊涂"，他说"自己上班第一天就哭了"。

爱德华·桑德尔有没有真哭我不知道，但是，我知道，没过多久，他肯定笑了。为什么呢？因为他的运气真的比前任 CEO 克里斯托弗好太多了。

在辞职前，克里斯托弗曾经组织研发了一款新手机，然而，这款手机还没正式发布，他就离任了。桑德尔接任后，这款新手机上市。在上市的头两年，这款手机卖出了 5000 万部，直接帮助摩托罗拉扭亏为盈。这款神奇的手机，就是大名鼎鼎的 Razr（刀锋，见图 10-16）。

图 10-16　摩托罗拉 Razr 手机

Razr 实在太成功了，一度成为全球最畅销的手机。在 Razr 的帮助下，摩托罗拉的市值涨回到 420 亿美元，他们似乎看到了重回巅峰的曙光。

不过，Razr 最终只是昙花一现。摩托罗拉并没有把握住 Razr 带来的复苏机遇，而是沉迷于巨大的成功，不思进取。产品部门所做的，只是改改 Razr 的外形、颜色，并没有趁机研发后续机型，从而错失了巩固优势的机会。

除了 Razr 之外，爱德华·桑德尔还犯了一个错误，就是选择和苹果公司合作。当时，他受乔布斯的邀请，与苹果公司合作推出了一款摩托罗拉 iTunes 手机，叫作 Rokr。

这款手机可以直接连接苹果音乐商店，乔布斯将其称作"手机里的 iPod shuffle"。

谁也没有想到，苹果公司的合作邀请只是一个幌子。苹果最主要的目的，是学习摩托罗拉的手机研发经验。两年后，乔布斯另起炉灶，推出了震惊世界的 iPhone，引领全世界走向了智能手机时代。

值得一提的是，摩托罗拉还有两个和中国有关的重大决策失误。

第一个失误是放弃了收购华为。

2003 年，摩托罗拉为了弥补其核心网技术的短板，计划斥资 75 亿美元收购华为。谈判到了最后阶段，克里斯托弗离任，桑德尔上台。后者根本没有意识到华为的潜在价值，认为华为的报价太高，于是取消了这场收购交易。如果当时摩托罗拉真的收购了华为，无法想象现在的通信行业是一种怎样的格局。

第二个失误是忽视了中国市场的重要性。

当时，中国市场正在逐渐从 2G 向 3G 发展。摩托罗拉中国区的市场人员却没有及时推出满足市场需求的 3G 手机，而是沉醉于销售便宜的 2G 手机。最终，摩托罗拉的中国市场份额逐渐被三星等公司吞并，销量大幅下滑。

10.6　穷途末路，拆分变卖

2006 年，摩托罗拉在全球的手机出货量短暂攀升至 2.17 亿部，所占市场份额为 21.1%。这一份额虽然比不上诺基亚，但远远超过了排名第三的三星。到 2007 年第二季度，摩托罗拉的手机业绩出现了戏剧性的下跌，出货量下降了三分之一，收入下降了 40%。

如此糟糕的业绩表现引来了华尔街的关注。以卡尔·伊坎（Carl Icahn）为首的华尔街投资者开始增持摩托罗拉的股票。他们的目的显然不是帮助摩托罗拉走出困境，而是要将摩托罗拉公司拆分成几个部分，分别出售。因为只有这样，才能实现投资者利益的最大化。

2008 年 1 月 4 日，在卡尔·伊坎的支持下，格雷格·布朗（Greg Brown）正式出任摩托罗拉的 CEO。摩托罗拉制定了将手机部门与公共安全和企业部门分开的战略，并逐步实施。2008 年 8 月，同样在卡尔·伊坎的安排下，来自高通的印度裔高管桑杰·贾（Sanjay Jha）出任摩托罗拉的联合 CEO，主要负责手机业务。在此期间，已经有大量高管和员工发现苗头不对，选择离开摩托罗拉，加盟了苹果公司。

其实，桑杰·贾是很想把手机业务做好的。当时，摩托罗拉的董事会打算使用微软的 WP 系统，但是，桑杰·贾坚持认为应该使用安卓。最终，董事会以 4：3 的投票结果支持了桑杰·贾。

桑杰·贾精心挑选了 200 名优秀工程师，和谷歌的安卓团队合作，在 2009年 10 月推出了 Droid 手机。这款手机发布后的几个月，销量甚至超过了 iPhone。但是，好景不长。2011 年，来自竞争对手三星的巨大压力使摩托罗拉的手机部门再次出现了赤字。

屡战屡败之后，摩托罗拉的资金逐渐枯竭，人才流失殆尽，公司无可避免地走向了崩溃。

2010 年，摩托罗拉将自己的移动通信基础设施业务卖给了诺基亚西门子。2011 年，摩托罗拉被拆分成两家公司：摩托罗拉移动（Motorola Mobility）和摩托罗拉系统（Motorola Solutions）。前者主要针对手机市场，而后者则专门为企业和政府客户提供通信产品和服务。

摩托罗拉的半导体部门早在 2004 年就被拆分出来，成立了飞思卡尔半导体公司（Freescale Semiconductor）。飞思卡尔继承了摩托罗拉全部的数字 IC业务以及射频和传感器业务，在消费电子、医疗、网络和汽车电子方面均有完整的产品线。

2011 年 8 月，摩托罗拉移动突然被谷歌以约 125 亿美元的价格收购。现在我们知道，谷歌想要的，只是摩托罗拉移动的 1.7 万余件专利。收购之后，谷歌立刻进行大幅裁员，只保留了约 3600 名核心员工。

2014 年，摩托罗拉移动被谷歌以 29 亿美元折价卖给了联想（当然，谷歌保留了大部分专利）。2015 年 3 月，飞思卡尔投入 NXP 恩智浦门下；12 月，飞思卡尔品牌正式停用。也就是说，现如今，只有摩托罗拉系统还延续着摩托罗拉的"香火"。

最近几年，关于摩托罗拉系统的新闻极少。最大的新闻就是他们在 2016 年以约 12.4 亿美元的价格收购了英国的应急通信服务公司 AirWave。

10.7　结语

时至今日，摩托罗拉这个品牌早已淡出了人们的视野。除了偶尔发布一款新手机之外，我们很难再看到它的身影。曾经的全球通信行业领导者已经彻底没落了。

回顾摩托罗拉的兴盛和衰败，既有外部政治和商业环境变化的因素，也有内部文化和制度的影响。诸多原因的复杂交汇，最终导致了摩托罗拉的没落。智能手机市场的残酷竞争，是压垮他们的最后一根稻草。

在浩瀚的历史长河中，又有谁能够做到长盛不衰呢？也许，在特定的时期扮演好特定的角色、发挥特定的作用就足够了吧。

参考文献

[1]　大帅去伐柴.【历史】摩托罗拉：美国科技标杆的陨落[EB/OL]. 伐柴商心事. (2019-10-04).

[2]　乐邦. 摩托罗拉发展史：曾几乎被文化转变葬送[EB/OL]. IT 之家. (2014-09-02).

[3]　雷锋网. 摩托罗拉变迁史：科技巨头的沉浮兴衰[EB/OL]. TechWeb. (2014-09-04).

[4]　新浪科技. 从 1928 到 2008！摩托罗拉 80 年历史回眸[EB/OL]. 泡泡网. (2011-08-17).

[5]　MOTOROLA. About us[EB/OL]. 摩托罗拉公司网站.

第 11 章
阿尔卡特：来自法国的老牌通信名企

11.1　法国小厂，扎根实业

　　1898 年 5 月 31 日，一家名叫 Compagnie Générale d'Électricité（CGE，直译为通用电气公司）的公司在法国巴黎正式成立。公司的创立者是年轻的工程师皮埃尔·阿扎里亚（Pierre Azaria，见图 11-1）。他 1865 年出生于埃及开罗，1888 年大学毕业。在创业之前，他是法国鲁昂发电厂的一名部门主管。

图 11-1　皮埃尔·阿扎里亚

　　CGE 是一家由多个企业合并而成的公司，也是一家股份制公司，注册资本为 1000 万法郎。该公司的成立主要是为了和国外对手进行竞争，其中包括德国的 AEG（Allgemeine Elektricitäts-Gesellschaft，直译为通用电气公司）、西门子和美国的通用电气公司（General Electric Company，GE）。然而，事与愿违，CGE 公司成立后，业务发展接连受挫，股票价格一路下跌。他们迫不得已抛售了大量资产，才避免了倒闭的命运。

　　到了 1910 年，CGE 公司终于走出低谷，业绩持续好转。随后，他们进行了一系列兼并，逐渐使自己扩张成为一个多元化的工业制造企业，业务范围涵盖电气、电力、建筑等诸多领域。到 20 世纪 30 年代，CGE 已经成为法国最重要的工业集团之一，是法国公共事业的主要供应商，也是重要的电力分销商。当时，CGE 公司下辖 50 多家子公司，员工人数超过 2 万。

第二次世界大战前夕，法国政府为了应对德国的威胁，将许多重要企业国有化；其中就包括 CGE。1940 年，法国沦陷，CGE 随后也落入敌手。为了避免 CGE 为纳粹服务，同盟国军队对它进行了频繁轰炸。

第二次世界大战结束后，法国政府要求将所有的电力能源公司收归国有。于是，CGE 将电力业务交给国家，自己则继续经营剩下的其他业务，包括家用电器、电话设备、工业电子产品以及电力设备（电缆制造）等。这些业务为法国的战后重建发挥了巨大的作用。

11.2 不断成长，并购扩张

20 世纪 50 年代末，CGE 的子公司发展到 200 多家，不得不进行了业务重组。重组后，CGE 形成了六个主要的商业集团，分别负责发电、工程、电信、电缆和电线、原材料，以及其他产品。

20 世纪 60 年代末，法国政府再次对 CGE 集团进行重组：将汤姆森－勃兰特公司（Thomson-Brandt）旗下生产发电设备的部门以及阿尔斯通公司（Alsthom）建造发电厂的子公司划给了 CGE；同时，CGE 的数据处理和家电业务部门划给了汤姆森－勃兰特公司。

1969 年，CGE 公司成为阿尔斯通公司的大股东。想必大家都听说过阿尔斯通，这是一家成立于 1928 年的电力机车制造商，目前的业务涉及轨道交通、电力设备和电力传输基础设施领域。

1970 年，CGE 通过合并子公司 CIT 以及子公司 SACM 的一个部门 ENTE，成立了 CIT-Alcatel（见图 11-2）。Alcatel（阿尔卡特）这个名字来自 SACM 一个子公司的缩写。这个子公司名字特别长，叫 Société Alsacienne de Constructions Atomiques, de Télécommunications et d'Électronique（阿尔萨斯原子结构、电信和电子公司）。

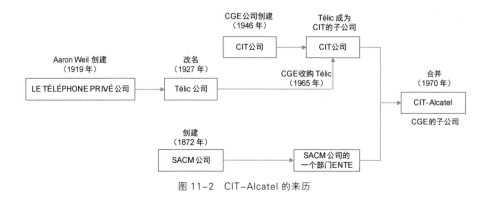

图 11-2　CIT-Alcatel 的来历

1972 年，CIT-Alcatel 推出了自己的数字交换机产品 E10，这是世界上最早部署 TDM（time division multiplexing，时分复用）的交换机之一。1977 年，他们发布了自己的首款 PABX（private automatic branch exchange，专用自动小交换机）。

在整个 20 世纪 70 年代，法国经济都处于高速增长的阶段，CGE 的公司规模也不断扩大。20 世纪 80 年代，CGE 已经变身为一个超大型实业集团，覆盖通信和能源两大领域，其中通信包括公共网络交换、传输、商业通信和电缆制造，而能源则涵盖了发电、输电、配电、铁路运输和电池制造。

1982 年，法国密特朗政府将 CGE 整体国有化。1983 年，CGE 合并了汤姆森公司的电信业务，从而一举成为世界第五大电话设备制造商。1985 年，CGE 将汤姆森公司的电信业务与 CIT-Alcatel 合并，就叫作 Alcatel。

1986 年，雅克·希拉克再次当选法国总理，推动 CGE 重新私有化。当时，CGE 以 19 亿美元的价格进行 IPO（initial public offering，首次公开发行），是法国历史上规模很大的一次股票发行。这一年，CGE 还发生了一件非常重要的事，那就是收购 ITT 在欧洲电话设备业务方面的股权，并将这部分业务与自己的 Alcatel 子公司合并，组成了当时排名世界第二的电信公司——Alcatel N.V.[①]（见图 11-3）。

---

① N.V.代表公众公司，这是荷兰和比利时等国家的习惯。

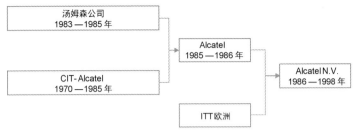

图 11-3　阿尔卡特的演变

1990 年，CGE 公司董事长皮埃尔·苏德（Pierre Suard）决定给公司改名，因为人们经常把 CGE 和美国的 GE 公司以及英国的 GEC 公司混淆。从 1991 年 1 月 1 日起，CGE 正式更名为 Alcatel Alsthom Compagnie Générale d'Electricé，简称为 Alcatel Alsthom（阿尔卡特 - 阿尔斯通，见图 11-4）。

20 世纪 90 年代之后，阿尔卡特 - 阿尔斯通公司致力于扩展国际业务，尤其是在中国的业务。对他们来说，正在经历改革开放的中国是不可错过的机遇，而自己擅长的通信、能源和交通技术正是中国迫切需要的。

1993 年，阿尔卡特中国有限公司正式成立。同年，阿尔卡特在浙江嘉兴成功交付了中国首个 GSM 蜂窝移动网络。1994 年，阿尔卡特与上海贝尔有限公司合作，共同成立了上海贝尔阿尔卡特移动通信系统有限公司（见图 11-5）。

图 11-4　阿尔卡特 - 阿尔斯通公司的 logo

图 11-5　上海贝尔阿尔卡特移动通信系统有限公司的 logo

经过苦心经营，阿尔卡特在中国取得了非常不错的成绩，在中国公共通信设备市场中占据了较大份额。阿尔斯通也成了当时中国最重要的电力供应商。

除了中国市场，阿尔卡特 - 阿尔斯通还瞄准了庞大的美国市场。当时，美国市场占据全球通信销售额的 40%。1991 年，阿尔卡特 - 阿尔斯通以 6.25 亿美元的价格收购了美国第三大通信设备供应商罗克韦尔国际公司的电话传输设备部门。收购完成后，阿尔卡特－阿尔斯通在美国市场中的份额达到 15%（但是仍然远远落后于占据 58%市场份额的 AT&T）。

1991 年，阿尔卡特－阿尔斯通成功研发了新的 Alcatel 1000 电信系统，具备高速数据和图像以及高密度电视的传输能力。同年，阿尔卡特－阿尔斯通又收购了两家电信和电力公司，即加拿大电缆电线公司和德国的 AEG Kabel A.G.。

1992 年，阿尔卡特－阿尔斯通以 37 亿美元的现金和 7%的股份收购了 ITT 在 Alcatel N.V. 30%的股份。这笔交易使 ITT 成为阿尔卡特－阿尔斯通的主要股东之一。

当时，阿尔卡特－阿尔斯通控制了法国 80%的电话传输业务，占据了德国 20%的电话设备市场（仅次于西门子）。在全球电话线路传输市场中，阿尔卡特－阿尔斯通占据了 23%的份额。

11.3 转型科技，专注通信

1995 年，阿尔卡特－阿尔斯通公司迎来了一次重大的经营危机。时任董事长的皮埃尔·苏德因涉嫌欺诈、受贿，被迫辞职，后来被判处三年监禁。该公司的一系列不良投资也对业绩造成了负面影响。那一年，阿尔卡特－阿尔斯通的经营亏损超过 250 亿法郎，是公司成立以来最多的年度亏损。

皮埃尔·苏德下台之后，塞尔日·楚鲁克（Serge Tchuruk）继任总裁兼 CEO，开始对公司进行大刀阔斧的改革，其中包括降薪、裁员，以及剥离不良资产。改革后的阿尔卡特－阿尔斯通公司逐渐恢复了盈利。

1998 年，阿尔卡特－阿尔斯通公司剥离了阿尔斯通的业务，正式更名为阿尔卡特。此次更名标志着这家公司从一个传统的工业企业集团转型为专注于高科技领域的科技型公司。

当时，阿尔卡特通过出售传统业务部门获得了不少现金。于是，他们用这些现金大量购买电信行业的业务资产，收购的公司有：DSC 通信公司、Security Access Technology 公司、Internet Device 公司、Packet Engine 公司和希兰公司（Xylan Corp）。2000 年，阿尔卡特为了弥补数据网络产品的不足，收购了加拿大数据网络公司 Newbridge Networks。在一系列收购之后，阿尔卡特成为全球通信行业的一艘"航空母舰"。

然而，正当他们准备和对手思科、朗讯展开竞争的时候，大麻烦来了——2001 年，互联网泡沫破碎，整个行业跌入低谷，大量公司破产倒闭。阿尔卡特公司也未能幸免，业绩大幅下滑，被迫裁员。不过在这期间，阿尔卡特还是进行了一系列令人眼花缭乱的收购和出售（见表 11-1）。

表 11-1　2001—2004 年阿尔卡特的收购与出售活动

年　份	收购/出售
2001 年	出售阿尔斯通的股份 从泰勒斯手中买回对阿尔卡特太空公司的投资 出售阿海珐 2.2%的股份 向汤姆森多媒体公司销售 DSL 调制解调器业务
2002 年	收购 AstralPoint 通信公司 收购 Telera 公司 收购上海贝尔阿尔卡特公司的控制权 将微电子业务出售给 STMicroElectronics
2003 年	收购 iMagicTV 和 TiMetra 公司 出售 Atlink 50%的股份 将光学业务出售给 Avanex
2004 年	收购埃迪公司 与德拉卡控股合资组建 Draka Comteq B.V. 收购空间无线公司 出售 710 万股的 Avanex 股份

2004 年 8 月，阿尔卡特与中国的 TCL 公司达成合资协议，共同组建了阿尔卡特移动电话公司（阿尔卡特占股 45%，TCL 占股 55%）。一年后，这家合资企业解散，TCL 收购了全部股份，将其变成自己的全资子公司，也获得了该品牌的长期授权。

2005 年，阿尔卡特的 ADSL（asymmetric digital subscriber line，不对称

数字用户线）产品占全球市场份额的 30%以上，微波无线传输产品则占 17% 以上。当时，阿尔卡特是世界领先的光传输设备厂商。

11.4　牵手朗讯，事与愿违

2006 年 11 月 30 日，阿尔卡特完成了自己的"世纪大联姻"，对象是美国的朗讯科技公司。

早在 2001 年，两家公司就谈过合并，但是出于内外种种原因而未能成功。两家之所以在五年后重新"牵手"，主要还是因为来自外部的压力越来越大。当时，欧美市场中的很多运营商选择合并（互联网泡沫的后遗症），订单大幅减少。与此同时，华为和中兴等新兴竞争对手逐渐崛起，抢走了不少订单。在严峻的形势下，两家公司只能抱团取暖。

就业务领域来说，阿尔卡特和朗讯既有互补，也有重合。当时，在固网领域，两家重合较多，包括 IPTV（internet protocol television，互联网电视）、IMS（IP multimedia subsystem，IP 多媒体子系统）、多业务交换、DSLAM（digital subscriber line access multiplexer，数字用户线接入复用器）、城域以太网等。朗讯的分组语音设备更强，而阿尔卡特则在宽带接入、NGN、交换路由和光传输等方面更胜一筹。在移动领域，朗讯的 CDMA 设备强，占有 40% 的份额，而阿尔卡特的主要精力则放在 GSM 上。

就规模和业绩来说，朗讯拥有 3 万多名员工，2005 年的营收约为 75 亿欧元，股票市值为 100 亿欧元。阿尔卡特则拥有 5.6 万多名员工，2005 年的营收达 133 亿欧元，股票市值为 183 亿欧元，明显强于朗讯（见图 11-6）。

合并后的阿尔卡特朗讯被人们亲切地称为"阿朗"，其中阿尔卡特占股 60%，朗讯占股 40%。这家公司在当时是全球最大的通信设备制造商，在 130 多个国家和地区拥有业务，员工人数超过 7.9 万（在合并时裁掉了 10% 的员工）。

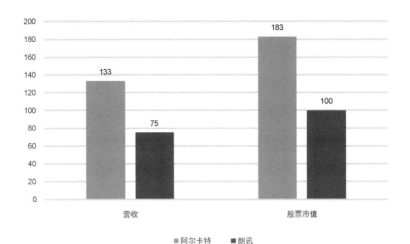

图 11-6　阿尔卡特与朗讯 2005 年的业绩数据对比（单位：亿欧元）

　　然而，好景不长。他们很快发现，合并没有带来期望中的业绩增长，反而加速了情况的恶化。由于来自法国和美国的两家公司企业文化和经营理念相去甚远，加之错失了 3G 时代的转型机会，新成立的阿尔卡特朗讯接连传出大规模亏损和裁员等负面消息。2010 年，该公司公布收入为 159.96 亿欧元，净亏损 3.34 亿欧元；2011 年，收入 150.68 亿欧元，盈利 10.95 亿欧元；2012 年，收入 144.46 亿欧元，亏损 13.74 亿欧元（见图 11-7）。

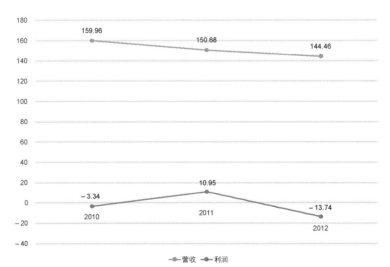

图 11-7　阿尔卡特朗讯的营收与利润走势

2012 年，阿尔卡特朗讯被迫抵押 2.9 万多件专利，得到了 20 亿欧元的贷款。2013 年 2 月，这家公司一度濒临破产。

2013 年 6 月，时任总裁的米歇尔·康贝斯（Michel Combes）临危受命，宣布了大规模振兴计划——"转移计划"（Shift Plan）。这是一项为期三年的计划，包括：将投资组合调整到 IP 网络、超宽带接入和云领域；节省 10 亿欧元成本；选择性地出售资产，以期在计划期间产生至少 10 亿欧元的收益。

在米歇尔·康贝斯的努力下，阿尔卡特朗讯的股价成功翻了两番。2014 年底，阿尔卡特朗讯的盈利状况有所改善，这也为后来的"世纪大并购"奠定了基础。

11.5　惨遭并购，退出舞台

2015 年 4 月 15 日，芬兰企业诺基亚正式宣布，将以 166 亿美元的价格收购阿尔卡特朗讯。新闻一出，引发了全行业的震动。

法国人其实是极力反对这笔交易的。在他们看来，当年阿尔卡特与朗讯合并，是阿尔卡特并购了朗讯（阿尔卡特占股更多）。现在如果卖给诺基亚，阿尔卡特这个民族品牌将不复存在。阿尔卡特在法国的研究机构还有 6000 余名员工，他们又将如何安置？更严重的是，法国的核心技术将大量流失，这会对国家战略安全造成威胁。

为了促成交易，诺基亚 CEO 拉杰夫·苏里（Rajeev Suri）多次飞往巴黎，劝说时任法国总统的弗朗索瓦·奥朗德（François Hollande）和经济部长埃马纽埃尔·马克龙（Emmanuel Macron）。诺基亚反复表示，新公司将保留阿尔卡特朗讯在法国的员工，尤其是两家重点工厂的员工。诺基亚还表示，合并后的公司将致力于前沿科技研发，加速 5G、数据分析、云计算、传感器等领域的研究。

在得到诺基亚在就业、研发、投资等方面的明确承诺后，法国政府勉强同

意了这笔交易。2016 年 11 月，诺基亚宣布正式完成了对阿尔卡特朗讯 100%
股权的收购，总共花费了 156 亿欧元、19 个月的时间。阿尔卡特朗讯从此成
为历史。

后来发生的故事令人唏嘘。

诺基亚在并购阿尔卡特朗讯后，没能遵守此前的诺言。巨大的市场竞争
压力导致诺基亚进行了多次裁员，其中就包括阿尔卡特朗讯公司的旧部。
2020 年，诺基亚一次性裁掉了该公司在法国至少三分之一的员工。

法国民主工会联盟对此评价道："这是一场灾难。"

11.6 结语

对于法国人来说，"阿尔卡特"这个名字具有非比寻常的意义。20 世纪 70
年代，法国开启了自己的"光荣三十年"，经历了经济的飞速增长，也造就了
无数知名品牌。尤其是代表"法国制造"巅峰的阿尔卡特和阿尔斯通，是法国
在全球市场中的两张名片。

进入 21 世纪，法国制造业迅速衰退，阿尔斯通和阿尔卡特被先后收购，
给法国人的自信心造成了极大的打击。尽管收购已经过去多年，法国人现在仍
然无法释怀。

对于很多通信人来说，阿尔卡特属于一段令人难以忘却的记忆。在十多年
前，阿尔卡特的设备在中国市场随处可见，很多通信工程师有调测阿尔卡
特设备的经历。如今，阿尔卡特已经成为历史，这些经历恐怕也成了过眼
云烟。

大浪淘沙终不止，往事旧情记心中。让我们永远记住这家曾经伟大的通信
企业吧！

参考文献

[1] 孟小珂. 阿尔卡特朗讯被收购，"法国骄傲"再受考验[N/OL]. 中国青年报，2015-04-18.

[2] 第一财经. 156 亿欧元收购阿尔卡特朗讯，诺基亚又回来了[EB/OL]. 第一财经. (2015-04-15).

[3] ALCATEL LUCENT ENTERPRISE. Homepage[EB/OL]. 阿尔卡特朗讯公司网站.

[4] Alcatel[EB/OL]. 维基百科.

[5] Alcatel S.A.[EB/OL]. Company Histories.

[6] Alcatel S.A. History[EB/OL]. FundingUniverse.

第 12 章

北电网络：北美巨头的百年沧桑

12.1　贝尔分支，茁壮成长

1880 年，贝尔电话公司在加拿大蒙特利尔设立了加拿大贝尔（Bell Canada）公司，进行电话业务的推广。1882 年 7 月 24 日，加拿大贝尔公司成立了自己的机械部门，开发并制造电话设备。该部门在成立之初仅有 3 名员工，后来，随着业务的不断扩张，其规模变得越来越大。1895 年 12 月 7 日，这个机械部门终于独立了出来，成为北方电子制造公司（Northern Electric and Manufacturing Company）。

到 1902 年，北方电子制造公司已占地 4000 多平方米，员工人数达到了250 名。1914 年，他们与加拿大贝尔电话公司的另一家子公司——Imperial Wire and Cable（皇家有线及电缆公司）合并，变成了北方电子有限公司（Northern Electric Co. Ltd.）。

北方电子有限公司的主要股东分别是加拿大贝尔公司和美国西部电子公司（Western Electric），两者分别持有 50% 和 44% 的股份。西部电子是 AT&T 位于美国本土的制造工厂，加拿大贝尔则是 AT&T 的加拿大分公司。因此，北方电子其实就是 AT&T 的"孙公司"，也是西部电子的加拿大分厂（见图 12-1）。

当时的北方电子基本上没有自主研发能力，只能依托西部电子的技术授权进行生产。除了电话交换设备之外，北方电子还生产其他一些民用电子产品，例如留声机、电视机、放大器、音响等。

图 12-1 北方电子与 AT&T 的关系

1915 年，第一次世界大战爆发，北方电子开始制造军用通信设备，例如便携式交换台、野战通信电话等。除了通信设备之外，他们还制造炮弹。

第一次世界大战结束后，北方电子的公司规模进一步扩大，在加拿大各地拥有数十个办事处。他们不仅生产各种无线发射机和广播设备，还造出了加拿大的第一个真空管，以及第一个有声电影系统。

在经济大萧条期间，北方电子的业务也受到影响。公司的业绩大幅下滑，被迫裁员三分之二。

第二次世界大战爆发后，北方电子再次全面转向为军工服务。当时，他们的主要产品包括无线电、雷达、引信等。在第二次世界大战期间，大概有 3 万辆坦克装备了北方电子生产的无线电装置。加拿大皇家海军则是北方电子微波雷达产品的主要客户。

第二次世界大战结束时，北方电子的销售额增加了 2.5 倍，员工人数从 5000 多增加到了 8000 多。由于战争期间北方电子的产品得到大量普及，很多同盟国国家干脆将北方电子的技术标准引用为本国标准。因此，北方电子获得了大量的战后重建订单，赚得盆满钵满。

12.2 自主研发，硕果累累

20 世纪 50 年代，北方电子迎来了一次巨变。

当时，美国司法部对 AT&T 公司提起了反垄断诉讼。诉讼的结果之一就是，西部电子必须将自己所拥有的北方电子股份（40%）全部出售给加拿大贝尔。西部电子的退股导致北方电子失去了主要的技术来源。无奈之下，他们只能购买本土其他公司的技术，同时加紧自己的研发力量储备。

不久后，北方电子启动了机电交换技术的研发。1953 年，北方电子推出了自己的电视机产品。

1958 年，北方电子完成了一项壮举。他们成功建设了当时全球最长的微波系统——泛加拿大空中高架公路（Trans-Canada Skyway）。这套系统全长 6114.2 千米，耗资 5000 万美元。同年，北方电子建立了拥有 30 余名员工的北方电子实验室。

20 世纪 60 年代，北方电子继续加强研发投入。1965 年，他们投资 6000 万美元，启动了一个重要的研究项目——SP-1 交换系统。这个系统在 1969 年研发完成后投入市场，获得了巨大的成功，也给公司带来了丰厚的利润回报。

1971 年，北方电子将自己的研发部门与加拿大贝尔的研发部门合并，成立了 BNR（Bell Northern Research，贝尔北方研究中心）。BNR 有三个主要研究方向，分别是 PBX、低容量公共交换机，以及大容量公共交换机。

一年后，BNR 推出了第一台电子交换机——SG-1，也称为 PULSE PBX。该产品的技术遥遥领先于对手，在三年内卖出了 6000 多台。

1973 年，北方电子在多伦多证券交易所上市。当时，加拿大贝尔公司持有其 90.1% 的流通股。1975 年，北方电子在纽约证券交易所上市。这一年，北方电子的制造工厂数量增至 24 家（其中 6 家在美国），员工人数突破 2 万，销售额超过 10 亿美元。

很快，他们推出了自己的首个商用全数字交换系统——SL-1。

1976 年，北方电子正式将公司更名为北方电信（Northern Telecom）。

1979 年，北方电信推出了全功能数字交换机产品——DMS-100（见图 12-2）。该产品同样获得了成功，成为经典机型。

图 12-2 北方电信 DMS-100

20 世纪 80 年代，北方电信加强了对亚洲市场的拓展。1983 年，北方电信向中国销售出第一台数字交换机。1985 年，北方电信成为第一家在日本安装大型全数字 PBX 的非日本公司。

1984 年，AT&T 被拆分，北方电信乘虚而入，占据了美国的大量市场份额。他们的数字交换机销量，相比 1976 年增长了约 12 倍。20 世纪 80 年代末，北方电信在美国数字交换机市场的份额超过了 30%。

12.3 后院失火，深陷泥潭

北方电信以全球第六大电信公司的身份迈入了 20 世纪 90 年代。当时，他们的奋斗目标是在 2000 年成为世界排名第一的通信设备供应商。然而，就当他们踌躇满志的时候，迎面泼来了一盆冷水。

1991 年 1 月，北方电信以约 26 亿美元的价格，收购了英国的大型电信公司 STC PLC。这次收购虽然让北方电信的世界排名升至第三，但也增加了他们的债务。当时，他们的总债务大约是 43 亿加元，占股权的 50% 左右。

巨额债务给北方电信带来了沉重的压力。祸不单行，他们的数字交换机出现了严重的软件问题，而且没有得到及时的修复和更新，引起了用户的不满和投诉。这导致了公司的销售额直线下降。面对不利的局面，时任公司 CEO 的保罗·斯特恩（Paul G. Stern）不仅没有增加研发投入，反而为了改善短期盈利数据，削减了研发支出。这一决定进一步损害了公司的研发实力，加剧了产品的质量问题。

不久之后，北方电信董事会解除了斯特恩的 CEO 职位，安排让·克劳德·蒙蒂（Jean Claude Monty）接任。1993 年，蒙蒂正式宣布，北方电信将花费 12 亿美元，用于修复软件、关闭机构以及裁员。之前以 26 亿美元收购的 STC 公司，被以 9.06 亿美元的价格出售给了法国的阿尔卡特 - 阿尔斯通公司。这一年，北方电信亏损 8.84 亿美元，市值下跌了将近一半。

1995 年，北方电信迎来了自己的百年诞辰。他们将自己的名字正式改成了北电（Nortel，见图 12-3）。

图 12-3　北电的 logo

12.4　强人登场，力挽狂澜

正当北电深陷泥潭之时，一个伟大的人物登场，成了他们的新任 CEO。他的名字就是罗世杰（John Roth，也译为约翰·罗斯）。

罗世杰 1969 年就加入了北电，担任设计工程师。后来，他一路晋升，在 1982 年成为 BNR 的总裁。1993—1995 年，他是负责北方电信北美业务的总裁。

作为一个工程师出身的管理者，罗世杰极为看重研发能力对于企业竞争力的影响。他认为，只有掌握核心技术，企业才能保持高速增长。

为了加强北电的技术研发力量，罗世杰首先进行了内部组织架构的调整。他大幅增加了公司的研发预算，将研发投入占总收入的比重提高到 15%，达到 15.8 亿美元。同时，他还将公司重组为四个独立业务部门，分别是：传统交换业务部门、宽带网络部门、政府企业网络部门、无线网络部门。这些业务部门为不同的客户群服务，可以提供量身定制的产品。

调整之后，效果明显。1995—1997 年，北电的营收和利润直线上升（见表 12-1），股价也高歌猛进。

表 12-1　北电三年的业绩变化（1995—1997 年）

年　份	营收（亿美元）	利润（亿美元）
1995 年	106.70	4.73
1996 年	128.50	6.23
1997 年	154.50	8.29

公司经营局面好转之后，罗世杰制定了北电的下一步发展战略，那就是全面挺进"互联网"。

当时，嗅觉敏锐的罗世杰判断，电话交换业务肯定会衰落，服务于互联网的数据交换业务将全面崛起。所以，北电不能再抱着传统的程控交换机不放，应该大力投入数据交换网络，开发更大容量的网络通信产品。

其实，当时的北电在互联网技术上并没有什么优势。在早期的互联网关键技术选型中，北电选择了 ATM 路线。结果，ATM 输给了 IP。北电不仅损失了投资，在技术上也落了下风。

在这样的情况下，北电该如何弥补技术上的差距，赶上互联网这班"开往春天的地铁"呢？

罗世杰想到了收购。1995—1998 年，互联网泡沫正在形成，科技股疯涨，整个资本市场都沉浸在狂热之中。北电股价飙升、业绩改善，于是就有了并购其他企业的条件。

1998 年，北电在罗世杰的带领下完成了四次重大并购（见表 12-2）。最重要的一次并购就是以 91 亿美元的价格买下了数据网络公司 Bay Networks（海湾网络）。

表 12-2　北电的四次重大并购

并购金额	并购对象	公司业务
5.93 亿美元	Broadband Networks, Inc.	宽带无线通信网络的设计和制造商
2.9 亿美元	Aptis Communications, Inc.	专注于远程访问数据网络的初创公司
3 亿美元	Cambrian Systems Corporation	加速互联网流量的创新技术制造商
91 亿美元	Bay Networks, Inc.	数据网络产品和服务提供商

1999 年 4 月，北电正式更名为北电网络（Nortel Networks Corporation，以下继续简称为"北电"）。

12.5　光纤革命，登顶称王

1999—2000 年，北电继续疯狂收购，主要收购对象是光通信技术公司。

20 世纪 90 年代兴起的光纤革命被罗世杰视为难得的市场机遇。他刚一上任就迫不及待地启动了 10 Gbit/s（以下简称 10 G）光通信产品的研发。当时，包括朗讯在内的竞争对手还普遍停留在研发 2.5 Gbit/s（以下简称 2.5 G）产品的阶段。竞争对手们认为，2.5 G 就足够用了，速度更高的产品一时半会儿没有市场。

事实证明，竞争对手的目光太短浅了。

20 世纪 90 年代末，互联网呈爆炸式发展，极大地刺激了运营商用户对数据传输产品的带宽需求。2.5 G 的产品根本不够用，10 G 的产品才是用户真正需要的。在此背景下，北电的 10 G SDH 光通信产品迅速崛起，很快占领了整个市场 90% 以上的份额，几乎处于垄断地位。凭借 10 G 产品的成功，北电逐渐拉开了和朗讯的差距，成为世界上最大的通信设备制造商。

2000 年，北电的营收和股价达到了顶峰，其中营收高达 303 亿美元，股价为每股 120 多美元。他们牢牢地占据了全球光纤设备市场 43% 的份额，几乎是第二名朗讯的 3 倍。北电的总市值飙涨到 2670 亿美元，占据了整个多伦多交易所总市值的 37%。

公司赚了大钱，自然不会亏待员工。当时，北电向普通员工、高管和董事会成员累计发放了价值十几亿美元的股票期权。罗世杰仅在 2000 年就兑现了 1.35 亿美元的股票期权。腰缠万贯的罗世杰斥巨资建造了自己的豪宅。为了不被打扰，他甚至把周围邻居的房产也买了下来。他在自己的谷仓里摆满了精致昂贵的火车模型，还购买了很多豪车，和妻子到处旅行。

北电公司的员工也沉浸在暴富的喜悦中无法自拔。他们每天都在关心公司的股价，盘算着自己的身价，想着该如何花钱。北电总部所在地渥太华的房价在一年内上涨了 60%，这在很大程度上要"归功于"北电员工。

12.6　泡沫破碎，跌入深渊

正所谓"盛极必衰"，北电很快迎来了自己的"至暗时刻"。

2000 年 3 月 10 日，美国纳斯达克综合指数达到 5048.62 点。3 月 13 日（周末之后的第一个交易日），股市开始大幅下挫，互联网泡沫正式进入破碎期。在此期间，包括互联网、通信在内的整个科技行业进入"寒冬"，大量公司破产，大批员工被裁。

此时的北电，由于之前的疯狂并购，手上根本没有足够的现金流"过冬"。他们的订单被接连取消，导致工厂空转，员工惊慌失措。在北电的仓库里，大约积压了价值 65 亿美元的产品，根本无人问津。

北电的股价直线下跌，从 120 美元跌到 10 美元。北电的市值则从 2670 亿美元猛跌到 100 多亿美元。2001 年第二季度，北电亏损 192 亿美元，创下了加拿大公司季度亏损的历史最高纪录。

在如此危急的时刻，罗世杰并没有挺身而出拯救公司。相反，他选择了逃跑。2000 年夏，罗世杰就已经打算"功成身退"了。当时，他逐步将工作交接给了自己选定的继任者——克拉伦斯·钱德兰（Clarence Chandran）。2001 年 2 月，罗世杰告诉董事会，他准备在两个月后的股东大会上宣布辞去 CEO 一职。然而，钱德兰看到当时的情况不对，于是对外宣称自己几年前被强盗刺伤的伤口未能痊愈，拒绝接任。无奈之下，罗世杰只能答应董事会，继续留任到 11 月。

在此期间，北电的股价继续下跌。短短几个月的时间里，北电裁掉了数万名员工，员工总人数锐减到 3.5 万。渥太华的房价也随之大跌。网上到处都可以看到北电员工的卖房广告，上面写着"layoff house for sale"（因遭解雇而卖房）。

2001 年 11 月 1 日，北电董事会安排原公司 CFO（首席财务官）邓富康（Frank Dunn，也译为弗兰克·邓恩）正式接任 CEO 一职。

董事会选择财务出身的邓富康接任 CEO，是希望他能尽快控制成本，改善财务状况。没想到，邓富康不仅没有认真解决问题，反而动起了奖金的歪脑筋。当时，邓富康对董事会提出要求：如果自己能带领公司脱困，董事会就要给自己发奖金。急于扭转局面的董事会很快答应了他的要求。

2004 年 1 月 29 日，北电发布了上一年的财报，宣布盈利 7.32 亿美元。董事会欣喜之余，根据之前的约定，向包括邓富康在内的 43 位经理人发放了总计 7000 万美元的奖金（其中有 780 万美元进了邓富康的腰包）。

北电"莫名其妙"的盈利引起了德勤会计师事务所和公司一位董事的怀疑。他们秘密聘请了 WilmerHale 律师事务所，对邓富康提交的财报进行审查。结果发现，邓富康的确在财报上造了假。

2004 年 3 月 10 日，北电宣布推迟发布经过审计的 2003 年财务数据，同时推迟向美国证券交易委员会（United States Securities and Exchange

Commission，SEC）提交 2003 年度报告。

消息一出，舆论一片哗然。

3 月 15 日，邓富康以及相关财务人员被强制休假。4 月 5 日，美国证券交易委员会启动对北电的调查。4 月 28 日，北电正式宣布，解雇 CEO 邓富康、CFO 道格拉斯·贝蒂（Douglas Beatty）、总审计师迈克尔·戈洛奇（Michael Gollogly）三人。（后来，这三人遭到起诉，但因证据不足，在 2013 年被宣判无罪。）

解雇邓富康后，北电董事会任命比尔·欧文斯（Bill Owens）为公司 CEO。比尔·欧文斯是美国前海军上将，品行很好。但是，面对不断下滑的公司业绩，他拿不出好的解决办法。

于是，北电董事会只能继续寻找继任者。

12.7　一错再错，无力回天

不久之后，北电董事会终于物色到一个自认为非常合适的人选，他就是时任摩托罗拉总裁的迈克·扎菲罗夫斯基（Mike Zafirovski）。

迈克·扎菲罗夫斯基来自东欧，从 1975 年开始，就一直在美国通用电气公司工作。在 2000 年 5 月离开通用电气时，他是 GE Lighting 的总裁兼 CEO。之后，他加盟了摩托罗拉，担任执行副总裁兼个人通信部门总裁，并在后来成为摩托罗拉的 CEO。2003 年，当摩托罗拉和华为谈收购的时候，主要操盘手就是扎菲罗夫斯基。2004 年 1 月，摩托罗拉选择了爱德华·桑德尔担任 CEO，扎菲罗夫斯基只能辞职离开。

2005 年 10 月，扎菲罗夫斯基被北电董事会选定为 CEO。由于摩托罗拉对扎菲罗夫斯基提起了保密协议诉讼，北电还向摩托罗拉支付了 1150 万美元的赔偿金。

扎菲罗夫斯基继任后，摆在他面前的是一个彻头彻尾的烂摊子：激烈的市场竞争，来自对手的无情打压，不断下滑的公司业绩，无休止的集体诉讼，以及来自监管部门的巨额罚款。

不得不说，扎菲罗夫斯基的行事风格还是非常强悍的。他首先斥资 24.73 亿美元，了结了财务丑闻带来的集体诉讼。然后，他针对公司的组织架构进行了改革。

说是改革，其实就是裁员。他的裁撤原则比较简单：只要这个部门的产品没能做到全球前三，就要裁掉。

为了应对来自竞争对手的低成本竞争，他还放出狠话："北电不怕华为的低成本竞争，华为能达到的成本，我们也能达到。"他将北电的全球采购总部设在中国香港，通过大规模的外包生产和超低的采购价格来降低公司成本。

扎菲罗夫斯基的"三板斧"看上去没有什么问题。但是实际上，与罗世杰相比，这个擅长游泳和铁人三项的强人 CEO 有一个致命的不足，那就是缺乏准确判断技术趋势的能力。

在 3G 技术路线上，扎菲罗夫斯基押注于 CDMA2000，并将 UMTS（WCDMA）部门以 3.6 亿美元卖给了阿尔卡特。后来，WCDMA 大获全胜，CDMA2000 逐渐失势。北电错失良机，只能坐看对手发财。在发展 4G 的时候，身处北美阵营的北电，跟随英特尔、IBM 和摩托罗拉等公司，在 WiMAX 上下了重注。结果，WiMAX 惨败，北电的投资血本无归。

当时，公司里唯一赚钱的，只剩下城域以太网和光网络业务。但是杯水车薪，它们无法弥补北电在移动通信市场上的投资损失。

接连不断的战略失误，导致北电不可避免地滑向了深渊。

2008 年初，公司到了生死存亡的关头。决策层拼命裁员，节约开支。然而，他们在给员工减薪的同时，却莫名其妙地给 CEO 和另外两位高管加薪 20%

以上。加薪后，扎菲罗夫斯基的年薪达到 1000 万美元。此举引起公司内外的强烈不满，士气再度受挫。

2008 年 9 月，全球金融危机爆发，北电的财务问题被进一步放大。危急时刻，他们向加拿大政府请求 10 亿美元的援助，但是遭到了拒绝。

最终，2009 年 1 月 14 日，北电无法偿还一笔高达 1.07 亿美元的债务利息，不得不向法院申请了破产。这家百年科技巨头的历史就此终结。

北电破产后，吸引了众多竞争对手前来收购它的残值。

经过一番竞价，爱立信以 11.3 亿美元买下北电的 CDMA 和 LTE 资产，Avaya 以 4.75 亿美元收购了其企业网业务，Ciena 以 5.21 亿美元收购了其光纤城域网部门，GenBand 以 1.82 亿美元收购了其网络电话部门。2011 年 7 月，苹果、微软、爱立信等组成的财团，以 45 亿美元的价格收购了北电的 6000 余项专利。

来自中国的华为也想趁机收购北电的优质资产，但是遭到了拒绝。无奈之下，华为只能"抢人"。他们招聘了来自北电的大量技术人才，其中不少人后来成为华为 4G 和 5G 的研发骨干。华为无线 CTO 兼 5G 首席专家童文博士就是当年北电全球网络的技术实验室主管，他也是在那一时期加入华为的。

北电破产后，债权人索赔的官司持续了很久，全球律师和顾问的费用甚至达到了惊人的 19 亿美元。一直到 2017 年左右，这些官司才陆续完结。

如今，这家曾经的世界科技巨头早已成为历史的尘埃，被人们所遗忘。

12.8 结语

北电花了 100 多年的时间，才从一家代工小厂成长为全球最大的通信设备商之一。然而，这个通信帝国，从登上王座到灰飞烟灭，却只用了不到 10 年。这里面的故事令人唏嘘，背后的原因发人深省。

北电为什么会倒闭？

说白了，其实就是"富贵病"。

20 世纪 90 年代末，由于踩准了技术趋势，加上资本市场的狂热追捧，北电轻松获得了大量财富。钱赚得太多，让公司从上到下都变得忘乎所以。他们通过并购获得技术，却忽视了对研发能力的持续投入。因为产品供不应求，所以他们对客户的态度变得傲慢，不再重视客户的意见和需求。在他们眼里，股价是最重要的。

当寒冬来临、经济形势迅速恶化时，北电根本没有充足的资金过冬，只能拼命裁员，缩减成本。然而，管理层用人失察，导致了财务丑闻，使得北电雪上加霜，不仅损失了大量的资金，也失去了客户和公众的信任。扎菲罗夫斯基在接手公司之后，接连在技术趋势上判断失误（其实也是因为远离了客户），最终错过了最后的翻盘机会。2008 年的经济危机是压死骆驼的最后一根稻草，北电的百年基业就此灰飞烟灭。

其实，北电和朗讯、摩托罗拉有很多相似之处。这几家公司之所以走向没落，和 20 世纪 90 年代末狂热的资本市场有密切的关系。从某种意义上来说，就是资本这柄双刃剑最终毁灭了它们。

如何在顺境中未雨绸缪，如何正确地利用资本的力量，是值得每一个企业思考的问题。

参考文献

[1] 麦克唐纳. 北电网络：创新和理念造就网络巨人[M]. 许峰，译. 北京：机械工业出版社. 2004.

[2] 戴老板. 北电之死：谁谋杀了华为的对手[EB/OL]. 饭统戴老板. (2019-06-16).

[3] 冀勇庆. 北电：没落的贵族[EB/OL]. 网易科技. (2009-02-20).

[4] 姜洪军. 百年老店北电：在泡沫与丑闻中坍塌[EB/OL]. 腾讯科技. (2010-11-15).

[5] Nortel[EB/OL]. 维基百科.

第 13 章

AT&T：历史最悠久的通信运营商

13.1　通信鼻祖，亲创伟业

1877 年，"电话之父"亚历山大·贝尔注册成立了一家经营电话业务的企业，并将其命名为贝尔电话公司。不久之后，贝尔电话公司在美国康涅狄格州的纽黑文市开设了世界上第一家本地电话交换局。

1878 年，贝尔电话公司迎来了一场重要的官司：起诉实力雄厚的美国西联电报公司（Western Union Telegraph Company）侵犯了自己的电话专利。在一番激烈的法庭辩论之后，双方达成了和解，条件是西联公司放弃电话业务，而贝尔电话公司则保证不再进入电报领域。这相当于两家公司划清了经营界限，从此井水不犯河水。这个结果显然对于贝尔电话公司来说更为有利。在发展电话业务的道路上，他们少了一个重要的竞争对手。

在随后的几年里，贝尔电话公司的业务继续扩张，很快就覆盖了美国中部的芝加哥地区，以及西部的旧金山地区。在美国的各大城市里，贝尔电话公司建立了自己的本地电话交换局。

本地电话网络的普及带动了对长途电话业务的需求。1880 年，贝尔电话公司正式开始经营长途电话业务。1885 年，贝尔电话公司成立了一家专营长途电话业务的子公司，名为美国电话电报公司（American Telephone & Telegraph，AT&T）。

1894 年，贝尔的电话专利到期，大量电话公司一下子涌入了市场，一度达到 6000 多家。残酷的市场竞争导致贝尔电话公司的经营业绩持续下滑。与此同时，子公司 AT&T 凭借自己苦心经营的长途电话网络逐渐击败竞争对手，成为行业的龙头。

1899 年，AT&T 反向收购了其母公司贝尔电话公司的全部资产，成为贝尔系统（Bell System，见图 13-1）的领导公司。

1907 年，时任 AT&T 总裁的西奥多·牛顿·魏尔（Theodore Newton Vail）认为，建立一个标准、有统一规范的国家电话网络有利于公司业务的长远发展。于是，他提出了"统一政策，统一系统，普遍服务"的口号，并将其作为 AT&T 公司的长期经营理念。

图 13-1　贝尔系统的 logo

统一离不开兼并和收购。因此，AT&T 收购了大量的中小型电信公司，甚至包括老对手西联电报公司（于 1910 年收购）。就这样，AT&T 逐步成为美国最大的电信服务提供商。

13.2　诉讼缠身，难逃拆分

1913 年，AT&T 遭遇了来自美国司法部的第一次反垄断诉讼。

当时，整个美国都处于汹涌的反垄断浪潮之中。1911 年，美国著名的石油巨头标准石油公司（由人称"石油大王"的约翰·洛克菲勒创立）就因为垄断经营，被强制拆分为 34 家地区性石油公司，结束了自己的历史。

AT&T 显然不希望自己重蹈标准石油公司的覆辙。于是，AT&T 竭尽全力进行抗辩，最终与美国联邦政府达成了名为《金斯伯利承诺》的庭外协议。根据该协议，AT&T 避免了被拆分或国有化的命运。但是作为代价，它必须放弃西联公司股权，停止兼并其他电话公司（除非获得州际商务委员会的批准）；必须允许其他独立电话公司与其长途电话网络互连；还必须承担"普遍服务义务"，也就是说，AT&T 必须以适当的价格向全美国民众提供基本的通用电话服务。

国内业务发展受阻的 AT&T 开始将目光投向海外。20 世纪 20 年代，AT&T 不断加大海外业务的投入，在欧洲、南美洲和亚洲的很多国家开办工厂，并签订了许多授权许可协议。这些投资帮助很多国家建立了自己的早期通信工业，也使电话这项伟大的发明走进了更多家庭。后来，由于美国通信行业的迅猛发展，AT&T 又将发展重心放回了国内，割弃了很多海外业务。谁也没想到，AT&T 的这些海外资产催生了很多世界知名的通信企业，如加拿大的北方电信和日本的 NTT。另一个知名的例子是，AT&T 将整个欧洲分部和 IBTC（International Bell Telephone Company，国际贝尔电话公司）出售给了 ITT；1984 年，法国人收购 ITT，成立了阿尔卡特集团。

积极进行海外投资的同时，AT&T 也没有忘记核心技术的创新和研发。

1925 年 1 月 1 日，AT&T 总裁华特·基佛德（Walter Gifford）收购了西部电子公司的研究部门，并在这个部门的基础上成立了一个叫作"贝尔电话实验室公司"的独立实体（AT&T 和西部电子各拥有该公司 50% 的股权）。这个独立实体后来成了有史以来最伟大的实验室——贝尔实验室（详见第 14 章）。

1934 年，美国国会通过了一份电信法案，成立了联邦通信委员会（Federal Communications Commission，FCC），由此进一步加强了对通信行业和 AT&T 的管制。1949 年，美国司法部启动了针对 AT&T 的第二次反垄断诉讼。根据诉讼的裁决结果，AT&T 在美国国家电信网络中的占比不得超过 85%，而且必须放弃在加拿大或加勒比海地区相关国家的新电信服务合同。

1956 年 1 月，FCC 又提出了新的限制要求：AT&T 制造的通信设备只可自己使用；AT&T 不能经营数据业务，通信领域除外；要以许可证的方式把贝尔实验室的专利转让给其他公司。这些限制虽然严格，但是没有伤到 AT&T

的 "筋骨"，它仍然是当时美国最大的电信运营商。

图 13-2 MCI 成立于 1963 年，主要通过租用 AT&T 公司的长途电路在业务量大的城市向大客户提供专线服务

1974 年，MCI（Microwave Communications, Inc.，美国微波通信公司，见图 13-2）以反垄断的名义起诉 AT&T，控告其存在不正当竞争行为。与此同时，一些小公司也趁机起哄，对 AT&T 提出了诉讼。

这些诉讼引起了美国联邦政府的注意。于是，对 AT&T 的第三次反垄断诉讼被提上日程。这次诉讼的目的非常明确，就是对 AT&T 进行组织架构上的拆分——美国联邦政府要求，AT&T 必须与自己的 24 家本地子公司及西部电子公司拆分。

经过漫长的讨价还价，AT&T 于 1981 年被迫同意了拆分要求，前提条件是保留西部电子公司，获得进入计算机行业以及经营数据处理业务的许可。

1982 年，法院接受了 AT&T 的请求。1984 年 1 月 1 日，拆分行动正式开始执行。于是，老 AT&T 被拆分为一个新 AT&T（专营长途电话业务）和 7 家本地电话公司 [分别是大西洋贝尔、西南贝尔、西部贝尔、太平洋贝尔、南方贝尔、亚美达科和纽新公司，俗称 "贝尔七兄弟"（Baby Bells）]。

拆分之后的 AT&T 因为更加关注主营业务，获得了出人意料的发展。数据业务的大幅增长，也帮助 AT&T 获得了不错的利润。1994 年，AT&T 的营业额一度达到 700 亿美元。

13.3　决策失误，跌落神坛

盛极必衰，20 世纪 90 年代末，AT&T 终于迎来了自己的命运转折点。

当时，AT&T 虽然表面上是一家电信运营商，但实际上也是一家设备制造商。它既经营电信业务，也研发和生产电信设备。不过，因为它的设备只能卖给自己，不能卖给别人，所以限制了设备制造部门的市场拓展。

为了获得更多的利润，AT&T 设备制造部门的负责人提出：是不是可以从 AT&T 公司独立出来，成立一家新公司？这样我们就能做所有运营商的生意了！

这个建议得到了公司大部分管理者和员工的支持，原因很简单：他们都拥有公司的股票。如果拆分制造部门，一定能够带来大量的设备订单，从而拉高公司股价，让自己获利。

华尔街的投资经理也希望拆分 AT&T 的设备制造部门，通过自己擅长的资本运作谋取大量佣金和分红。

于是，在内部和外部的共同"努力"下，AT&T 于 1995 年进行了部门拆分：原网络部门，也就是此前负责制造交换设备的西部电子公司，被独立出来，成为朗讯公司；公司的原信息处理子公司也被独立出来，成为 NCR 公司。NCR（National Cash Register，国民现金出纳机）最早就是一家独立的公司，1991 年才被 AT&T 收购，主要从事计算机方面的研究。

贝尔实验室也在本次拆分中一分为二，一半归了朗讯（招牌也被朗讯带走了），剩下的一半改名为香农实验室，继续留在 AT&T。

1998 年，时任 CEO 的迈克尔·阿姆斯特朗（C. Michael Armstrong）雄心勃勃地推动 AT&T 的转型，想让 AT&T 从一家长途电话公司变成全媒体、全领域的信息集团。（当时，互联网泡沫正在膨胀。）

在激进的扩张战略指引下，1998 年 6 月，AT&T 正式以 480 亿美元的价格兼并美国第二大有线电视公司 TCI（Tele-Communications, Inc.）。1999 年 4 月，AT&T 又以 620 亿美元的竞价把美国第三大有线电视公司 MediaOne 收归旗下。

到了 2000 年，疯狂并购的 AT&T 开始自食恶果。他们激进的市场策略给自己带来了巨额的债务，而且市场需求的增长远远没有达到预期。2001 年，全球互联网泡沫破碎，给 AT&T 的现金流带来了沉痛的打击，导致公司业绩大幅下滑，股价一落千丈。

2000 年 9 年，AT&T 被迫再次重组，成立服务于消费者、企业、宽带和无线的四家公司，进入了漫长的低谷期。

朗讯的日子也不好过。

刚拆分的时候，朗讯的业绩还算可以。由于能够接到 MCI 和 Sprint 的订单，朗讯的股价一路飞涨，市值曾经达到 1340 亿美元（1999 年）。后来，为了迎合股东，制造"业务繁荣"的假象，朗讯采取了错误的销售策略，开展了类似融资租赁的业务。简单来说，就是贷款给运营商，让运营商购买自己的设备。结果，金融危机到来，朗讯的很多投资收不回来，损失惨重。

2006 年，朗讯与法国阿尔卡特公司合并，成为阿尔卡特朗讯。2015 年，阿尔卡特朗讯被诺基亚收购。

13.4 峰回路转，脱胎换骨

2005 年，就在 AT&T 摇摇欲坠的时候，意想不到的事情发生了。

有一家公司找上门来，对 AT&T 提出了收购邀约。这家公司，竟然就是 AT&T 的"亲兄弟"——西南贝尔，也就是 1984 年拆分出的"贝尔七兄弟"之一。

当年，西南贝尔仅继承了包括得克萨斯州在内的美国西南五个州的业务。因为这些地方的经济相对落后，所以西南贝尔的家产微薄，在"七兄弟"里排名倒数。后来，经过不断努力，西南贝尔的情况开始好转，规模变得越来越大。1995 年，西南贝尔正式更名为 SBC 公司。

1997 年，SBC 公司成功兼并了总部位于旧金山市的太平洋贝尔。两年后，他们又兼并了位于美国中西部的亚美达科。1996，美国的新电信法案颁布，在开放地方电话市场的同时，允许地方电话公司进入长途和电视传送市场，打破了竞争界限。于是，包括 SBC 公司在内的几家地区性贝尔公司趁机向长途和有线电缆领域渗透，业务得到了快速发展，规模也进一步扩大。值得一提的是，亚特兰大贝尔公司就在一系列并购之后成了现在大名鼎鼎的 Verizon（威瑞森通信公司）。

2005 年，SBC 公司如愿完成了对 AT&T 的收购（花费 160 亿美元），并将自己的名字改成了 AT&T（见图 13-3）。

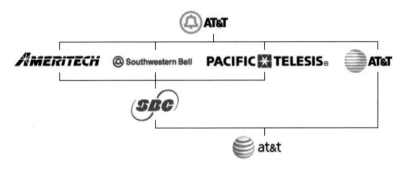

图 13-3　AT&T 的"分与合"

2006 年，新 AT&T（之前的 SBC 公司）完成了对南方贝尔的并购，耗资 860 亿美元。这次并购让他们得到了 Cingular 公司（当时美国最大的无线运营商），意义重大。

通过不断的并购，新 AT&T 逐步成为美国最大的宽带、无线、本地接入和企业服务提供商，也成为全球最大的电信运营商之一。美国电信市场从而形成了三寡头格局：AT&T 和 Verizon 稳居行业前两位，Sprint 紧随其后。

此后的 AT&T 继续向无线运营商和内容服务商的方向发展，又进行了多次收购。2015 年，AT&T 以 671 亿美元的价格收购了美国最大的卫星电视运营商 DirecTV。2018 年，AT&T 又以 854 亿美元的价格收购了全球第三大无线电视、影视制作及娱乐公司时代华纳，震惊了全世界。

如今，AT&T 仍然是美国最大的电信运营商，总部位于得克萨斯州达拉斯市，拥有员工 24.78 万人。2021 年，AT&T 的全年营收为 1688.64 亿美元，净利润为 200.81 亿美元。他们在世界 500 强企业中排在第 26 名，比 2020 年下降了 4 名。

13.5　结语

AT&T 是世界通信行业中资格最老的企业之一，是历史最悠久的通信运营商，也是众多通信名企的鼻祖。

这样一艘通信航母在 20 世纪历经多次反垄断诉讼都没有伤筋动骨，却在资本面前栽了跟头，实在令人唏嘘。

话说回来，开放的市场竞争环境是通信行业发展的必然趋势。即使 AT&T 当初没有选择自行拆分，在反垄断的大趋势下，被动拆分也可能是他们的必经之路，只是迟早而已。

历史是漫长的，也是未知的。百年 AT&T，漫漫前路仍充满坎坷。在激烈而又残酷的竞争下，它究竟能不能续写自己的传奇？让我们拭目以待吧！

参考文献

[1] 吴军. 浪潮之巅[M]. 北京：人民邮电出版社. 2019.

[2] 许浚. 运营商该从 AT&T 衰落中汲取什么？[J]. 通信企业管理，2004，(04)：56-59.

[3] 张兵. AT&T 的演变与启示[J]. 世界电信，1995，(03)：38-41.

[4] 周默鸣. AT&T：历史的圆圈[J]. 21 世纪商业评论，2005，(03)：156-157.

[5] 李剑，陈露珊. AT&T 百年离合史[EB/OL]. 新浪科技. (2007-03-09).

第 14 章

贝尔实验室：现代科技的摇篮

毫无疑问，贝尔实验室是人类有史以来最伟大的实验室之一。

从这个实验室，走出了 15 位诺贝尔奖得主，诞生了 3 万多件专利，以及晶体管、激光器、太阳能电池、发光二极管、数字交换机、通信卫星、电子数字计算机、C 语言、Unix 操作系统等人们熟知的众多发明。可以说，这是一个改变过人类命运的实验室，是现代科技的摇篮。

然而，这么一个伟大的实验室在进入 21 世纪之后却迅速销声匿迹。

贝尔实验室到底经历了什么？它是如何获得辉煌，又是如何走向衰败的？就让我们在本章一起回顾它的传奇故事吧。

14.1 基业初创，扎根理论

上一章在介绍 AT&T 发展史的时候，提到了贝尔实验室的创建：1925 年，AT&T 总裁华特·基佛德通过收购西部电子公司的研究部门成立了"贝尔电话实验室公司"（见图 14-1），它就是贝尔实验室的前身（见图 14-2）。

图 14-1　贝尔实验室旧址（摄于 1925 年）

图 14-2　贝尔实验室的诞生

贝尔实验室在成立之初就拥有约 4000 名科学家和工程师，规模庞大。贝尔实验室的主要工作大致分为三个类别：一是基础研究，主要是电信技术的基础理论研究，包括数学、物理学、材料科学、行为科学和程序设计理论；二是系统工程研究，主要研究对象是构成电信网络的高度复杂系统；三是应用开发，主要包括设计构成贝尔系统电信网络的设备和软件。

贝尔实验室的研究经费主要来自美国民众缴纳电话费的附加税。这笔钱不仅支持了贝尔实验室的研究项目，也让广大美国民众获得了贝尔实验室的专利技术授权，共享贝尔实验室的研究成果。

14.2　辉煌成就，无人能及

接下来简要回顾贝尔实验室的重要研究成果。

1927 年，贝尔实验室的克林顿·约瑟夫·戴维孙（Clinton Joseph Davisson）和莱斯特·革末（Lester Germer）（见图 14-3）通过将缓慢移动的电子射向镍晶体标靶验证了电子的波动性。这项实验证实了德布罗意假设，即物质粒子具有波状性质，这是量子力学的核心原则。10 年之后，戴维孙凭借在电子衍射研究方面的成就获得了 1937 年的诺贝尔物理学奖。

图 14-3　克林顿·戴维孙（左）和莱斯特·革末（右）

1933 年，贝尔实验室的卡尔·吉德·央斯基（Karl Guthe Jansky，见图 14-4）通过研究长途通信中的静电噪声，发现银河中心在持续发射无线电波。正是此研究开创了射电天文学。

第二次世界大战期间，贝尔实验室参与了众多美国军事科研项目，涉及雷达、声呐、计算机、加密通信等多个领域。当时的美国总统罗斯福和英国首相丘吉尔成功进行越洋通话，就有贝尔实验室的技术贡献。

第二次世界大战结束后，贝尔实验室继续昂首向前发展。1947 年，贝尔实验室发明了晶体管。本书之所以反复提及该发明，是因为它实在太重要了：它直接标志着电子工业革命的开始，人类正式步入电子信息社会。共同发明晶体管的威廉·肖克利（见图 14-5）、约翰·巴丁和沃尔特·布拉顿获得了 1956 年的诺贝尔物理学奖。

图 14-4　卡尔·吉德·央斯基

图 14-5　威廉·肖克利

1948 年，在贝尔实验室工作的克劳德·香农发表了经典论文《通信的数学原理》，奠定了现代通信理论的基础。

1954 年，贝尔实验室制作了世界上第一个有实际应用价值的太阳能电池。

20 世纪 60 年代，计算机技术进入高速发展期。贝尔实验室的科学家们将重点放在电子信息技术和固态电子学的研究上。后来，他们进一步加强了对数字通信系统和卫星技术的研究。

1962 年，世界上第一颗发射成功且首次进行跨大西洋电视实时直播的无线电通信卫星 Telstar1（电星 1 号）也出自贝尔实验室之手。

1964 年，来自贝尔实验室的阿诺·彭齐亚斯（Arno Penzias）和罗伯特·伍德罗·威尔逊（Robert Woodrow Wilson）发现宇宙微波背景辐射。后来，他们获得了 1978 年的诺贝尔物理学奖。

同样在 1964 年，贝尔实验室首次推出了可视电话产品。

1969 年，贝尔实验室的丹尼斯·里奇（Dennis Ritchie）和肯尼斯·汤普森（Kenneth Thompson）（见图 14-6）成功研发了 Unix 系统和 C 语言。20 世纪 80 年代，C 语言又由本贾尼·斯特劳斯特卢普（Bjarne Stroustrup）发展为 C++语言。因此，贝尔实验室也算是程序员的圣地了。

图 14-6　丹尼斯·里奇（左）和肯尼斯·汤普森（右）

1969 年，贝尔实验室的乔治·埃尔伍德·史密斯（George Elwood Smith）和威拉德·博伊尔（Willard Boyle）（见图 14-7）共同发明了电荷耦合器件（charge-coupled device，CCD）。基于 CCD，我们才有了条码读取器、照相机、扫描仪等设备。2009 年，两人共同获得了诺贝尔物理学奖。

图 14-7　乔治·埃尔伍德·史密斯（右）和威拉德·博伊尔（左）

　　20 世纪 70 年代，人类社会进入微电子时代。贝尔实验室设计了具备数字信号处理能力和计算存储功能的新型微电子芯片，为这一领域的发展做出了贡献。后来，贝尔实验室还进行了光子传输方面的实验和研究，开发了早期的光波传输系统。表 14-1 展示了贝尔实验室具有代表性的研究成果。

表 14-1　贝尔实验室具有代表性的研究成果

年　份	主要研究成果
1940 年	数据型网络
1947 年	晶体管、移动电话技术
1954 年	太阳能电池
1958 年	激光
1960 年	金属－氧化物－半导体场效应晶体管（metal-oxide-semiconductor field effect transistor，MOSFET。用于大规模集成电路的逻辑单元，如微处理器、单片机等）
1962 年	语音信号数字传输、通信卫星（Telstar1）
1963 年	无线电天文学（太空望远镜、电波望远镜）
1969 年	Unix 操作系统、电荷耦合器件（用于条码读取器、摄影机、扫描仪、复印机等）
1972 年	C 语言
1979 年	系统单芯片型的数字信号处理器（chip on system digital signal processor，SoC DSP。用于调制解调器、无线电话等）

根据粗略统计，自成立之日起，贝尔实验室一共获得了 3 万多项专利，几乎平均每天一个。各种奖项，贝尔实验室几乎拿到"手软"（见表 14-2）：

- ☐ 15 位科学家获得诺贝尔奖；
- ☐ 16 位科学家获美国最高科学和最高技术奖——美国国家科学奖和美国国家技术奖；
- ☐ 4 位科学家获得图灵奖（被誉为"计算机界的诺贝尔奖"）；
- ☐ 很多科学家获得了其他国家的高等奖项；
- ☐ 实验室本身也成为美国国家技术奖的第一个机构获奖者；
- ☐ ……

表 14-2　贝尔实验室科学家的诺贝尔奖获奖记录

获奖时间	获 奖 人	奖 项	研究成果
1937 年	克林顿·约瑟夫·戴维孙	物理学奖	发现物质的波状态
1956 年	威廉·肖克利	物理学奖	发明晶体管
	约翰·巴丁		
	沃尔特·布拉顿		
1977 年	菲利普·沃伦·安德森（Philip Warren Anderson）	物理学奖	对磁性和无序体系电子结构的基础性理论研究
1978 年	阿诺·彭齐亚斯	物理学奖	发现宇宙微波背景辐射
	罗伯特·伍德罗·威尔逊		
1997 年	朱棣文（Steven Chu）	物理学奖	在激光冷却和"捕获"原子的研究中取得重大突破
1998 年	霍斯特·路德维希·施特默（Horst Ludwig Stormer）	物理学奖	发现电子在强磁场中的分数量子霍尔效应
	崔琦（Daniel Tsui）		
	罗伯特·贝茨·劳克林（Robert Betts Laughlin）		
2009 年	威拉德·博伊尔	物理学奖	发明电荷耦合器件
	乔治·埃尔伍德·史密斯		
2014 年	埃里克·白兹格（Eric Betzig）	化学家	发明超高分辨率荧光显微技术
2018 年	亚瑟·阿斯金（Arthur Ashkin）	物理学奖	发明光镊技术

14.3 风雨飘摇，走向衰败

20 世纪 90 年代，贝尔实验室的命运急转直下。

1995 年，AT&T 进行拆分，分别成立了从事通信设备开发和制造的朗讯科技与从事商用电子信息技术的 NCR。贝尔实验室被"剥离"出来，成为朗讯科技公司的组成部分。

加入朗讯后的贝尔实验室没有了来自附加税的资金支持，只能依靠朗讯提供的经费进行正常的研究工作。2000 年左右，朗讯的经营情况逐渐恶化，股价从高峰期的每股 84 美元跌至每股 0.55 美元，员工人数也从 3 万余人锐减至约 1.6 万人，公司几乎到了崩溃的边缘。为了平衡支出，贝尔实验室被迫出售了大量的专利。

2006 年底，法国阿尔卡特公司越洋伸出橄榄枝，"合并"了朗讯。贝尔实验室也随之归入阿尔卡特朗讯旗下。实际上，贝尔实验室在这之前已经进行了大规模裁员，整体实力大幅下降。此外，媒体还曝光了贝尔实验室研究员 Jan Hendrik 的论文造假丑闻，令实验室声誉受损。

即便如此，贝尔实验室的厄运还是没有结束。合并后的阿尔卡特朗讯公司在来自华为和中兴等强大竞争对手的压力下，经营业绩不断下滑，从未实现盈利，市值也蒸发了一大半。2008 年，阿尔卡特朗讯不得不出售了拥有 46 年历史的贝尔实验室大楼。

在 2008 年金融危机后，贝尔实验室彻底放弃了引以为傲的基础物理学研究，把有限的资源投向网络、高速电子、无线电、纳米技术、软件等领域，希望能为母公司带来回报。但是，事不遂人愿，阿尔卡特朗讯的发展仍然每况愈下。2016 年，诺基亚完成对阿尔卡特朗讯的收购。

如今，贝尔实验室归诺基亚公司所有，拥有 1300 多名员工，总部位于美国新泽西州的默里山（见图 14-8）。他们在全球各地拥有十余个分支研发机构，主要研究方向包括 6G、未来网络架构、自主自治系统和人工智能等。

图 14-8　位于美国新泽西州默里山的贝尔实验室

14.4　结语

在不到 100 年的时间里，贝尔实验室登上高峰，又跌到了谷底。往日辉煌已成过眼云烟，不禁令人唏嘘。它为什么能创造那么辉煌的成就，又为什么衰败得如此之快？这是一个值得我们认真思考的问题。

也许你会说，还不是因为"钱"嘛。以前有钱，就有成果；后来没钱，"巧妇难为无米之炊"。

确实，对于研发机构来说，钱是一个很重要的因素。AT&T 时期的贝尔实验室基本上是不缺钱的。在贝尔实验室成立之初，AT&T 就占据了美国电话领域 90% 左右的市场份额。巨额利润是贝尔实验室运作的有力保障。在垄断经营带来的雄厚财力支持下，贝尔实验室营造了宽松、舒适的环境，成为科研人员追逐梦想的天堂。

对于研究人员来说，最大的乐趣莫过于按照自己的兴趣和专长来选择研究课题，并且自由地交流和探讨。这些需求在贝尔实验室都能得到最充分的满足。

这些科研人员没有 KPI、业绩考核、进度检查、任务汇报和各种束缚。他们的每一层"领导"都是领域内被认可的技术权威，所谓的"上下级关系"其实是平等的同事关系。

严格的人才选拔制度，也是贝尔实验室成功的一个重要因素。鼎盛时期的贝尔实验室每年只招收极少的优秀人才。他们对初级人员也提出了很高的要求，包括必须具备追求科学的信念和自我驱动的激情。在招聘资深专家的时候，他们不仅会考虑其在科技领域的地位，还会进行层层筛选。

从管理层方面来看，贝尔实验室的历届总裁都有博士学位，有几任总裁获得过诺贝尔物理学奖，在产业界和学术界具有很高的声望。

在多方面因素的共同作用下，贝尔实验室才最终成为科研人才的乐园，创新成果的沃土。

参考文献

[1] 格特纳. 贝尔实验室与美国革新大时代[M]. 王勇，译. 北京：中信出版社. 2015.

[2] 阎康年. 贝尔实验室：现代高科技的摇篮[M]. 保定：河北大学出版社. 1999.

[3] 许浚，陆小华. 从贝尔实验室看美国的创新[J]. 国际人才交流，2003，(11)：36-38.

第 15 章

高通：专注创新的 CDMA 缔造者

说到高通，大家应该并不陌生。目前市面上的很多智能手机使用的是骁龙芯片，而骁龙芯片就是美国高通公司（Qualcomm）的产品。

高通的故事很精彩，也很有趣。让我们从它的创始人说起吧。

15.1　教师出身，创办企业

高通的主要创始人是艾文·马克·雅各布斯（Irwin Mark Jacobs，见图 15-1）。

雅各布斯的一生非常有传奇色彩。1933 年，他出生于美国马萨诸塞州新贝德福德市。上高中的时候，老师告诉他："科学和工程学没有未来。"于是，他考取了美国康奈尔大学的酒店管理学院。没过多久，室友嘲笑他酒店管理专业的课程太简单，于是雅各布斯又转向学习电气工程专业。

图 15-1　艾文·马克·雅各布斯

硕士毕业后，雅各布斯继续攻读麻省理工学院的博士学位，最后成了一名大学教师。他还和一名同事合著了一本名为 *Principles of Communication*

Engineering（《通信工程原理》）的书，后来成了通信专业的经典教材。

1966 年，加州大学圣迭戈分校邀请雅各布斯帮助创办一所新的工程学院。于是，他带着一家人（妻子及四个儿子）乔迁到了美国西部的圣迭戈市。在圣迭戈教书时，雅各布斯与几位加州大学洛杉矶分校的教授一起创立了一家名叫 Linkabit 的公司，专门开发军用卫星通信技术。不久之后，他辞去教职，全身心投入公司的运营，直到 1985 年 4 月退休。

三个月之后，雅各布斯重操旧业，与之前在 Linkabit 公司的 6 名同事一起（见图 15-2）创办了一家新公司。这家公司就是高通。

图 15-2　高通的 7 名创始人

Qualcomm 这个名字取自 quality communications，也就是"高质量通信"。当时，他们没有产品，也没有商业计划，只是在一家比萨店楼上租了一间办公室。谁也没想到，这家公司在若干年后会成为世界级的通信巨头。

15.2　押宝创新，成功崛起

20 世纪 40 年代，海蒂·拉玛和乔治·安太尔受音符组织方式的启发，推测可以用多个频率发送一个无线电传输信号。这种称为跳频的技术可以避免无线电信息受到阻塞。他们为这项技术申请了专利，但是并没有引起重视。

一直到 20 世纪 80 年代，雅各布斯慧眼识珠，基于跳频研发出了 CDMA 通信技术。他认为这项技术可以将网络容量提高数十倍，拥有非常广阔的应用前景，因此选择将其作为公司的主要研究方向。

在当时的通信行业，所有人都把目光集中在 TDMA 技术上，并投入巨资进行研发。大家熟悉的 GSM 就是基于 TDMA 技术的。为了证明 CDMA 有用、好用，雅各布斯带领高通（见图 15-3）花了数年的时间进行实地验证和测试。事实证明，与 TDMA 相比，CDMA 技术确实有更大的网络容量，可以提供更高的通话质量，而且运营成本更为低廉。此后，CDMA 逐渐进入发展的快车道。

图 15-3　高通的 CDMA 项目团队

1993 年，CDMA 被公认为行业标准。1995 年 12 月，第一个商业性的 CDMA 网络系统在中国香港建立（出自香港和记电讯）。1996 年，Bell Atlantic 电信推出了美国的第一个 CDMA 网络。1996 年 12 月，全球 CDMA 用户数突破 100 万。到 20 世纪 90 年代末，CDMA 1X 全球用户数突破 5000 万，35 个国家的 83 个运营商都采用了这项技术。

15.3　战略转型，专注核心

20 世纪 90 年代，移动通信技术处于爆炸式发展的阶段，研发和制造手机尤其赚钱。于是，高通也开始研发和销售手机。不过，他们主要研发的是 CDMA

手机。当时，CDMA 技术刚起步，没有多少厂家愿意生产 CDMA 手机，经常出现"无机可用"的窘境。所以，高通公司只能自己参与制造，带动产业链的发展。

高通推出的首款 CDMA 商用机叫作 pdQ。pdQ 的功能和配置在当时看来非常先进——它有一个可翻转的键盘，后面隐藏了一个分辨率为 160 像素 × 240 像素的 LCD 显示屏；虽然网速仅有 14.4 kbit/s，不过可以用来查看电子邮件、浏览网页；能运行 Palm OS 应用；使用的是锂离子电池，能够通话 150 分钟；配有频率为 16 MHz 的处理器，辅以 2 MB 运行内存。当时，这款手机的售价高达 800 美元。

后来，制造 CDMA 手机的厂家逐渐多了起来。他们顾虑重重，怕作为同业竞争对手的高通拒绝向其提供最新的芯片。但是高通发现，公司的现金流主要来自芯片销售和知识产权使用费，手机业务的利润并不高。于是，高通在 2000 年做出了重要的决定：将手机生产业务卖给日本的京瓷公司（Kyocera），将网络设备业务卖给瑞典的爱立信公司。此后，高通专注于技术开发和授权，将重心放在半导体芯片的研究上。

目前看来，高通当时的决定是非常正确的。专注于核心业务不仅帮它获得了丰厚的回报，也让它规避了很多经营风险。

15.4 专利之王，官司缠身

从 CDMA 时代开始，高通就有非常清晰的商业模式。他们的习惯做法是：首先从事核心技术的研发，申请专利；然后通过专利授权，获取授权费；同时通过专利构建竞争壁垒，扶持产业链，并让自己处于产业链的上游。这种"轻资产"的做法在通信行业发生周期性波动时仍然能够帮助高通获得可观的利润。

一直以来，高通的专利费都是人们讨论的热点话题。高通的专利费到底有什么特殊之处呢？

高通的主要收益来源于两部分：专利授权和手机基带芯片（负责无线通信功能的核心芯片）销售。手机制造商只要使用高通的芯片，就要向高通支付芯片的费用及专利费。设备商在建立基站时所用的芯片只要使用了高通的专利，就要向高通支付专利费。运营商既需要采购手机厂商的定制机，又需要采购设备商生产的设备，因此得间接支付两份专利许可费用。

2G 时代是 GSM 的天下，那时候高通还没有什么话语权。到了 3G 时代，情况发生了根本性的变化：WCDMA、TD-SCDMA 和 CDMA2000 等 3G 标准都和 CDMA 有密切的关系，而高通就是靠 CDMA 发家的，手上握着无数核心专利，因此获得了极为可观的专利收益。

其实，一家公司为研发成果申请专利、收取专利费是无可厚非的。但是，高通当时收取专利费的方式真的有点特别。

收取专利费的方式一般是，如果你用了我的专利，就以涉及专利的部分作为计算的基数。高通则不然，它是以产品整体作为基数收取专利费的。举个例子，假如你在研发一款手机时用了厂商 X 的芯片，那么（按照谈好的价格）支付所用芯片的专利费就行了。但是，在 2G 和 3G 年代，如果你用了高通的芯片，那么不管手机卖多少钱，都必须按手机价格的 5% 向高通支付专利费：如果手机卖 100 美元，就给高通 5 美元；如果手机卖 1000 美元，就给高通 50 美元……如果你在制造一架价值 10 亿美元的飞机时使用了高通的芯片，那么要给它 5000 万美元。

随着手机的功能日益增多，手机配件（摄像头、屏幕等）也越来越好、越来越贵。整机价格在提升，高通的芯片却依旧可以按比例抽钱，这就是高通的专利授权费被称为"高通税"的原因。

在过去 30 年中，高通在研发领域投入的资金超过 440 亿美元，在全球申请和拥有的专利超过 13 万项。这些技术以蜂窝通信为中心，包括标准基本专利和非基本专利，前者是指对设备至关重要的技术标准。也就是说，行业内的公司很难绕开高通的专利。

除此之外，手机厂商之所以愿意与高通合作，还有一个重要的原因：对于他们来说，高通不仅是专利提供方，还是一个巨大的专利保护伞。在签署专利授权协议的时候，高通一般还会要求手机厂商与其签署一个反向授权协议。简单来说，就是手机厂商把自己申请的专利反向授权给高通，并且放弃对与高通签署了同样协议的其他手机厂商的起诉权。

举个例子，如果一家手机厂商侵犯了另一家手机厂商的专利，只要这两家手机厂商都与高通签署了反授权协议，那么在他们之间就不会产生相关的专利诉讼。对于手机厂商来说，这是一个省事的保护伞。毕竟手机市场同质化日趋严重，而且各个厂商都会申请大量专利以保护自己的权益。一旦不慎侵犯其他厂商的专利权，会给自己惹来不少麻烦。但进入高通的专利保护伞就相当于进了一个手机专利保护联盟，不会在专利授权的问题上遇到太多麻烦。

因为专利费等问题，高通前些年频繁遭遇反垄断调查。高通也成为有史以来官司最多的科技公司之一。来看看高通这些年惹上的官司吧。

- ❑ 2005 年 7 月，美国博通公司（Broadcom, Inc.）对高通发起反垄断诉讼。最终达成和解，高通向博通赔付 8.91 亿美元。
- ❑ 2007 年 1 月，韩国对高通进行反垄断调查，并在 3 年后对高通处以 2.36 亿美元的罚款。
- ❑ 2007 年 10 月，欧盟委员会根据诺基亚等 6 家公司的举报对高通进行反垄断调查，最终在 2009 年因双方和解而宣布停止调查。
- ❑ 2010 年，欧美等国基于 Icera 对高通滥用市场地位的投诉启动对高通的反垄断调查。
- ❑ 2015 年 1 月，中国国家发展和改革委员会对高通实施反垄断罚款，罚款金额为 60.88 亿元人民币。
- ❑ 2016 年 4 月，黑莓公司抗议高通收取了高于授权协议约定的专利费，随后与高通展开谈判。2017 年 4 月 12 日，仲裁结果支持黑莓获得高通公司 8.15 亿美元的赔款。

- 2016 年 12 月，韩国监管部门以违反反垄断法为由，宣布对高通处以 1.03 万亿韩元（约 8.8 亿美元）的罚款，并要求高通改变现有商业做法。
- 2017 年 1 月，苹果在美国加州南区联邦地方法院向高通发起专利诉讼，起诉高通"垄断无线芯片市场"，并提出了近 10 亿美元的索赔。

这还只是冰山一角，高通的法务部门几乎没有闲下来过。曾有人戏称，高通是世界上唯一一家律师比工程师多的科技公司。不过话说回来，高通一直在研发方面保持着很大的投入，现在这么大的竞争优势也是和企业的付出成正比的。与其临渊羡鱼，不如退而结网。科技公司想要获得高收益、高回报，只能老老实实地进行研发和创新。

15.5　新的时代，新的高通

在从 3G 向 4G 演进的时候，高通主推的 UMB 标准输给了 3GPP 的 LTE 标准，使高通的专利布局受到了一定的影响。幸而该影响比较有限，在 LTE 标准上，高通仍有大量的技术积累和专利沉淀。

近年来，高通的两个收购案引发了全球的广泛关注。

第一个是广为人知的博通收购高通案。2017 年 11 月，博通公司提议以现金加股票（每股 70 美元）的方式收购高通，交易价值为 1300 亿美元。新闻一出，全球轰动。这个收购案历经数月，最终被美国总统以危害国家安全为由叫停。

第二个是高通收购恩智浦案。2016 年 10 月，高通宣布计划以 470 亿美元的价格收购荷兰半导体公司恩智浦（NXP）。然而，这项收购迟迟没有通过审查。2018 年 7 月 26 日，高通最终宣布放弃收购。由于此次交易失败，高通向恩智浦支付了 20 亿美元的终止交易费，并启动了 300 亿美元的股票回购计划，以安抚股东。

简而言之，两场收购最终都以失败告终。高通还是原来的那个高通，没有太大的变化。

进入 5G 时代，高通一如既往地致力于核心技术的研发，积累了大量的关键专利，拥有举足轻重的地位。

在手机芯片方面，高通目前已经成为世界上最大的供货商。高通的"骁龙"系列 Soc 的市场占有率极高，很多手机厂家的旗舰手机以采用骁龙芯片作为卖点。

数据显示，高通在 2021 财年的营收达到了 335.66 亿美元，全球员工总数超过 4.5 万，基带芯片的出货量超过 8 亿枚。

如今，美国高通公司（见图 15-4）继续致力于核心技术的研发，以及关键专利的积累。同时，它和很多企业有密切的合作关系，在全球范围内到处开展业务。它已经成长为全球领先的高科技通信企业，全球最大的移动芯片供应商，全球最大的无线半导体供应商，CDMA 技术商用化的先驱。

图 15-4　位于美国加利福尼亚州圣迭戈市的高通总部

15.6　结语

高通是一家很特别的企业。它虽然是一家美国公司，但在中国市场上一直表现活跃，和中国客户的关系也一直比较融洽。高通与其在中国的竞争对手之间既有对抗，也有合作，甚至合作多于对抗。

这家公司沉迷于技术，执着于创新。它不仅是 CDMA 的缔造者，也是 CDMA 的毁灭者。在它认为有发展潜力的所有技术领域中，高通都在进行精心的布局，不惜一切代价进行投入。这些投入确保高通能够拥有持续的竞争优势，永远立于不败之地。

如今，除了 5G，高通的"触角"还延伸至医疗、物联网、智能家居、智慧城市等多个领域。尤其在工业互联网和车联网方面，高通做了大量布局，实力不容小觑。在数字化转型的时代浪潮之下，相信高通会有一番更大的作为。

参考文献

[1]　莫克. 高通方程式[M]. 北京：人民邮电出版社. 2005.

[2]　谢丽容. 高通创始人谈大公司如何在激烈竞争中持续领先[EB/OL]. 电子发烧友. (2016-12-23).

[3]　QUALCOMM. 公司简介[EB/OL]. 高通公司网站.

[4]　Qualcomm[EB/OL]. 维基百科.

第 16 章

仙童半导体：硅谷文化的发源地

16.1 扎根硅谷，网罗英才

1955 年，晶体管的联合发明人威廉·肖克利离开了贝尔实验室，回到自己的老家——美国加利福尼亚州。志存高远的他打算在那里创办自己的公司，建立宏图伟业。

肖克利花了一个夏天，努力游说德州仪器、洛克菲勒、雷神等公司，希望他们能够投资 50 万美元帮助他建立晶体管制造工厂。但是，这些请求全部遭到了拒绝。最后，肖克利在加州理工学院读书时的好友、当时担任化学教授的阿诺德·贝克曼（Arnold Beckman）决定投资。阿诺德·贝克曼是 pH 值测定法的发明人，当时他的公司规模很大，营业额达 2000 多万美元。

得到贝克曼的投资后，肖克利终于如愿创办了肖克利实验室股份有限公司，地址选在加州旧金山湾区东南部的圣克拉拉谷（Santa Clara Valley）。之所以选择这里，是因为当时斯坦福工学院院长弗里德里克·特曼（Frederick Terman）教授的热心推荐。圣克拉拉谷，也就是现在闻名于世的硅谷（Silicon Valley）。

公司成立后，肖克利立刻面向全国发布招聘信息，招募电子领域的优秀人才。不过，他的招聘方式很奇特：他将招聘广告以代码形式刊登在学术期刊上，一般人根本看不懂；此外，他还在面试前对应聘者进行智商和创造力的测试，以及心理评估。这些行为在当时的人看来简直无法理解。

不管怎样，肖克利还是以"晶体管之父"的名号吸引了大量的专业人才，其中包括 8 位来自美国东部的年轻科学家：戈登·摩尔（Gordon Moore）、谢尔顿·罗伯茨（Sheldon Roberts）、尤金·克莱纳（Eugene Kleiner）、罗伯特·诺伊斯（Robert Noyce）、维克多·格里尼克（Victor Grinnich）、朱利叶斯·布兰克（Julius Blank）、让·霍尼（Jean Hoerni）和杰·拉斯特（Jay Last）（见图 16-1）。

图 16-1　从左到右分别是摩尔、罗伯茨、克莱纳、诺伊斯、格里尼克、布兰克、霍尼和拉斯特

他们都不到 30 岁，风华正茂、学有所成，处在创造力的巅峰。他们有的是双博士学位获得者，有的是大公司的工程师，还有的是著名大学的研究员、教授：都是精英中的精英。值得一提的是，八人中有三个是来自欧洲的移民：克莱纳（来自奥地利）、格里尼克（来自克罗地亚）、霍尼（来自瑞士）。

最坚定地"投奔"肖克利的诺伊斯（见图 16-2）算是一位前辈（虽然他当时只有 29 岁），阅历稍微丰富一些。据诺伊斯回忆，当他接到录用电话时，就像接到了来自"天堂"的电话，激动不已。诺伊斯到达旧金山后，所做的第一件事就是买房——他觉得自己后半生肯定会留在这里追随肖克利。

图 16-2　罗伯特·诺伊斯

16.2　叛逆八人，硅谷传奇

1956 年 1 月，肖克利、巴丁和布拉顿因为发明晶体管被授予诺贝尔物理学奖。得知获奖之后，兴奋异常的肖克利将手下的年轻科学家带到旧金山市最豪华的餐馆聚餐。这时，所有人都沉浸在喜悦之中，认为肖克利能够带领他们创立伟大的事业，改写人类的历史。

可惜，他们高估了肖克利的能力。随着时间的推移，年轻的科学家们发现，自己无限仰慕的肖克利根本不是一个好领导，甚至谈不上是一个正常人。这位天才科学家明明对管理技巧一窍不通，却偏偏自以为是、傲慢刻薄。他雄心勃勃，却完全没有商业远见，公司的经营目标一变再变。甚至有人评价肖克利是"一个天才，又是一个十足的废物"。

后来的肖克利变本加厉，极度膨胀，容不下一丁点儿不同意见，甚至对帮助过他的投资人贝克曼出言不逊。偏执多疑的肖克利还经常小题大做。有次，一位女秘书在实验室里意外划破了手，肖克利却认定有人蓄意破坏，竟然动用测谎仪对全体员工测谎。

就这样，公司成立一年多，却连一件产品都拿不出来。所有人都对肖克利失去了信心和耐心，尤其是那几位年轻人。他们不希望将自己宝贵的青春年华浪费在肖克利身上，于是开始酝酿自己的"叛逃"计划。确切地说，前面提及的 8 个人，除了诺伊斯之外，都下定决心离开。但是，他们除了懂技术之外，什么也没有，最重要的是没有资金。于是，克莱纳给负责他父亲企业银行业务的纽约海登斯通投资银行（Hayden Stone & Co.）写了封信，附了一份非常简单的商业计划书，希望获得投资。

在这份商业计划书中，克莱纳写道：

我们是一个经验丰富、技能多样的团队。我们精通物理、化学、冶金、机械、电子等领域。我们能在资金到位后三个月内开展半导体业务。

这封信寄出后，7 个人忐忑不安地等待着对方的回复。不久之后，克莱纳的信被辗转交到了海登斯通投资银行员工亚瑟·洛克（Arthur Rock，见图 16-3）的手里。亚瑟·洛克敏锐地意识到了信中的机遇，他非常看重这些年轻人的才华，也看好半导体行业的长远发展。于是，他说服老板巴德·科伊尔（Bud Coyle）一起飞到旧金山，和这群年轻人碰面。

图 16-3 亚瑟·洛克，美国科技投资史上的传奇人物（被誉为"风险投资之父"），英特尔和苹果的诞生都和他有关

在旧金山，这 7 个年轻人和来自纽约的投资人进行了初次会面。会面之后，这 7 个人发现，大家全都是技术型人才，根本不懂管理、不懂商业，需要一个能做主的"带头大哥"。谁适合做这个"带头大哥"呢？他们不约而同地想到了缺席的诺伊斯。在他们眼里，诺伊斯是他们最认可、最信任的"大哥"。诺伊斯既有智商，又有情商，是他们都心服口服的领袖。但是，正如前面所说的，诺伊斯一直很崇拜肖克利，始终不想"背叛"他。

于是，他们派出罗伯茨作为代表，竭力劝说诺伊斯。罗伯茨很努力，一直和诺伊斯聊到深夜，最终成功劝服了他。其实，诺伊斯之前已经多次受到肖克利的打压（还错失了一次获得诺贝尔奖的机会），他心里也很明白，再坚持下去也不会有什么前途，离开是早晚的事。

第二天一早，迫不及待的罗伯茨开着面包车挨家挨户地把另外 6 个人接了出来，直奔旧金山。在紧张又令人兴奋的会谈之后，洛克和科伊尔被打动了。洛克掏出 10 张崭新的 1 美元钞票，往桌上一拍："什么都别说了，干吧！"科伊尔环视着他们说："协议还没准备好，要入伙的，就在这上面签个名！"

于是，这 10 个人都在华盛顿的头像旁签上了自己的大名。

1957 年 9 月 18 日（这个日子后来被《纽约时报》评为美国历史上最重要的 10 天之一），这 8 个年轻人一起向肖克利提交辞呈。肖克利大发雷霆，痛斥这帮"忘恩负义"的年轻人，骂他们是"叛逆八人帮"（traitorous eight，也译为"八叛徒"）。

谁也没想到，肖克利创造的"叛逆八人帮"一词后来竟然成了硅谷传奇的代名词。这种叛逆文化也成为硅谷精神的象征，被一代又一代硅谷人"传承"了下来。

16.3 吸引投资，创立仙童

八人正式辞职之后，洛克开始为新公司寻找投资。他列出了 35 家公司并逐一打电话，但是均以失败告终。

一个偶然的机会，洛克和科伊尔遇到了仙童照相机与仪器公司（Fairchild Camera & Instrument）的老板谢尔曼·费尔柴尔德（Sherman Fairchild）。费尔柴尔德的父亲曾经资助了老汤姆·沃森（Thomas Watson Sr.）创办 IBM。作为继承人，费尔柴尔德成了 IBM 最大的个人股东，非常富有。

费尔柴尔德本人是一个发明家，对技术很感兴趣。他发明的飞机照相设备让自己在第二次世界大战中发了大财。费尔柴尔德与洛克等人谈过以后，决定投资 150 万美元。凭借这笔钱，硅谷第一家由风险投资创办的半导体公司——仙童半导体公司（见图 16-4），终于宣告成立。

图 16-4　仙童半导体公司

仙童半导体公司的母公司是费尔柴尔德的仙童集团，仙童集团副总裁理查德·霍奇森（Richard Hodgson）分管仙童半导体公司的业务。起初，霍奇森打算让诺伊斯做总经理，但是诺伊斯拒绝了，表示只想做技术负责人。于是，霍奇森找来了休斯公司的埃德·鲍德温（Ed Baldwin）出任仙童半导体总经理。

公司股份规定如下：总共分为 1325 股，"叛逆八人帮"每人 100 股，海登斯通投资银行 225 股，剩下的 300 股留给公司日后的管理层。投资协议写明：如果公司连续三年净利润超过 30 万美元，仙童集团有权以 300 万美元收回股票，或五年后以 500 万美元收回股票。

这份协议标志着硅谷第一次真正意义上的风险投资。洛克与科伊尔是硅谷最早的风险投资商，他们协助制定了仙童半导体公司的商业战略，分析了其融资需求，为其寻找资金并分享收益。

仙童半导体公司的创立被公认为硅谷诞生的标志。虽然是肖克利把"硅"带到了这里，但是创造了硅谷和硅谷特有文化的，无疑是仙童半导体。

仙童半导体成立之后，第一笔订单来自 IBM。这是一笔"关系订单"：在 IBM 大股东费尔柴尔德的帮助下，仙童才得到了这笔关键的订单。在这笔订单中，IBM 以 1.5 万美元的价格向仙童订购了 100 个硅管。

为了按时按质完成订单，8 个人进行了分工：诺伊斯和拉斯特负责硅晶片蚀刻，霍尼负责扩散工艺，罗伯茨负责切割和打磨，摩尔负责设计、建造熔炉，克莱纳和布兰克负责研制加工设备及改进制造工艺，格里尼克负责测试。

在大家的共同努力下，半年后，仙童第一批双扩散 NPN 型硅晶体管问世，订单成功交付。不过，此后仙童再也没能从 IBM 获得硅管订单（后来 IBM 与德州仪器合作，建立起了自己的晶体管生产线）。仙童通过这笔订单成功站稳了脚跟，开始进入高速发展阶段。1958 年底，仙童半导体的销售额达到 50 万美元，员工增加至 100 人。

1959 年 2 月，德州仪器工程师杰克·基尔比（Jack Kilby）申请了第一个集成电路发明专利的消息传来，让诺伊斯十分震惊。他立即召集团队成员商议对策。基尔比在德州仪器公司面临的难题，比如在硅片上进行两次扩散和导线互相连接等，正是仙童半导体公司的拿手好戏。诺伊斯提出，可以用蒸发沉积金属的方法代替热焊接导线，这是解决元件连接问题的最好办法。

1959 年 7 月 30 日，仙童半导体公司也向美国专利局申请了集成电路的专利。为争夺集成电路的发明权，两家公司开始了旷日持久的官司。1966 年，基尔比和诺伊斯同时被富兰克林学会授予巴兰丁奖章，基尔比被誉为"第一块集成电路发明者"，而诺伊斯被誉为"适于工业生产的集成电路理论的提出者"。1969 年，法院下达判决，从法律上实际承认了集成电路是两人同时的发明。

回到 1960 年，当时母公司仙童集团根据投资协议行使自己的权利，回购了全部股份。"叛逆八人帮"每人得到 25 万美元，这在当时的美国是一笔巨款。

从 1960 年到 1965 年，仙童半导体每年的销售额都翻了一番。到 1966 年，仙童已经是全球第二大半导体公司，仅次于德州仪器。

16.4　二次叛逆，桃李天下

20 世纪 60 年代，仙童的危机开始出现。

首先是仙童集团收购了"叛逆八人帮"的股权，导致他们的工作积极性受到很大的影响。此外，虽然仙童半导体位于加州，但是一举一动都受到总部远在纽约的仙童集团的控制，发展受到了太多约束。不仅如此，仙童集团还抽走了仙童半导体的不少利润，投资给大量不赚钱的业务。

　　人心思变，"叛逆八人帮"陆续开始了新的"叛逆"。1961 年，霍尼、拉斯特和罗伯特出走，共同创办了 Amelco，就是后来的 Teledyne（泰瑞达），从事半导体测试业务。1962 年，克莱纳出走，创办了 Edex，后来又陆续创办了 Intersil 公司和风投公司 KPCB……资料显示，他至少创办了 12 家公司。

　　1965 年，摩尔提出了著名的摩尔定律①。1968 年 8 月，诺伊斯与摩尔一起辞职，同时带走了工艺开发专家安迪·格鲁夫（Andrew S. Grove）。他们三人（见图 16-5）创办的公司，就是后来如日中天的 IT 巨头——英特尔（Intel）。

图 16-5　英特尔创始人：格鲁夫（左）、诺伊斯（中）和摩尔（右）

　　此后不久，格里尼克也离开了仙童，回到大学教书。1969 年，"叛逆八人帮"中的最后一位——布兰克，也离开了。至此，"叛逆八人帮"全部离开了仙童半导体公司。

　　连创始人都选择离开，员工就更不用说了。仙童迎来了大规模的离职潮，其中就包括销售部主任杰里·桑德斯（Jerry Sanders）。他带着 7 名仙童员工一起离职，创办了超威半导体公司（Advanced Micro Devices，AMD）。

　　随着仙童半导体大量人才的流出，新的半导体公司如雨后春笋般崛起。对此，苹果前 CEO 乔布斯做了一个非常有名的比喻：

　　仙童半导体公司就像一株成熟了的蒲公英，你一吹它，创业精神的种子就随风四处飘扬了。

----

　　① 摩尔定律是指，当价格不变时，集成电路上可容纳的元器件的数目每隔约 18~24 个月便会增加一倍，性能也将提升一倍。

20 世纪 80 年代初出版的著名畅销书《硅谷热》也提到：

硅谷大约 70 家半导体公司中的半数，是仙童半导体的直接或间接后裔。在仙童半导体供职是进入遍布硅谷各地的半导体企业的途径。1969 年在森尼韦尔市举办的一次半导体工程师大会上，在 400 位与会者中，只有 24 人未曾在仙童半导体工作过。

可以说，仙童半导体就是硅谷乃至全世界半导体人才的"黄埔军校"。

在人才不断流失、竞争对手不断涌现的情况下，仙童走下坡路肯定是不可避免的。从 1965 年到 1968 年，仙童半导体的销售额不断滑坡。1967 年，仙童半导体遭遇自创立以来的第一次亏损——亏损 760 万美元，股票从一年前的每股 3 美元下滑至 0.5 美元，市值缩水一半。

仙童半导体后来的故事就没什么好说的了，无非是在风雨飘摇中被频繁转卖。1979 年，仙童半导体被卖给法国的一家石油企业——斯伦贝谢公司（Schlumberger）。1987 年，斯伦贝谢公司以购入价的三分之一将仙童半导体转卖给一家美国公司——国家半导体公司（National Semiconductor，NSC）。讽刺的是，美国国家半导体公司的老板正是当年从仙童出走的总经理查尔斯·斯波克（Charles Sporck）。

到这里，仙童半导体品牌一度消失。1996 年，美国国家半导体公司把原仙童公司总部迁往缅因州，并恢复了"仙童半导体"的名字。"硅谷人才摇篮"就此离开了硅谷。

1997 年 3 月，仙童半导体被再次出售。因为这次的出资者是一家风投公司，所以仙童半导体成为一家独立公司，由克尔克·庞德（Kirk Pond）担任 CEO。

2016 年，安森美半导体以 24 亿美元完成了对仙童半导体的收购。曾经叱咤硅谷的仙童半导体就这样结束了它的一生。

16.5　结语

正如大家看到的，仙童半导体公司对硅谷乃至全世界的科技发展有着巨大而深远的影响。

根据粗略统计，仙童半导体公司的员工在出走后创办的公司大约有 92 家。这些公司的员工总人数超过 80 万，市值也高达 21 万亿美元，超过了大部分国家的 GDP。受到仙童半导体间接影响的公司更是不计其数。

可以说，如果没有仙童半导体的倒下，就没有今天的硅谷，也没有半导体行业举世瞩目的发展成就。

正所谓，一个"仙童"倒下去，千千万万个"仙童"站起来。"聚是一团火，散是满天星"，这句话在仙童半导体这里得到了最好的诠释。

参考文献

[1] 卡普兰. 硅谷之光[M]. 刘骏杰，译. 北京：中国商业出版社. 2013.

[2] 拉奥，斯加鲁菲. 硅谷百年史：伟大的科技创新与创业历程[M]. 闫景立，侯爱华，译. 北京：人民邮电出版社. 2014.

[3] 吴军. 硅谷之谜[M]. 北京：人民邮电出版社. 2015.

第 17 章
ARM：颠覆行业的芯片新军

17.1　芯片小厂，蹒跚起步

1978 年，一家名叫 CPU 的公司在英国剑桥悄悄诞生。这家公司的全称是 Cambridge Processor Unit，意思是"剑桥处理器单元"。CPU 公司的创始人是一对好友：一个名叫赫尔曼·豪瑟（Hermann Hauser）的奥地利籍物理学博士和一个名叫克里斯·柯里（Chris Curry）的英国工程师。

CPU 公司成立之后，主要从事电子设备的设计和制造。他们接到的第一个客户需求是制造赌博机的微控制器系统。这个微控制器系统被其称为 Acorn System 1。

1979 年，在经营逐渐进入正轨之后，这家公司给自己换了个名字——Acorn Computers（见图 17-1）。acorn 是什么意思呢？橡实。对，就是动画电影《冰川时代》里那只松鼠一直在追的东西。之所以把公司叫作 Acorn，还有一个有趣的说法：他们想在电话黄页里排在苹果公司（Apple）的前面。

图 17-1　Acorn Computers 公司的 logo，里面就有一棵橡实

在 Acorn System 1 之后，这家公司又陆续开发了 System 2、System 3 和 System 4，还有面向消费者的盒式计算机——Acorn Atom（见图 17-2）。

图 17-2　Acorn Atom

1981 年，公司迎来了一个难得的机遇——BBC（British Broadcasting Corporation，英国广播公司）打算在英国全境播放一套提高计算机普及水平的节目，并且希望 Acorn 能生产一款与之配套的计算机。这个计划非常宏大，英国政府也参与其中（购机费的一半将由政府资助）。这些计算机一旦被采购，就将进入英国的每一间教室。

接下这个任务之后，Acorn 立刻开始干了起来。结果很快发现，自家产品的硬件设计并不能满足客户的需求。当时，发展潮流正在从 8 位中央处理器变成 16 位中央处理器，而 Acorn 并没有合适的芯片可用。

一开始，他们打算使用美国国家半导体和摩托罗拉公司的 16 位芯片。但是，他们在评估后发现了这种芯片两个缺陷：第一，芯片的执行速度较慢，中断的响应时间太长；第二，售价太贵，在一台价值 500 英镑的计算机里，仅处理器芯片就占了 100 英镑。于是，他们打算去找当时如日中天的英特尔公司，希望对方提供一些 80286 处理器的设计资料和样品。然而，英特尔公司冷漠地拒绝了他们。备受打击的 Acorn 公司决定自己研发芯片。

当时，Acorn 公司的研发人员从美国加州大学伯克利分校找到了一个关于新型处理器的研究项目——精简指令集，恰好可以满足其设计要求。在此基础上，经过多年的艰苦奋斗，来自剑桥大学的计算机科学家索菲·威尔逊（Sophie Wilson）和史蒂夫·弗博（Steve Furber）最终完成了微处理器的设计（前者负责指令集的开发，后者负责芯片的设计）。

Acorn 将这枚芯片命名为 Acorn RISC Machine（ARM）。Acorn 是公司名称，Machine 是机器，那么 RISC 是什么意思呢？前面说过，这枚芯片是基于"精简指令集"技术做出来的。RISC 的意思就是简化指令集计算机，即 reduced instruction set computer（见表 17-1）。

知识拓展

精简指令集计算机是一个相对于复杂指令集计算机（CISC，complex instruction set computer）的概念。

早期的处理器都是 CISC 架构的（包括英特尔的处理器），然而随着时间的推移，有越来越多的指令集加入。由于当时编译器的技术并不纯熟，程序都是直接以机器码或组合语言写成的。为了减少程序的设计时间，人们逐渐开发出了使用简单指令执行复杂操作的程序代码。这样，设计师只需写下简单的指令，再交给 CPU 去执行就行了。

但是后来有人发现，在整个指令集中，只有约 20% 的指令常被用到，大约占了整个程序的 80%；剩余 80% 的指令只占整个程序的 20%。（这属于典型的"二八法则"。）

于是，美国加州大学伯克利分校的大卫·帕特森（David Patterson）教授在 1979 年提出了 RISC 的想法，主张硬件应该专注于加速常用的指令，较为复杂的指令则可利用常用的指令组合而成。

简单来说，CISC 的任务处理能力强，适用于桌面计算机和服务器。RISC 则通过精简 CISC 的指令种类、格式，简化寻址方式，达到省电、高效的效果，适用于手机、平板计算机、数码照相机等便携式电子产品。

表 17-1　RISC 和 CISC

简　称	全　　称	中　文	特　点	代表厂商
RISC	reduced instruction set computer	简单指令集计算机	低功耗、低性能	ARM
CISC	complex instruction set computer	复杂指令集计算机	高功耗、高性能	英特尔

当时研发出来的第一款处理器芯片的型号被定为 ARM1。我们通过表 17-2 来对比一下 ARM1 和当时英特尔的 80286 处理器（也就是人们常说的 286）。可以看出，ARM1 和 80286 各有所长。

表 17-2　ARM1 和 80286 的对比

芯　　片	ARM1	80286
厂　　商	Acorn	英特尔
制　　程	3 微米	1.5 微米
位　　数	32	16
晶 体 管	25 000 个	134 000 个
工作频率	6 MHz	6～12 MHz
功　　耗	120 mW	500 mW
诞生时间	1985 年	1982 年

就在 ARM1 推出的同一年（1985 年 10 月），英特尔发布了 80386（见图 17-3）。在 Intel 80386 面前，ARM1 明显逊色很多。让 ARM 直接在性能上与 x86 系列比拼显然是不现实的。ARM 有意无意地选择了与英特尔不同的设计路线——英特尔持续向 x86 高效能设计迈进，ARM 则专注于低成本、低功耗的研发方向。

图 17-3 Intel 80386 是 32 位芯片，有 27.5 万个晶体管，频率为 12.5 MHz（后提高到 33 MHz）

下面继续说说 BBC 需要的那款计算机。

前面提到，BBC 在 1981 年就提出了需求，如果等到 1985 年把 ARM1 研发出来，那岂不是黄花菜都凉了？所以，在 ARM1 问世之前，Acorn 其实已经提供了解决方案。当时，Acorn 临时采用了 MOS 6502 处理器（由 MOS 科技研发的 8 位微处理器，见图 17-4）来制作提供给 BBC 的计算机。这款计算机一开始取名为 Proton，后来更名为 BBC Micro（见图 17-5）。

图 17-4　MOS 6502 处理器

图 17-5　BBC Micro

到了 1984 年，大约 80% 的英国学校配备了这款计算机，Acorn 公司也因此在英国家喻户晓。后来，ARM 处理器被研发出来，就取代 MOS 6502 被用在了 BBC Micro 的后续型号中。

在 ARM1 之后，Acorn 又陆续推出了多个芯片系列，例如 ARM2 和 ARM3。

1990 年 11 月，Acorn 为了和苹果公司合作，专门成立了一家名叫 ARM 的公司。注意，这里的 ARM 不是芯片名称，拼写也完全不一样——Advanced RISC Machines。

ARM 是一家合资公司，其中苹果公司投了 150 万英镑，芯片厂商 VLSI 投了 25 万英镑，Acorn 本身则以价值 150 万英镑的知识产权和 12 名工程师入股。尽管启动资金充足，但是 ARM 在起步时还是非常节俭的。他们最开始的办公地点是一个谷仓。

17.2　颠覆创新，焕发活力

ARM 公司成立后，决定改变产品策略——他们不再生产芯片，转而以授权的方式将芯片的设计方案转让给其他公司，即"合作伙伴"（partnership）授权模式。没想到，正是这种模式开创了 ARM 的黄金时代。

ARM 采取的是 IP（intellectual property，知识产权）授权的商业模式，收取一次性技术授权费用和版税提成（见图 17-6）。具体来说，ARM 有三种授权方式：处理器授权、POP（processor optimization pack，处理器优化包）授权和架构授权。

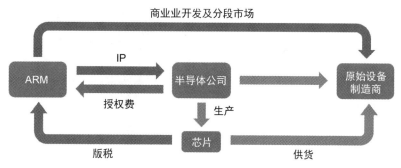

图 17-6 ARM 的商业模式

处理器授权是指授权合作厂商使用 ARM 设计好的处理器，对方不能改变原有设计，但可以根据自己的需要调整产品的频率、功耗等。POP 授权是处理器授权的高级形式，指 ARM 出售优化后的处理器给授权合作厂商，方便其在特定工艺下设计并生产性能有保证的处理器。架构授权是指 ARM 授权合作厂商使用自己的架构，方便其根据自己的需要来设计处理器。例如，后来高通的 Krait 架构和苹果的 Swift 架构就是在取得 ARM 的授权后设计完成的。

总而言之，授权费和版税构成了 ARM 的主要收入。除此之外，ARM 在软件工具和技术支持服务方面也收入不菲。

对于一家半导体公司来说，付给 ARM 的授权费和版税到底有多少呢？一次性技术授权费用在 100 万～1000 万美元，版税提成一般在 1%～2%。

这种"风险共担、利益共享"的授权模式，极大降低了 ARM 的研发成本和研发风险，形成了一个以 ARM 为核心的生态圈，使圈内的低成本创新成为可能。

ARM 在提出这种合作授权模式之后就立即开始了尝试。1991 年，ARM

将产品授权给英国的 GEC Plessey 半导体公司。1993 年，ARM 将产品授权给美国的 Cirrus Logic 和德州仪器。与德州仪器的合作给 ARM 公司带来了重要的突破，也给 ARM 公司树立了声誉，证实了授权模式的可行性。

此后，越来越多的公司参与到这种授权模式中，与 ARM 建立了合作关系，其中就包括三星、夏普等知名公司。ARM 由此坚定了发展授权模式的决心，并着手设计更多高性价比的产品。1993 年，苹果公司推出了一款新型掌上计算机——Newton（见图 17-7）。该产品就用到了 ARM 公司开发的 ARM6 芯片。遗憾的是，因为 Newton 技术过于超前，还有一些用户体验上的缺陷，所以未被市场接受，以失败告终。虽然这款产品失败了，但 ARM 从中积累了经验，继续改良技术。没过多久，移动电话的时代到来了。

图 17-7　Apple Newton MessagePad，现在被认为是 PDA 和智能手机的鼻祖

17.3　抓住机遇，一举成名

随着移动电话时代的到来，ARM 迎来了一个大客户——诺基亚。

当时，诺基亚收到建议在即将推出的 GSM 手机上使用德州仪器的系统设计，而这个设计是基于 ARM 芯片的。因为内存空间的问题，诺基亚一开始对 ARM 持拒绝态度。为此，ARM 专门开发出 16 位的定制指令集，缩小了占用的内存空间。就这样，诺基亚 6110 成为第一部采用 ARM 处理器的 GSM 手机，上市后获得了极大的成功。ARM 紧跟着推出了 ARM7 等一系列芯片，授权给超过 165 家公司。随着移动手机的井喷式普及，ARM 赚得盆满钵满。1998 年 4 月 17 日，业务飞速发展的 ARM 控股公司（ARM Holdings）同时在英国的伦敦证交所和美国的纳斯达克上市。

ARM 公司上市之后，处于"东山再起时期"的苹果公司逐步卖掉了所持的 ARM 股票，把资金投入到 iPod 产品的开发上。由于苹果公司的研究人员对 ARM 芯片架构非常熟悉，iPod 也继续使用了 ARM 芯片。在乔布斯的带领下，iPod 取得了巨大的商业成功。

2007 年，真正的划时代产品出现了，那就是苹果公司的 iPhone。iPhone 彻底颠覆了移动电话的设计，开启了智能手机的时代。iPhone 的热销，苹果商店的崛起，把全球移动应用彻底绑定在了 ARM 指令集上。2008 年，谷歌公司推出的安卓系统，也是基于 ARM 指令集的。

至此，智能手机进入了飞速发展阶段，ARM 也奠定了自己在智能手机市场上的霸主地位。就在 2008 年，ARM 芯片的出货量达到了 100 亿枚。2011 年，就连属于传统 Wintel 联盟（Windows+Intel）的微软也宣布 Windows 8 平台将支持 ARM 架构。

其实，ARM 公司能获得长足的发展，还要感谢英特尔公司。20 世纪 90 年代，高通想和英特尔合作，但是英特尔认为手机市场太小，拒绝了合作。后来，苹果在研发第一代 iPhone 的时候也想和英特尔合作，不过英特尔还是以相同的理由拒绝了。结果，这些公司成了 ARM 的合作伙伴，帮助 ARM 成为移动设备芯片市场的领导者。

2010 年 6 月，苹果公司向 ARM 董事会表示有意以 85 亿美元的价格收购 ARM 公司，但是遭到了拒绝。2016 年 7 月 18 日，曾经投资了阿里巴巴的孙正义及日本软银集团以 243 亿英镑（约 309 亿美元）收购了 ARM 集团。ARM 从此成为软银集团旗下的全资子公司。

2020 年 9 月 14 日，英伟达（NVIDIA）官方正式宣布，将斥资 400 亿美元（约 2730 亿元人民币）收购软银集团旗下的 ARM。截至目前，此次收购还未得到最终批准。

17.4 结语

ARM 之所以取得了今天的地位，既有外部的机遇因素，也有内部的战略因素：他们选择了一条和英特尔截然相反的道路，采取了轻资产、开放的合作共赢模式。

对 ARM 来说，合作伙伴的成功就意味着自己的成功。与 ARM 开展业务的每家公司均与 ARM 建立了"双赢"的共生关系。

ARM 拥有低功耗的 DNA，又刚好赶上移动设备爆发式发展的时代，最终成就了自己的辉煌。在即将到来的万物互联时代，ARM 极有可能取得更大的成功。

参考文献

[1] 阮一峰. ARM 的历史[EB/OL]. 阮一峰的网络日志. (2011-01-08).

[2] WALSHE B. A Brief History of Arm: Part 1[EB/OL]. Arm Community. (2015-04-21).

[3] WALSHE B. A Brief History of Arm: Part 2[EB/OL]. Arm Community. (2015-05-06).

第 18 章

英特尔：历经坎坷的芯片巨头

18.1 双侠出走，创立公司

第 16 章在介绍仙童半导体公司的时候，提到了英特尔的诞生背景。

1968 年 7 月 18 日，从仙童半导体"叛逃"出来的的工程师罗伯特·诺伊斯和戈登·摩尔（见图 18-1）共同创办了一家名叫摩尔－诺伊斯（Moore Noyce）的电子公司。

图 18-1　罗伯特·诺伊斯（左）和戈登·摩尔（右）

公司创办不久，两位创始人就发现 Moore Noyce 这个名字听起来就像 more noise（更多噪声），于是决定换个新名字。他们想到了英文单词 intelligence（智能），因为它的前几个字母"intel"合上了 integrated electronics（集成电子）的简称。不久之后，公司名字就正式变成了 Intel。

英特尔公司成立之后，主要研发的产品是存储器。选择这个方向是戈登·摩尔的主意。这是因为业界早期使用的是磁圈存储器。这种存储器虽然原理简单，但工艺非常复杂，难以使用机器生产，需要手工制作。这样一来，成品不仅体积非常大，而且质量难以保证。摩尔就想，用三极管的原理制造存储器，一定会造出更好的产品。

没过多久，英特尔生产出了自己的新型存储器产品——64 KB 的双极静态随机存储器（static random access memory，SRAM），代号为 3101。这款产品比传统磁圈存储器的存储量更大，体积反而小了很多，并且制造成本更低。该产品进入市场之后，因为物美价廉而迅速热销。

好景不长，随着时间的推移，越来越多的半导体公司陆续成立，行业竞争变得十分激烈。在这样的情况下，英特尔的市场份额开始下滑，营收也遇到了瓶颈。

面对竞争，英特尔被迫加紧开发新的产品线，向微处理器市场发展。1971年，英特尔开发出了世界上第一款商用处理器——Intel 4004（见图 18-2）。这款处理器片内集成了 2250 个晶体管，能够处理 4 位的数据，每秒运算 6 万次，频率为 108 kHz。Intel 4004 的推出正式拉开了微处理器时代的大幕。三年后，英特尔又推出了 Intel 8080（见图 18-3），其性能是 Intel 4004 的 20 倍。

图 18-2　Intel 4004

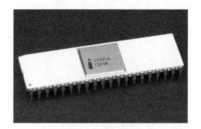

图 18-3　Intel 8080

18.2　管理大师，力挽狂澜

随后的几年，巨大的竞争压力让英特尔的业绩不断滑坡。为了扭转局面，摩尔接替诺伊斯担任 CEO。与此同时，另一位传奇人物进入了公司最高管理层，并成为后来挽救英特尔的功臣。他就是一代管理学大师——安迪·格鲁夫（Andy Grove，见图 18-4）。

图 18-4　安迪·格鲁夫

格鲁夫是出生于匈牙利的犹太人，后来因受纳粹迫害而移民美国。早在仙童时期，格鲁夫就已经在追随摩尔，是摩尔的学生兼助手。相比诺伊斯，格鲁夫的管理风格明显更加精细、有条理。在格鲁夫的努力下，英特尔公司渐渐稳住了阵脚，进入上升期。

1978 年，英特尔生产出了著名的 16 位 8086 处理器，是史上第一款 x86 处理器，后来也成为 PC（personal computer，个人计算机）的标准平台，意义非凡。

1981 年，当时的行业老大 IBM 公司为了尽快推出 PC 产品（见图 18-5），没有采用自研芯片，而是选择了英特尔的 8086。这无疑给了英特尔巨大的商机，帮助它迅速提升了市场份额。然而，为了成为 IBM 的合作方，英特尔也付出了代价。它不得不答应了 IBM 的一个附件条件，那就是必须将芯片技术授权给 AMD，并允许其成为 8086 芯片的第二供应商。IBM 还要求，英特尔必须将自己的设计和代码都开放给 AMD。这给 AMD 带来了巨大的帮助。

图 18-5　IBM 首款个人计算机——Model 5150

前面介绍仙童半导体的时候提到，仙童半导体销售部主任杰里·桑德斯于 1969 年离职，创办了 AMD。虽然 AMD 的诞生时间和英特尔差不多，但创始人桑德斯是销售出身，公司的技术实力显然不能和拥有摩尔、诺伊斯这样顶级工程师的英特尔相比。在很长的一段时间里，AMD 只能靠模仿能力和低廉的报价抢得一些市场份额，日子过得相当艰难。结果，IBM 用心良苦的"撮合"不仅让 AMD 活了下来，还帮助 AMD 迅速壮大，积累了足以和英特尔竞争的实力。

英特尔并不傻，也知道 AMD 迟早会对自己构成威胁。但是，当时面对强势的 IBM，英特尔并没有能力拒绝，只能妥协。

时间继续推移，英特尔逐渐强大了起来。1982 年，英特尔研发出了和 8086 完全兼容的第二代 PC 处理器 80286，用在 IBM PC/AT 上。1985 年，IBM 的挑战者开始出现，康柏公司（COMPAQ）制造出了世界上第一台 IBM PC 兼容机。此后，兼容机厂商像雨后春笋一样涌现出来。这些兼容机厂商为了和 IBM PC 保持兼容，大多采用了英特尔处理器。

逐渐"硬气"起来的英特尔开始对 AMD "翻脸"。1986 年，英特尔上市。同年，为了不让 AMD 继续染指自己的 80386，英特尔开始毁约，拒绝向 AMD 透露 386 处理器的任何技术细节。双方的官司大战由此正式开始。1987 年，AMD 以违约为由一纸诉状将英特尔告上了法庭，英特尔随即反诉 AMD 侵权（涉及英特尔的 287 FPU），予以还击。此后，AMD 再告英特尔垄断市场，而英特尔则再次反诉 AMD 侵权（涉及 AMD 旗下的 AM486 IP）。

就这样，官司打了 8 年。虽然 AMD 最后打赢了官司，但是错过了 CPU 发展的黄金时期，被英特尔远远甩在了身后。

反过来看看英特尔，虽然拖垮了 AMD，但是日子并没有过得更好。为什么呢？因为他们遇到了新的强劲对手，那就是来自日本的半导体企业。

第二次世界大战之后的日本，经济实力和科技实力迅速增强，逐渐开始挑战美国的领导地位。20 世纪 80 年代之后，日本开始对美国展开全方位的经济攻势，其中就包括半导体行业。日美贸易战就发生在那个时候。当时，日本公司的半导体产品质量远胜于美国公司的同类型产品，而且在资金方面得到了基金、政府等方面的大力支持，优势非常明显。1980 年，日本公司的半导体内存在全球市场中只占不到 30% 的销售量，而美国公司占 60% 以上的销售量。仅过了五年，日本在半导体内存的制造和销售上就彻底超过了美国（见表 18-1）。

表 18-1　1987 年的全球半导体公司排名

排　名	企　业	国　家
1	NEC	日本
2	东芝	日本
3	日立	日本
4	摩托罗拉	美国
5	TI	美国
6	富士通	日本
7	飞利浦	荷兰
8	NS	美国
9	三菱	日本
10	英特尔	美国

在巨大的冲击下，美国半导体公司纷纷倒闭，英特尔也无法独善其身。1982 年，英特尔解雇了 2000 多名员工，还让 IBM 以 2.5 亿美元购买了自己 12% 的债券。即便如此，还是没有止住颓势。

在英特尔生死存亡之际，就有了格鲁夫和摩尔之间那段著名的对话。

1985 年的一天，格鲁夫来到摩尔的办公室。

格鲁夫望着窗外问摩尔："如果我们被裁，董事会请来一位新老总，你觉得他要做的第一件事是什么？"

摩尔回答："他会放弃半导体内存。"

格鲁夫想了一会儿，说："那为什么我们不自己来做这件事呢？"

于是，在那之后，英特尔彻底放弃了半导体内存业务，将注意力全部集中在微处理器上面。正是这次"壮士断腕"把英特尔从死亡线上拉了回来。

1987 年，格鲁夫被任命为英特尔公司的总裁兼 CEO，开始对公司进行大刀阔斧的改革。1989 年，英特尔推出 80486 处理器（见图 18-6），获得了市场的欢迎。凭借这款处理器的出色表现，英特尔的业绩超过了所有的日本半导体公司，雄居全球半导体生产商之首。

图 18-6　Intel 80486 处理器

18.3　把握机遇，发展壮大

20 世纪 90 年代，Windows 操作系统的崛起和风靡带动了 PC 的发展，也刺激了微处理器的技术演进。1993 年，英特尔公司推出划时代的奔腾（Pentium）处理器（见图 18-7）。

图 18-7　奔腾处理器

奔腾一代其实就是 586。格鲁夫认为，公司应该给这个新款 CPU 注册新的商标。于是，586 就成了"奔腾"。人们通常认为，Pentium 来自希腊文中表示"五"的 penta 加上拉丁文中代表名词的后缀 ium。

尽管 586 被改名为奔腾一代，但是工业界和学术界仍然习惯性地把英特尔的处理器称为 x86 系列。

20 世纪 90 年代，围绕工作站和 CPU 的市场竞争非常激烈。主要的竞争者有 Sun Microsystems、SGI（Silicon Graphics, Inc.，硅图公司）、IBM、DEC（Digital Equipment Corporation，数字设备公司）和 HP（Hewlett-Packard，惠普）这五大厂商，还有摩托罗拉。这些竞争者全部采用了 RISC-CPU 架构，而英特尔和 AMD 公司采用的是 CISC-CPU 架构。格鲁夫领导下的英特尔，始终坚持以 CISC-CPU 作为自己的主要方向。最终，英特尔凭借巨大的研发投入，以及兼容性和量产速度上的优势，战胜了其他对手。这场胜利帮助英特尔公司确立了领先地位，业绩不断突破新高。

1999 年，英特尔的市值达到了惊人的 5090 亿美元。就在这一年，它推出了全新的赛扬（Celeron）处理器。两年后，英特尔推出了 64 位服务器处理器——安腾（Itanium）。凭借安腾的优异表现，英特尔在服务器市场上彻底超越了 RISC 处理器的代表厂商——Sun Microsystems 公司。

2006 年，英特尔推出全球第一款双核处理器平台，正式宣告处理器进入双核时代。2008 年，支持超线程技术的酷睿（Core）处理器诞生，性能远胜 AMD 等竞争对手的产品。英特尔在高端市场上的地位更加稳固。

2009 年，英特尔又马不停蹄地推出了四核处理器。2011 年 3 月，英特尔第一次采用 i3、i5 和 i7 的产品分级，划分出了清晰的低中高端市场策略。该市场策略获得了成功，英特尔的处理器从而进一步扩大了自身的垄断优势。就这样，经过近半个世纪的跌宕起伏，英特尔终于成为全球 IT 行业的"巨无霸"。

然而，时代在变，环境在变，市场和需求也在变。这些变化发生得实在太快，英特尔根本没办法反应过来。

首先，老冤家 AMD 后发制人。

在很长一段时间里，英特尔面对 AMD 有着巨大的技术优势。但是，2017 年，AMD 突然推出了锐龙（Ryzen）处理器，虽然性能猛涨，但是价格更低，获得市场的疯狂追捧。这让英特尔措手不及，疲于应对。短短两年不到，PC 处理器市场就格局大变，AMD 和英特尔以几乎相同的市场份额重新回到同一起跑线。

其次，一个新对手也向英特尔发起了挑战，那就是第 17 章提到的 ARM 公司。

英特尔在如日中天的时候，面对移动处理器市场的发展壮大，并没有给予充分的重视。英国的 ARM 公司凭借 ARM 架构处理器顺势成功崛起，占据了移动芯片市场的绝大部分份额，成为英特尔公司的强劲对手。虽然在这一过程中，英特尔尝试推出了 XScale 这样的移动芯片，但最终还是失败了。

除了外患，还有内忧。2018 年，成立 50 周年的英特尔竟然发生了 CEO 因为办公室恋情而请辞的事件，无疑让公司雪上加霜。

近年来，英特尔依然坏消息不断。因为英特尔在 5G 基带芯片上的表现不佳，所以苹果公司放弃了在这个领域中与它的合作，转投高通的怀抱。英特尔也随即发布公告，宣布退出 5G 基带芯片市场。这意味着英特尔放弃了 5G 市场的很大一块蛋糕。

如今的英特尔不仅在继续努力做强自己的芯片老本行，还在云网融合等潮流技术方面竭力布局。虽然他们没有做 5G 基带芯片，但在 Open RAN（开放式无线接入网络）、边缘计算等领域拥有很强的技术实力，仍然是 5G 市场的重要参与者，拥有举足轻重的影响力。

18.4   结语

在人类漫长的历史进程中诞生过无数家公司，有资格被称为"伟大"的凤毛麟角。但是毫无疑问，英特尔公司就是其中之一。

它不仅推出了许多经典产品，创造了许多业界第一，而且推动了信息技术的普及，引领了计算机和互联网的全球性革命。

英特尔已经走过了半个世纪的征程，经历过辉煌，也遭遇过困境。如今，英特尔又来到了新的十字路口，它能够重获往日荣光吗？

让我们祝它好运吧。

参考文献

[1] 马隆. 三位一体：英特尔传奇[M]. 黄亚昌，译. 杭州：浙江人民出版社. 2015.

[2] 新智元. 一文看尽英特尔 50 年发展史[EB/OL]. 搜狐. (2018-07-19).

第 19 章

烽火：中国光通信的摇篮

20 世纪 50 年代，为了培养邮电专业技术人才，助力邮电事业的发展，我国成立了一批邮电技术专科院校。有一所学校位于华中重镇武汉，名叫武汉邮电学校。

这是一所中专学校，筹建于 1951 年，最开始打算命名为中南邮电学校，到 1953 年正式成立时才定名为武汉邮电学校。后来，这所学校还短暂改名为邮电部武汉电信学校。

1959 年，武汉邮电学校升格为本科学校，名为武汉邮电学院。不久后，武汉邮电学院先后兼并了湖北邮电学院（1961 年）和西安邮电大学本科部（1963 年），实力大增，成为全国知名的邮电人才培养基地。

1969 年，这所学院被撤销，改为一家工厂。1974 年 2 月 23 日，在该厂的基础上成立了邮电部武汉邮电科学研究院，也就是大名鼎鼎的"武汉邮科院"。

19.1 中专老师，转行光纤

这里不得不提到一个重要人物。他就是被誉为"中国光纤之父"的著名科学家、中国工程院院士——赵梓森。

赵梓森出生于 1932 年，是广东中山人。1949 年，赵梓森高中毕业，以优异的成绩考入国立浙江大学农学院。后来，因为对农学不感兴趣，他退学重考，进入了复旦大学。没想到的是，复旦大学把他安排进了生物系，而这同样不是他感兴趣的领域。无奈之下，他只能又一次退学。这次，他考入了上海大同大学的电机系。1952 年，在全国院系调整中，大同大学的工科被并入上海交通大学。于是，1953 年，赵梓森以上海交通大学电信工程系毕业生的身份毕业。

1954 年 9 月，赵梓森结束实习，被分配到了邮电部武汉电信学校，成为一名老师。后来，历经几次更名的武汉电信学校变成工厂，他也从老师成了技术员。

1971 年，赵梓森所在的工厂调入了一个此前在北京邮电科学研究院立项的大气激光通信项目。厂领导安排赵梓森担任该项目的课题组组长，全面接手这个项目。

凭借过硬的技术实力和创新的实验方法，赵梓森很快在大气激光通信项目上取得了突破性的进展，成功实现了短距离的激光通信。随后，为了验证这套系统的长距离通信效果，他将"实验室"搬到了室外。他和团队爬上了武汉当时最高的建筑——汉口水塔，向 10 千米外的水运工程学院发射信号。最终，实验获得圆满成功，赵梓森也受到了厂领导的表扬。

尽管实验成功，但是赵梓森的内心并不满足。他认为，大气激光通信受外部环境影响严重。一旦遇到雨雪天气，大气激光通信就无法实现，因此实用价值有限。他心想："能否通过有线介质实现远距离的激光通信呢？"

赵梓森没有想到，接下来发生的三件事彻底改变了自己的命运。

第一件事是他在图书馆看到了华裔物理学家高锟博士在 1966 年发表的那篇光纤通信"创世论文"（见第 33 章）。这篇论文提到，如果玻璃纤维的损耗足够低，就可以用于通信。

第二件事是他得知中国科学院福建物质结构研究所启动了一个名为"723 机"的国家重点科研项目，而这个项目的主要目的就是研制光纤。

第三件事是他从国外的一些资料上看到，美国的康宁公司（Corning, Inc.）很可能已经"秘密"研制出了用于通信的光纤。

这几件事给赵梓森指明了方向。凭借敏锐的技术嗅觉，他认为光导纤维很可能是通信技术的未来发展趋势。

为了验证自己的判断，赵梓森专程前往福州，了解福建物质结构研究所的研究进展。此外，在北京参加邮电部科研规划会议期间，赵梓森还去清华大学找到刚从美国参观访问回来的钱伟长教授，打听光纤的最新研究成果。钱教授告诉他，美国的光纤通信研究已取得突破性进展，石英玻璃光纤的损耗已经降低到了 4 dB/km 以下。

掌握这些情况后，赵梓森果断向厂领导建议，将光纤研究纳入科研规划。

1974 年 8 月，赵梓森专门撰写了《关于开展光导纤维研究工作的报告》，并向领导做了详细汇报。在报告中，赵梓森首次提出了以"石英光纤作为传输介质、半导体激光器作为光源、脉冲编码调制作为通信制式"的技术方案。

这个方案在国家组织的一次"背靠背辩论"中，战胜了中科院、清华大学和成都电讯工程学院的方案，获得了有关部门的支持。不久后，光纤研制项目被列为国家"五五"计划的重点赶超科研项目。邮电部也将该项目列入邮电部十年科研规划，拨发经费予以支持。

就这样，赵梓森如愿开启了自己的"光纤梦"。

19.2　历经波折，首纤诞生

赵梓森在正式启动光纤的研究后，发现情况并没有想象中那么乐观。

当时，武汉邮科院除了赵梓森的光通信项目之外，还有院总工程师负责的毫米波项目。因为资源有限，武汉邮科院将毫米波列为最高优先级项目，给予重点支持，而赵梓森的光通信项目只能"靠边站"。

赵梓森的"实验室"是厕所边的一个化学用品清洗间。他的研究团队只有10 人，都是改制前的物理老师和化学老师，对石英了解甚少。

一开始，他们使用酒精灯加热原料，结果温度不够，原料毫无反应。后来，他们设计出石墨电炉，能够产生 1200℃的高温，但是原料仍无反应。于是，他们将石墨电炉的数量增加到 12 个，终于得到了一些白色粉末。结果，在化学分析之后，他们发现这些白色粉末是硅胶，不是石英。整个团队备受打击。

情急之下，赵梓森让团队成员黄定国到上海、沙市等地的石英厂找专家请教，才知道熔炼石英需要 1400℃～2000℃的高温，要使用氢氧焰。赵梓森赶紧带领团队设计熔炼车床，才算让实验步入了正轨。

后来，他们采用了贝尔实验室发明的改良的化学气相沉积法（modified chemical vapor deposition，MCVD），总算熔炼出了纯度超高的石英。他们还绘制了数百张图纸，利用旧车床和旧机械零件制造出一台光纤拉丝原型机。

1976 年，经过不懈的努力，赵梓森终于带领团队拉出了中国第一根石英光纤（见图 19-1），创造了历史。这是一根短波长的阶跃型光纤，长度为 17 米，损耗为 300 dB/km。

图 19-1 赵梓森及团队拉出中国首根光纤

在 1977 年举办的"邮电部工业学大庆展览会"上，赵梓森的"玻璃丝通信"大放异彩，获得了认可。很快，邮电部就将光纤通信列为国家重点项目。武汉邮科院的研究方向也整体转向了光通信。

中国光纤通信时代的序幕就此拉开。

19.3　蹒跚起步，摸索前行

拉出第一根石英光纤后，赵梓森并没有停止前进的步伐。他开始带领整个武汉邮科院对光纤及其制作工艺进行改进。与此同时，他们也启动了对通信机、激光器和测试仪表等一系列光通信配套产品的研发。

1979 年，在赵梓森团队的努力下，武汉邮科院拉出了第一根符合国际标准、具有实用价值的国产低损耗光纤。

进入 20 世纪 80 年代，武汉邮科院的 MCVD、PCVD 预制棒熔炼系统，以及骨架式光缆等，先后通过了部级鉴定和验收。这些科研成果打破了国外的技术壁垒，为中国光纤通信从理论走向现实奠定了基础。

1982 年 12 月 31 日，武汉邮科院成功在武昌和汉口之间开通了中国第一条采用光纤进行传输的光通信市话系统（因为限于 1982 年完成，所以也简称"八二工程"）。这套系统全长 13.3 千米，采用多模光纤、LED 光源，可以容纳120 路电路，传输速率为 8.448 Mbit/s。

"八二工程"完工后，赵梓森提出要发展速率更快的单模光纤。单模光纤的纤芯直径约为 8 μm，比多模光纤的纤芯（直径 50 μm）更细，生产难度也更大。起初，绝大多数专家反对研究单模光纤，因为他们认为单模光纤是做不出来的。但是没想到，仅仅一年之后，赵梓森和武汉邮科院就成功做出了单模光纤。于是，相关部门立刻改变规划，同意立项发展单模光纤。后来的事实证明，单模光纤确实是全球光通信行业的发展趋势。

1983 年，赵梓森被任命为武汉邮科院总工程师。1985 年，他又被任命为该院的副院长。这一年，国家开始推动国有科研院所的体制改革。作为邮电部直属的两大研究院之一，武汉邮科院也在改革之列。

当时，武汉邮科院获得的经费逐年减少，要求必须在 1990 年实现经济上的完全独立。1987 年，江廷林开始担任武汉邮科院的院长。在他的带领下，武汉邮科院将下属的激光通信研究所、固件器体研究所、光纤光缆研究部、市场经营部等若干部门调整组合为分别负责光电端机、光纤光缆、光电器件、无源器件的四个复合型经济实体。每个经济实体均按照高新技术企业的模式进行管理，各自具备科研、开发、生产和营销四大功能。

在这些改革举措的刺激下，武汉邮科院的科研能力和市场表现大幅提升，科研成果转化率达到 90% 以上。

在这一时期，武汉邮科院除了推动自身的体制改革之外，还积极谋求与国外企业的合作。1988 年 5 月，武汉邮科院与武汉信托、荷兰飞利浦公司合资，成立了一家光纤制造公司，名为长飞光纤。长飞光纤属于国内第一批生产光纤光缆的合资企业，后来逐渐成长为世界级"光纤巨头"。

值得一提的是，除了长飞光纤之外，武汉邮科院还先后向江苏吴江电缆厂和浙江富阳通信材料厂输出设备和技术。这两家企业就是今天的"亨通"和"富通"，同样是行业知名的光通信企业。

1985—1988 年，赵梓森带领武汉邮科院团队完成了我国第一条 34 Mbit/s 市内光缆通信系统工程，用于市话。这是国家"七五"重点攻关项目，是国内首次采用长波长光纤进行信号传输。

之后，赵梓森和武汉邮科院还完成了多个国家级重点光缆通信工程（见表 19-1）。

表 19-1　20 世纪八九十年代，武汉邮科院参与完成的部分国家光通信示范工程

年　份	工　程	地　点
1982	8 Mbit/s 光纤通信工程	汉口—武昌
1984	34 Mbit/s 光纤通信工程	汉口—武昌
1987	34 Mbit/s 光纤通信长途架空线路	汉口—荆州
1988	34 Mbit/s 单模光纤通信长途线路	扬州—高邮
1988	140 Mbit/s 单模光纤通信架空线路	汉阳—汉南
1990	140 Mbit/s 直埋光缆国家通信干线	合肥—芜湖
1992	565 Mbit/s 光纤通信长途国家通信干线	上海—无锡
1995	2.5 Gbit/s 光纤通信国家通信干线	海口—三亚
1998	8 × 2.5 Gbit/s WDM 光纤通信线路	青岛—大连
1999	32 × 2.5 Gbit/s WDM 光纤通信线路	沈阳—大连

20 世纪 90 年代，国家"八横八纵"骨干网的建设极大地刺激了光通信市场的需求。在这样的背景下，武汉邮科院不断加大对产品研发的投入，业绩持续增长，始终在国内光通信企业中处于领导地位。

1993 年，赵梓森及同事完成了京汉广工程，架设了当时世界上最长的架空光缆，长度为 3000 千米。这项工程打通了中国南北通信的大动脉，也结束了我国光通信一级干线被国外设备垄断的历史。

1995 年，武汉邮科院的产值达到 5.5 亿元人民币。同年，赵梓森当选为中国工程院院士。

1995—1999 年，赵梓森紧跟国际技术潮流，带领武汉邮科院推进了 SDH〔synchronous digital hierarchy，同步数字系列；用于替代 PDH（plesiochronous digital hierarchy，准同步数字系列）〕技术的研究和落地。他们先后推出了国产第一套 155 Mbit/s、第一套 622 Mbit/s 和第一套 2.5 Gbit/s SDH 光纤通信系统。后来，他们还推出了 8 × 2.5 Gbit/s、32 × 2.5 Gbit/s 波分复用系统。

19.4　烽火诞生，燎原华夏

1999 年 12 月 25 日，武汉邮科院的企业化改制迈出了一大步。他们联合

国内其他 10 家企业，共同成立了烽火通信科技股份有限公司（见图 19-2），简称烽火通信。

图 19-2　烽火通信科技股份有限公司的 logo

公司成立后，管理层严格按照现代企业制度的要求进行改革。在新机制的带动下，烽火通信的销售业绩直线攀升，产业规模迅速扩大。2001 年，公司主营业务收入突破 18 亿元人民币，同比增长 80%，净利润同比增长 50%。2001 年 7 月，烽火通信在上海证券交易所成功上市。

正当烽火通信的全体员工沉浸在上市的喜悦之中，准备大干一场的时候，外部市场环境发生了剧烈的变化。2001 年下半年，随着互联网泡沫的破灭，全球电信行业进入寒冬，光纤光缆的需求量大幅下滑。而此时的光纤光缆行业刚刚完成扩能增产，无疑是雪上加霜。

那时，行业产能过剩导致的恶性价格战此起彼伏。在短短两年时间里，国内的光纤光缆企业从高峰期的 200 多家减少到不足 50 家。

为了在寒冬中生存下去，烽火通信对自身的管理架构和市场策略进行了大幅调整，同时加强了对自主研发的投入。他们重新整合研发资源，把原传输产品部、软件产品部、系统设备制造部的机电中心以及中试中心等部门合并，组建了新光网络产品部，以增强研发实力。

在市场营销方面，他们也积极做出调整，组建了由纵向产品行销线、网络行销线和横向区域线构成的立体营销网络体系。他们还在北京设立市场总部，以便更好地满足运营商的差异化需求。

这些改革举措帮助烽火通信度过了最困难的时期。到了 2006 年左右，通信行业逐渐走出阴霾，开始进入复苏阶段。国家新一轮光通信网络建设也正式启动。光进铜退、FTTx、3G 等大型工程的持续推进，使得国内光通信行业迎来了发展最为迅猛的"黄金时期"。

烽火通信受益于内部改革和外部环境好转，迎来了爆发式的增长。2010年，烽火通信实现销售额 123 亿元人民币，比 1999 年增长了 12 倍。

19.5 携手大唐，组建信科

2011 年，武汉邮科院设立烽火科技集团有限公司，实行邮科院母公司层面的公司化改革。除了光纤通信技术与网络国家重点实验室、网锐实验室、研究生教育及后勤公司之外，邮科院将其经营实体全部平移到烽火科技集团。事实上，邮科院和烽火科技集团是"一套班子，两块牌子"，基本上可以等同。

2012 年，武汉邮科院（烽火科技集团）实现销售收入 168 亿元人民币，年增幅达到 20%。他们的光通信系统设备及光纤光缆的市场占有率位居国内前三；光器件产品排名国内第一；直放站和室内覆盖系统排名国内第二；光纤收发器排名国内第一。

此时的武汉邮科院已经由一个科研院所发展为中国领先、世界知名的信息通信领域产品和综合解决方案提供商，也是当时全球唯一集光电器件、光纤光缆、光通信系统和网络于一体的通信高技术企业。

2018 年 7 月，武汉邮电科学研究院有限公司与电信科学技术研究院有限公司实施联合重组。重组之后，两家公司并入了新成立的中国信息通信科技集团有限公司。也就是说，烽火与大唐合并，变成了"中国信科"（见图 19-3）。

图 19-3 中国信科的 logo

烽火从此进入了一个新的发展阶段。

19.6 结语

武汉邮科院是中国光通信事业的发源地，而赵梓森则是国内光纤通信技术的奠基人和开拓者。

在过去的几十年中，武汉邮科院准确把握住了改革开放带来的机会，成功完成了多次市场化改制，实现了制度和管理的创新，也激发了员工的创造力。从科研单位转变为集科研、生产、经营为一体化的现代企业，整个过程是坎坷且曲折的。但付出就有回报，一路走来，他们最终实现了凤凰涅槃，跻身于世界顶尖光通信企业之列。

作为新中国培养的第一批通信专业人才之一，赵梓森的人生具有明显的时代特色。

他的奋斗经历告诉我们，即便在艰苦的环境下，处于极低的起点，只要努力拼搏、持之以恒，就能实现"逆袭"。人生虽然存在很多偶然的成分，但只有努力了才会有成功的机会；不努力的话，就一点儿机会也没有。

以赵梓森为代表的老一辈中国通信人经过不懈努力，贡献了大量科研成果，建设了一个又一个里程碑式的工程，开创了中国通信行业的全新发展局面。最终，在星火传承之下，我们实现了通信技术的跨越式发展，构建了世界领先的现代化通信网络。

面对未来的市场竞争，希望有更多通信企业和通信人才站出来，传承中国通信事业的光荣传统和使命，实现更伟大的创新和突破。

参考文献

[1] 李木林，樊兴. 闪光的足迹——记中国工程院院士赵梓森[J]. 武汉文史资料，1999，(03)：24-26.

[2] 汪红霞. 10 年磨砺，烽火通信走在强企路上[J]. 通讯世界，2009，(12)：58-60.

[3]　汪红霞. 烽火通信光纤光缆：在竞争中走向成熟——访烽火通信科技股份有限公司副总裁 熊向峰[J]. 现代传输，2008，(01)：11-13.

[4]　项耀汉，李琳，黄维佳. 踏遍青山人未老——专访中国"光纤之父"赵梓森院士[J]. 中国高新区，2007，(03)：10-14.

[5]　周鹏. 赵梓森：中国光纤之父[J]. 中国高新科技，2020，(01)：14-16.

[6]　应思远. 赵梓森院士自大情绪特质的心理传记学研究[D]. 武汉：华中师范大学，2017.

[7]　通信实习生. 烽火，专注光传输 50 年[EB/OL]. 通信实习生. (2020-08-09).

[8]　于尚民. 60 年光通信，厚积薄发[EB/OL]. 通信产业网. (2009-09-07).

第 20 章

大唐：中国邮电科研的先行者

新中国刚成立时，邮电科研力量还很薄弱。1956 年，全国共有 18.33 万名邮电职工，而真正从事邮电科学研究的技术专家只有 10 人。即便将全国的邮电工程师加起来，也只有 332 人。

这个情况引起了国家的重视，重点加强邮电科研力量很快被提上了日程。

20.1 邮电科研，多点开花

1957 年 4 月，邮电部邮电科学研究院在北京正式成立，由无线电通信工程专家卢宗澄担任院长。该研究院设有载波、微波、市话、电报等多个部门，还有自己的实验室和工厂，专门从事邮电科学研究和科技情报分析工作。

实际上，早在 1957 年 3 月 13 日，邮电部就从上海邮电管理局所属单位抽调了一批工程师，在上海平江路 48 号成立了邮电部上海电信研究所。不过，这个研究所的规模稍小，只有无线、市话、长途通信三个研究组，工程技术人员 30 余人，主要开展微波、短波、纵横制交换机等项目的研究工作。

1959 年 4 月，上海电信研究所更名为上海邮电科学研究所。8 月，该研究所联合上海自动电话厂和上海市内电话局，成功研制出了国内第一部纵横局用自动电话交换机，定名为 SAA 型。12 月 16 日，SAA 型在吴淞电话分局正式开通试验局，容量为 1000 门，割接用户达 450 户。

1965 年 3 月，上海邮电科学研究所从邮电部邮电科学研究院和上海市邮电管理局双重领导改为邮电部邮电科学研究院直接领导，更名为邮电部第一研究所（以下简称"一所"）。

几乎与此同时，邮电部第四研究所（以下简称"四所"，以微波研究为主）和第五研究所（以下简称"五所"，以有线传输研究为主）分别于 1964 年和 1965 年在西安和成都创建，同样归邮电部邮电科学研究院领导。

就这样，我国逐渐形成了以邮电部邮电科学研究院为中心的、较为完整的邮电技术科研体系（见图 20-1）。

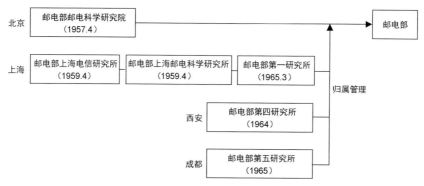

图 20-1　我国的邮电技术科研体系

在此期间，邮电科学研究院的科研成果也较为突出。1964—1966 年，他们陆续研制出 600 路电子管微波、载波终端、数据传输等设备，为我国的邮电和国防通信事业做出了重要贡献。

1970 年，邮电部撤销，分别成立了邮政总局（划归交通部管理）和电信总局（划归军队管理）。邮电科学研究院及下属单位，有的划归交通部，有的划归通信兵部，还有的直接被撤销了。例如，"一所"就被整建制撤销，原址改为制造短波无线通信设备的工厂。

1973 年，邮电部恢复，邮电科学研究院的编制也开始还原。在这期间，邮电科学研究院还有几个下属研究所陆续成立，例如 1969 年在西安成立的第十研究所（以下简称"十所"），以及 1972 年在北京成立的数据通信科学技术研究所等。

1974 年，邮电科学研究院联合"五所""六所"等单位，共同成功研制出了中同轴电缆 1800 路载波通信系统并通过了国家鉴定。1975 年，"十所"成功研制了终局容量为 6000～12 000 线的 JT801 型长途电话自动交换设备。这些都是我国 20 世纪 70 年代比较有代表性的技术成就。

20.2　程控交换，开启局面

改革开放之后，国内经济迅速复苏，人民群众对电话等通信基础服务的需求逐步攀升。为了满足这些需求，各地邮电局开始采购大量程控交换机。

由于国内尚不具备大容量数字程控交换机的自主研发能力，所以那时的市场基本上由国外产品垄断，并逐渐形成了"七国八制"的局面。

为了弥补这方面的技术差距，邮电部邮电科学研究院的下属院所开始集中力量，进行数字程控交换机的重点研发。1986 年 9 月，"一所"成功研制了 2000 门市话数字程控交换机（DS-2000）并通过国家鉴定。1988 年 1 月，"十所"紧随其后，成功研制了 1024 线的数字程控长途交换机（HJD-1024）并通过国家鉴定。1989 年底，在邮电部的组织和协调下，"一所"和"十所"合作，成功研制出支持 1 万门市话和 8000 门长途的长市合一型中大容量数字程控交换机。1991 年，"十所"研制成功中大容量的长市农合一程控数字交换机（DS-30）并通过国家鉴定。但是出于种种原因，这些数字程控交换机在研制成功之后并没有落地商用。

1991 年 10 月，邬江兴研发成功了中国第一款万门数字程控交换机——HJD04-ISDN（也就是著名的"04 机"）。后来，中兴和华为也分别推出了 ZXJ10 和 C&C08。这些产品的问世，意味着国产数字程控交换机开始了全面崛起。

为了把握市场商机，邮电科学研究院开始考虑对"十所"的 DS 系列产品进行商业化。凑巧的是，加州理工学院的物理系博士朱亚农在美国创办了国际电话数据传输公司（International Telephone and Teledata, Inc., ITTI），并且提出了一套容量最高达百万门的程控交换机方案，想回国寻找合作机会。于是，双方一拍即合。1993 年，他们合资成立了西安大唐电信有限公司（朱亚农担任总经理），进行 SP30 数字程控交换机的开发。

1993 年，邮电科学研究院还发生了一件大事。邮电部决定对邮电科学研究院进行改革，把邮政与电信分离，把软科学研究与硬设备开发分离。分离的结果就是，邮电部邮电科学研究院一分为三，分化为电信科学技术研究院、邮政科学研究规划院和电信科学研究规划院（见图 20-2）。

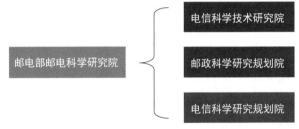

图 20-2　邮电部邮电科学研究院一分为三

邮政科学研究规划院属于邮政体系，和电信业务无关，这里就不介绍了。电信科学研究规划院，由原邮电部规划研究院、电信传输研究所、科技情报研究所、经济技术发展研究中心和计量中心五个单位共同组建而成，后来成了大名鼎鼎的"信通院"（中国信息通信研究院，见图 20-3）。

朱亚农博士将硅谷的先进管理理念引入西安大唐，使得这家公司获得

图 20-3　信通院办公大楼

227

了快速的发展。经过两年的努力，西安大唐 SP30 超级程控交换机顺利研发完成。1995 年 6 月，该产品通过国家鉴定，随即进入市场。当时知名的国产数字程控交换机如表 20-1 所示。

表 20-1　国产数字程控交换机的代表

厂　　商	型　　号
大唐	SP30
巨龙	HJD04
华为	C&C08
中兴	ZXJ10
金鹏	EIM601
南方电信集团	HAX-SP1

相对于竞争对手的产品，SP30 的技术更为先进，集成度更高，功耗也更低。因为大唐是邮电部下属研究所的合资公司，所以在市场推广时也有优势。1997 年，西安大唐 SP30 的销售突破 90 万线，营收超过 4 亿元人民币。

20.3　推动改制，成功上市

在西安大唐成立之后，电信科学技术研究院还发起成立了多家子公司。1994 年 1 月 20 日，电信科学技术研究院成立了专门从事数据网络产品研究的大唐高鸿数据网络技术股份有限公司（简称大唐高鸿）。1995 年 11 月，电信科学技术研究院与留美学生陈卫创建的 Cwill 公司合资，组建了专门从事无线通信技术研究的北京信威通信技术有限公司（简称大唐信威，陈卫担任总经理）。1996 年初，电信科学技术研究院邀请刚回国的魏少军博士创办了集成电路设计中心。这些子公司后面会发生很多故事，我们稍后介绍。

1998 年 3 月，邮电部再次撤销，信息产业部成立。邮电部电信科学技术研究院也变成了信息产业部电信科学技术研究院。

这一年，基于 SP30 交换机取得的成功，电信科学技术研究院筹划在西安

大唐的基础上组建上市公司——大唐
电信（见图 20-4）。

图 20-4　大唐电信的 logo

1998 年 8 月 7 日，大唐电信 A 股
股票在上海交易所发行。9 月 21 日，电信科学技术研究院联合 13 家单位，共
同成立了大唐电信科技股份有限公司。10 月 21 日，大唐电信在上交所挂牌上
市，股票代码为 600198。

为了组建"大唐电信"，电信科学技术研究院可以说"下了血本"。他们把
下属的软件研究开发中心和集成电路设计中心分别转变为大唐电信的软件分
公司和微电子分公司；"四所"投入的与微波通信系统相关的经营性净资产，
转变为西安分公司；"五所"投入的与光通信系统相关的经营性净资产，转变
为成都分公司；西安大唐则直接成为大唐电信持股 99% 的控股子公司。

当时，作为国内最大的电信技术研究机构，电信科学技术研究院共有员
工 6400 余人。除了涉及大唐电信的"四所""五所""十所"、软件研究开发中
心和集成电路设计中心之外，电信科学技术研究院还保留了技术实力最强的
"一所"（以卫星和无线通信为主要研究方向）、半导体研究所、数据通信研究
所、仪表研究所。

1999 年，国家鼓励国有科研机构进行市场化转制。信息产业部下属的各
大研究机构也有对应的转制安排。1999 年，电信科学技术研究院整体转制，
组建了大唐电信科技产业集团。2003 年，大唐电信科技产业集团由信息产业
部划归国资委直接管辖，成为标准的央企。

20.4　魂断 TD，走入低谷

1993 年 9 月，中国首个 GSM 系统在浙江嘉兴成功商用，从此掀起了建设
GSM 移动通信网络的热潮。

当时，国内在移动通信方面实力最强的是电信科学技术研究院旗下的"一

所"。早在 1982 年，他们就研发出了国内第一套传输速率达 150 Mbit/s 的无线电话系统。在欧洲推出 GSM 之后，他们针对这项技术进行了跟进研究。紧随其后的是华为和中兴，他们与"一所"处于暗自较劲的状态。

1998 年 9 月，大唐的 GSM 产品率先完成生产定型并获得入网许可证。两个月后，华为也完成了产品定型。

值得一提的是，除了 GSM 之外，大唐还进行了 CDMA 技术的自主研发。

1996 年 6 月 13 日，西安大唐 SP30 移动交换机与摩托罗拉 CDMA 基站系统连接成功，打通了电话。这标志着第一台国产移动交换机的诞生。后来，西安大唐将移动交换机平台专门命名为 M30。1999 年 4 月 13 日，大唐推出 CDMA 移动交换系统 M30-C/HLR-C，并且通过了信息产业部的生产定型鉴定。

在研究 2G 技术的同时，大唐也盯上了 3G。

20 世纪 90 年代中期，ETSI 在 GSM 的基础上研究出了 UMTS。西门子则研发出了 TD-CDMA。在竞争 3G 标准时，西门子的 TD-CDMA 落败，处境尴尬。后来，TD-CDMA 被电信科学技术研究院买下，并结合自身的智能天线技术（大唐信威的 SCDMA 技术）整合成了 TD-SCDMA。

1998 年 6 月 29 日，电信科学技术研究院将 TD-SCDMA 作为中国的 3G 标准提案交给了国际电信联盟。经过一番博弈，2001 年 3 月 16 日，TD-SCDMA 成功地成为国际电信联盟的三个 3G 标准之一。

为了推动 TD-SCDMA 的产业化，2002 年 2 月 8 日，大唐专门注册成立了大唐移动通信设备有限公司（简称大唐移动）。

进入 21 世纪之后，程控交换机市场迅速衰落，移动通信和光通信技术崛起。因为研发资源分散、技术力量不足，大唐电信未能及时推出有竞争力的新产品，导致市场占有率大幅下滑，公司经营一度陷入困境。2005 年，因为涉嫌虚假信息披露行为，大唐电信还被证监会立案调查，引起了一场不小的风波。

此时的大唐更加寄希望于 TD-SCDMA。在董事长周寰的主导下，大唐集中内部的所有力量和资源，全部投入到了 TD-SCDMA 的研发和推广中。

往后的故事可以参考第 3 章。最后的结果就是，TD-SCDMA 如愿成为中国移动的 3G 标准，帮助大唐经历了几年的风光。但是，因为 TD-SCDMA 的建网效果不如人意，在国内 4G 商用后（2014 年）很快被中国移动抛弃，早早地退网了。

随着 TD-SCDMA 退网，大唐又开始了下坡路。2016 年，大唐电信的业绩出现雪崩级下跌，巨亏 18 亿元人民币；2017 年，亏损更是扩大为 28 亿元人民币。因为连续两个会计年度经审计的净利润为负值，大唐电信戴上了 ST（special treatment，特别处理）的帽子（这是大唐电信继 2007 年后的第二次"戴帽"），濒临退市。

2018 年，大唐电信通过变卖资产等方式带来了非经常性收益，实现净利润 5.8 亿元人民币（如果扣除变卖资产的收益，净利润是 –11.1 亿元人民币），勉强度过了危机。

2018 年 7 月，电信科学技术研究院（大唐）与武汉邮电科学院（烽火）合并重组，成立了中国信息通信科技集团有限公司（简称中国信科）。

2019—2021 年，大唐电信继续亏损。根据财报数据，大唐电信 2021 年的营业收入为 13.11 亿元人民币，归属上市公司股东的净利润是 –5095 万元人民币，形势依旧严峻。

20.5 旗下产业，命运殊途

介绍完了大唐电信，我们再看看大唐电信科技产业集团旗下另外几家子公司的命运。

首先是大唐信威。

大唐信威于 1995 年成立，早期是专门做 WLL（wireless local loop，无线本地环路）接入技术的。SCDMA 是在 WLL 基础上的进一步演进成果，俗称"大灵通"。大灵通和小灵通非常类似，用户看似通过无线接入，但实际上接入的还是固定网络的程控交换机。

1998 年，大唐信威建成了三个 SCDMA 试验网，当年就实现了 4000 万元人民币的销售额。后来，大唐信威的市场份额进一步扩大。1999 年，大唐信威实现了 7000 多万元人民币的销售收入。正当 SCDMA 准备高速发展的时候，大唐信威内部出现了严重的问题。大唐信威的管理层打算独立上市，而大唐集团更希望将大唐信威注入大唐电信。于是，双方发生了激烈冲突。

最终，冲突以大股东大唐集团罢免陈卫的总裁职务结束。大唐信威内部的纷争导致 SCDMA 被运营商放弃，转而选择了小灵通。后来，因为 3G 牌照发放，加上手机资费下降，大灵通和小灵通都被市场淘汰，大唐信威也随之没落。

2009 年，大唐信威被大唐集团卖给私人，变成了民营公司——信威集团。

再看看大唐高鸿。

大唐高鸿现在的曝光率很高，我们经常在新闻报道上看到它的名字。这家公司早期主要以数据网络产品起家，2003 年变成高鸿股份。

近年来，高鸿股份的业务以 IT 销售为主。因为在 C-V2X 领域有较强的技术积累，高鸿股份的发展势头不错。2021 年，高鸿股份的营收是 85.48 亿元人民币，净利润 1536 万元人民币。

最后重点说说大唐的芯片业务。

前文提到，大唐在 20 世纪 90 年代就建立了自己的集成电路设计中心。1998 年，集成电路设计中心变成了大唐微电子，由清华教授魏少军带队，专门从事集成电路设计。同年 12 月，他们成功设计并研发了具有自主知识产权的第一枚国产公用电话 IC 卡，引起了行业轰动。

后来，魏少军和大唐微电子开始涉足 SIM 卡领域。1999 年 11 月 17 日，大唐电信 GSM 手机专用 SIM 卡芯片研制成功，打破了多年来中国 SIM 卡领域被国外垄断的局面。2000 年 10 月，大唐电信又成功研制出具有全部自主知识产权的移动通信 CDMA 手机专用 UIM 卡芯片。

2001 年底，魏少军被委以重任，担任大唐电信的总经理。2005 年，出于业绩不佳等种种原因，魏少军离职，回归学术。那时的大唐微电子主要在身份证、智能 IC 等业务上维持一些市场份额。

2014 年之后，大唐电信曾经将芯片设计作为自己的重点研究方向。他们发起成立了大唐半导体设计有限公司，整合旗下芯片产业。当时，芯片收入占大唐电信总营收的 36%，是其第一大收入来源。

值得一提的是，大唐电信于 2008 年成立了一家名叫联芯科技的公司。这家公司曾经被行业寄予厚望，与展讯（现在的紫光展锐）并称中国国产手机芯片的"双子星"。2017 年 5 月，联芯科技与高通合资成立瓴盛科技，曾经引起紫光展锐的强烈反对，双方大打"口水战"。

除了大唐微电子、大唐半导体、联芯科技之外，大唐还和恩智浦合资成立了大唐恩智浦半导体。限于篇幅，就不再介绍了。

20.6　结语

一直以来，人们喜欢把华为和中兴放在一起比较，把烽火和大唐放在一起比较。

确实，烽火和大唐有很高的相似度：都是国有科研院所出身，经历了企业化改制，最终成为通信设备商。但是，从具体表现来看，大唐的情况远远不如烽火。要知道，烽火起初只是一个地方研究所，而大唐则是下辖多个地方研究所的大研究院，可以说是"家大业大、兵强马壮"。

坐拥如此庞大的家业，大唐为何落得现在这样的局面？原因真的引人深思。

不管怎么说，改革的过程就是这样，有成功，也有失败。激烈的市场竞争，变幻莫测的市场行情，还有日新月异的发展趋势，总是让很多企业猝不及防，折戟沉沙。

大唐有过辉煌的历史，也为中国通信事业做出过不可磨灭的贡献。不管它未来的命运如何，都值得我们尊敬。目前，大唐仍有不少优质资产，在 5G、云计算、芯片等领域还有很多自主知识产权，研发能力也不容小视。希望这家具有悠久历史的老牌民族通信企业能够尽快走出阴霾，重振往日雄风。

参考文献

[1] 上海通志编纂委员会. 上海通志[M]. 上海：上海人民出版社. 2005.

[2] 古松，杨海玉，舒文琼等. 北邮人——中国通信业五十年见证[J]. 通信世界，2005，(37)：17-39.

[3] 张欣. 大唐：延续民族的辉煌[N/OL]. 计算机世界，2000-09-25.

[4] 唐金燕. 资产负债率高企 大唐电信疑似年末"保壳"？[EB/OL]. 中国经营报. (2019-12-28).

[5] 通信实习生. 大唐——渐行渐远的国家队[EB/OL]. 通信实习生. (2020-08-02).

第 21 章
上海贝尔：亲历改革的探索者

21.1　特殊背景，特殊公司

20 世纪 80 年代初的中国，改革开放刚刚起步，百废待兴。为了尽快改变通信工业严重落后的局面，缓解通信基础设施落后对经济建设的制约，中国必须加快引进国外的先进通信技术，尤其是急需的程控交换技术及设备。于是，邮电部派出了海外考察团，前往美国、日本、英国、法国和比利时等国，寻找有合作意向的公司。

当时，技术引进最主要的困难来自"巴统"的封锁和限制。由于我们坚持"技术必须最新，生产必须国产化，中方必须控股"的原则，大部分合作谈判遭到了对方的拒绝。

唯一没有彻底拒绝我们的，是比利时贝尔公司。于是，邮电部把比利时贝尔公司和比利时政府作为突破口，与其展开了为期数年的谈判。功夫不负有心人，1983 年 7 月 30 日，中比双方最终正式签订了合营合同。1984 年 1 月 1 日，上海贝尔电话设备有限公司正式成立，简称为上海贝尔。

上海贝尔是中国高新技术领域的第一家中外合资企业。在公司成立之初，隶属邮电部的中国邮电工业总公司占股 60%，比利时贝尔公司占股 32%，比利时王国合作发展基金会占股 8%。这个股权架构在之后的 18 年里一直没有什么变化。因为是中方控股、中方决策，所以上海贝尔一直被看作国企。

值得一提的是，比利时贝尔公司和大名鼎鼎的美国贝尔电话公司有着深厚的历史渊源。它的前身是 1879 年在比利时布鲁塞尔成立的国际贝尔电话公司，而国际贝尔电话公司是美国贝尔电话公司的欧洲子公司。国际贝尔电话公司的创立者就是美国贝尔电话公司的第一任总裁——加德纳·格林·哈伯德（Gardiner Greene Hubbard）。他既是电话发明人亚历山大·贝尔的岳父，也是其合伙人。

上海贝尔成立后，首要任务就是引进比利时贝尔公司的 S12 数字程控交换机技术及生产线。1985 年 10 月 1 日，上海贝尔的 S1240 程控交换机生产线宣告投产，是我国第一条程控交换机生产线。1986 年，我国第一个 S1240 程控交换局在安徽合肥正式开通。

比利时贝尔的程控交换机技术在当时处于世界领先水平。S1240 的国产化彻底打破了西方国家对中国的通信技术封锁，大幅拉低了当时居高不下的程控交换机价格，为中国节省了大量外汇。

除了数字程控交换机技术之外，上海贝尔还引进了 3 微米专用大规模集成电路生产线。1992 年 2 月 10 日，改革开放的总设计师在南方谈话期间专门视察了上海贝尔 S12 专用大规模集成电路生产厂。

21.2 盛极必衰，危机四伏

整个 20 世纪 90 年代都是上海贝尔的高光时刻。

1993 年，由上海贝尔自主研发的七号信令版本（CDE5X）通过邮电部的全面验收和测试，让中国得以首次在核心通信技术领域实施自己的技术标准，为中国建设大规模通信网络奠定了基础，意义深远。1993 年 9 月 18 日，由上海贝尔和法国阿尔卡特共同承建的中国第一个全数字 GSM 900 MHz 移动通信系统在浙江嘉兴开通，被载入史册。

1994 年 12 月 21 日，上海贝尔与阿尔卡特签订合营合同，成立上海贝尔阿尔卡特移动通信系统公司，主要经营 GSM 移动通信业务。

随着时间的推移，上海贝尔的经营业绩开始下滑。

当时的中外合资企业有一个难以回避的问题，那就是能否掌握核心技术。虽然很多合资企业拥有国外股东的知识产权授权，但是碰不到核心技术（产品最重要的部分永远放在国外研发），形成不了独立研发能力。S1240 虽然给上海贝尔带来了巨大的利润，但也麻痹了上海贝尔的神经。在 20 世纪 90 年代的"黄金十年"里，上海贝尔过于依赖引进技术，没有及时建立完善的自主研发体系，也没有形成自主研发能力。

与此同时，通信行业正在发生巨变。行业的发展重点从固话通信转移到了移动通信。传统固定电话业务逐渐走向衰落，而以 2G 为代表的移动通信开始崛起。除了 S1240 之外，上海贝尔的大部分产品缺乏竞争力，在宽带和移动通信业务领域的市场份额更是惨淡。于是，上海贝尔的业绩不可避免地出现了下滑。

外部环境的变化还体现在上海贝尔的股东组成上。

当时，中国正在进行轰轰烈烈的电信业第一次重组，在邮电部和电子工业部的基础上组建了信息产业部。在整合的过程中，上海贝尔的中方股东由邮电工业总公司变为中国华信邮电经济开发中心。外方股东也发生了改变：因为比利时贝尔公司被法国阿尔卡特集团收购，所以比利时贝尔所拥有的 32% 股权也归了阿尔卡特。

进入 21 世纪，受全球金融危机及互联网泡沫破碎的影响，通信行业陷入全面衰退。欧美通信设备商风光不再，北电、朗讯、爱立信和阿尔卡特全部出现巨额亏损。在全球市场普遍低迷的情况下，中国市场却表现出了较为强劲的增长势头。于是，阿尔卡特决定将中国作为业绩增长的新支点，大幅增加在中国的投资。

阿尔卡特的目光很快落在上海贝尔的身上。上海贝尔拥有宝贵的渠道资源和客户关系（毕竟有国企背景），能带来稳定的销售业绩和利润。上海贝尔的管理层也希望更多地利用阿尔卡特的资源，提升自身的实力。2002 年 7 月，经过多轮谈判，上海贝尔、阿尔卡特（中国）有限公司、上海阿尔卡特移动通信系统有限公司宣布合并，实施转股改制，成立了上海贝尔阿尔卡特股份有限公司。

虽然公司的中文名称是上海贝尔在前，但英文名称却是阿尔卡特在前：Alcatel Shanghai Bell Co., Ltd，简称为 ASB。在这项交易中，阿尔卡特集团买断了比利时政府拥有的 8% 股份，又从中方股东手中收购了 10% 加 1 股的股份，从而拥有了全部股权的 50% 加 1 股。

请注意这个"1 股"，它的意义远远超过了面值。有了这 1 股，阿尔卡特占股超过 50%，可以将新公司的营业收入计入在欧洲上市的集团的财报；而放弃这 1 股，上海贝尔得到的是阿尔卡特的承诺：将在中国设立其亚太研发中心。此外，阿尔卡特的全球技术库也将面向新公司开放，而且新公司所获专利全部归新公司自己所有。

合并后的上海贝尔阿尔卡特并没有迎来期望中的业绩飞跃。恰好相反，受累于阿尔卡特在经营策略上的屡屡失误，上海贝尔阿尔卡特频频错失商机，以致业绩逐年滑坡，市场份额急剧缩水。2006 年 12 月 1 日，法国阿尔卡特与美国朗讯这对"难兄难弟"正式合并，组成了阿尔卡特朗讯。此后，阿尔卡特朗讯将其在中国地区的业务全部整合至上海贝尔阿尔卡特旗下。

2009 年 1 月 8 日，也就是中国 3G 牌照发放的第二天，上海贝尔阿尔卡特正式更名为上海贝尔，并启用新的标识。公司的法定英文名称则由 Alcatel Shanghai Bell Co., Ltd.变更为 Alcatel-Lucent Shanghai Bell Co., Ltd.，简称依然是 ASB。

改名并没有改变公司的命运。在华为、中兴等竞争对手的强大攻势之下，上海贝尔的业绩继续下滑。2015 年 4 月 15 日，诺基亚宣布以 156 亿欧元（约 166 亿美元）的价格收购阿尔卡特朗讯，新公司将采用诺基亚的品牌。2015 年 8 月 28 日，诺基亚宣布与中国华信签署《谅解备忘录》，双方将成立一家合资公司，拥有的资产包括阿尔卡特朗讯持有的所有上海贝尔股权，同时也将整合诺基亚在中国的电信设备业务。

2017 年 6 月，上海贝尔总部公司大楼的招牌被正式撤下。这家成立 33 年的"国资委直属，中国高科技领域第一家外商投资股份制公司"至此不复存在。

取而代之的，是上海诺基亚贝尔股份有限公司（见图 21-1）。

图 21-1　上海诺基亚贝尔股份有限公司的 logo

21.3　结语

上海贝尔的诞生有深刻的历史背景。在特定的历史时期，它为中国的通信基础设施建设做出了不可忽视的贡献。然而，早期的种种客观原因导致其错过了宝贵的机遇，最终被竞争对手甩在身后。

21 世纪之后的上海贝尔，股权关系频繁变动，直至被诺基亚接手才趋于稳定。如今的上海诺基亚贝尔在本质上就是诺基亚的中国分公司。在新兴的 5G 建设热潮中，希望能更多地看到他们的身影！

参考文献

[1] 吴基传，奚国华. 改革开放创新：上海贝尔发展之路[M]. 北京：人民出版社. 2008.

[2] 袁欣. 上海贝尔：成长之路[J]. 世界通信，2008，(41)：26-27.

[3] 金朝力，石飞月. 通信"网红"上海贝尔使命终结[N/OL]. 北京商报，2017-06-30.

[4] 刘培钰. "流水的老外，铁打的袁总"：上海贝尔 30 年往事[N/OL]. 人民邮电报，2018-12-10.

[5] 人民网. 上海贝尔：从引进到自主创新 中外合资企业探新路[EB/OL]. 搜狐. (2018-08-31).

第 22 章

巨龙通信：打破垄断的时代先驱

本书前面的参考文献中曾多次提到"巨大中华"。

"巨大中华"实际上指的是四家中国通信企业："中华"是大家很熟悉的中兴和华为；"大"应该也不难猜到，就是大唐；那么，最后这个"巨"指的是谁呢？

我相信，知道答案的人不会太多，尤其是年轻人更鲜有耳闻。

不知道也很正常，因为"巨"是这四家公司里最早没落的。早在 20 年前，"巨"就已经偃旗息鼓，淡出了人们的视野——它就是巨龙通信（Great Dragon Telecom）。

22.1 巨龙崛起，民族骄傲

中国开始改革开放之后，日益复苏的经济带来了旺盛的通信需求。当时国内的通信基础设施极为落后，根本无法满足这些需求。于是，各省纷纷自主引进国外的程控交换技术，发展程控电话网络，最终形成了"七国八制"的混乱局面。

眼看国外企业大肆瓜分市场，赚得盆满钵满，国内企业坐不住了，纷纷开始启动程控交换机的自主研发。然而，自主研发的难度很大，尤其是万门大容量程控交换机的研发，国内迟迟无法获得突破。

最终，一位来自军校的计算机科学家打破了僵局。他就是后来被誉为"中国万门交换机之父"的通信行业传奇人物——邬江兴。

1953 年 9 月出生于浙江嘉兴的邬江兴 16 岁就参军入伍，在大别山的山沟里当坑道工程兵。17 岁时，他被选拔到南京军区某部，当数据录入员。1974 年 8 月至 1978 年 7 月，邬江兴在解放军洛阳外国语学院学习。1982 年，29 岁的邬江兴本科毕业于中国人民解放军工程技术学院计算机科学与工程专业。

虽然邬江兴的毕业时间较晚，但他其实很早就参与了科研项目。资料显示，邬江兴在 20 世纪 70 年代就参加了我国第一台集成电路计算机的研发并担任内存储器调试组长。1974—1978 年，他参与了 J103 型计算机（运算速度达每秒百万次）的研发。1980—1984 年，邬江兴作为总设计师主持了大型分布式计算机系统 GP300 的研发。GP300 是中国当时最快、最大的计算机系统，运算速度达每秒 5 亿次。

1985 年，学院的领导看到程控交换机市场的巨大前景，建议邬江兴也试试看。于是，邬江兴带领团队里的 15 个年轻人，找学校借了 15 万元启动资金，投入到程控交换机的研发工作中。没过多久，邬江兴的团队成功研发了一台 1200 门的 G1200 程控样机。后来，他们又成功研发了 2000 门的 HJD03 程控样机，逐渐在行业里打响了名气。

当时，中国邮电工业总公司得知邬江兴在研发程控交换机，很快找上门来，表示愿意投资 600 万，帮助邬江兴研发容量更大的数字程控交换机。邬江兴及团队另辟蹊径，抛开了传统的交换机架构，从封存的大型计算机系统中寻找灵感。功夫不负有心人，他们在 1991 年成功研制出了具有完全自主知识产权的万门数字程控交换机 HJD04-ISDN，并于当年 11 月通过邮电部的鉴定。这就是著名的 04 机。

04 机的成功震惊了海内外。它不仅填补了国产万门程控交换机的空白，还在性能上一举超越了国际领先的外国同类型产品。04 机的忙时处理能力以极大的优势打破了德国西门子公司创造的世界纪录，并且继续保持了该纪录 4 年之久。

04 机在当时被中国人骄傲地称为"中华争气机"，是我国在程控交换技术方面取得的重大突破，从根本上扭转了我国电信网现代化建设受制于人的被动态势，为我国通信网络的快速现代化和成为全球最大规模的信息通信基础网做出了巨大的贡献。

22.2 商业失败，走向落寞

产品研发出来了，当然要尽快投入市场。邬江兴及研发团队采用的是"授权生产"的方式：他们以自己所在的研究中心为核心，向 14 个国有单位（包括洛阳 537 厂、北京 738 厂、杭州 522 厂等）进行技术授权，另有 8 家企业提供配套设施，以此形成了一个产业群。

这种分散的管理架构给巨龙后来的失败埋下了伏笔。

当时，中国的电话市场呈现出井喷的增长态势。04 机性能优越、价格合理，使用起来也很方便（操作和维护人员只需要两周的培训就可以上岗），因此受到了各地电信局的广泛欢迎。但是，04 机分散授权的方式导致生产厂家之间形成了激烈的"内斗"。在设备招标时，经常有多个 04 机生产厂家同时竞标，开展互相压价的恶性竞争。过于分散的企业未能形成合力，不仅导致企业规模无法增长，而且在原材料采购方面也各自为战，内耗严重。

为了改变这一局面，几家生产 04 机的企业联合起来，在 1995 年共同组建了巨龙通信设备（集团）有限公司，由邬江兴担任董事长。不幸的是，巨龙的成立并没有改变企业内部一盘散沙的现状。在董事会和股东会上，资本方、技术方、债权方和供货方的利益代表经常发生争执，角逐利益。公司的管理制度和流程也朝令夕改，常常自相矛盾。在这样的情况下，公司员工自然无心上班，每天都在研究权力斗争和拉帮结派。

除了公司管理上一片混乱，04 机产品本身也出了一些问题。1996 年 1 月 1 日零点后，十几台正在运行的 04 机突然出现了不同程度的故障。之后 7 个多月的停产调查严重影响了公司的业务。竞争对手利用这一时机，很快超越巨龙，跑到了前面。

1996 年，巨龙开始了第一次资产重组，希望解决企业管理和企业文化方面的问题。重组虽然调整了内部股本比例和管理层结构，但仍然没有解决技术存在缺陷、管理混乱、资金不足等关键问题。

1998 年，巨龙制定的国际市场三年计划提前完成，把 04 机卖到了朝鲜、俄罗斯、古巴、巴基斯坦等多个国家，出口额达到 1000 多万美元。也就是这一年，随着大唐集团的成立，"巨大中华"格局终于成形。

然而，这也是巨龙最后的辉煌了。1999 年，军队不许经商的政策导致了有军队背景的技术团队退出，给巨龙带来重创。6 月，巨龙的灵魂人物邬江兴辞去董事长职务，回到大学担任信息技术研究所所长（于 2003 年当选中国工程院院士）。失去核心领导者的巨龙，情况雪上加霜。这一年，巨龙不得不进行了第二次重组。在这次重组中，普天集团（前身是中国邮电工业总公司）将两个厂整体投入巨龙，从而获得了 81% 的直接控股比例。尽管普天集团有如此高的控股比例，但是小股东依旧可以影响企业决策。因为小股东提出，股东会决议必须获得 90% 以上的表决支持才能施行。这种在其他企业看起来不可思议的局面，后来竟然"合法"存在达两年之久。

在这种情况下，巨龙面对彻底衰败已经"无力回天"了。随着时间的推移，回款危机、供货迟缓、人员流失等问题陆续爆发，巨龙最终坠入深渊。

2001 年，中国普天集团代表巨龙公司全体股东与战略投资者邦盛签订了投资协议。次年 2 月，重组工作小组出台了巨龙重组的一揽子应急解决方案，后被称为"ABCD 方案"。然而，这一切努力最终未能改变巨龙的命运，巨龙渐渐消失在了人们的视野中。

如今，虽然大家还能够在网上搜索到"巨龙"这个名字，但很难说清楚这些"巨龙"和当年的巨龙有多少关系。按行业内的共识，"巨大中华"里的那条巨龙在 20 年前就已经"死掉"了。

22.3 结语

毫无疑问，巨龙、04 机、邬江兴这几个名字在中国现代通信史上占有举足轻重的地位。

04 机是中国通信产业取得的第一个重大成就。它的出现给当时的中国通信行业注入了信心：中国人也可以研发出世界领先的通信科技产品。

邬江兴举起了通信"中国制造"的大旗，虽然没有坚持太久，但华为和中兴接过了这面大旗，最终颠覆了世界通信行业的格局，开创了一个全新的时代。

参考文献

[1] 张利华. 华为研发（第 3 版）[M]. 北京：机械工业出版社. 2017.

[2] 袁玉立. 中国电信设备巨头变迁启示：巨龙 10 年之殇教训[N/OL]. 证券日报，2009-09-11.

[3] 大帅去伐柴. 1998，"巨大中华"的岔路口[EB/OL]. 伐柴商心事. (2019-05-10).

[4] 李瀛寰. 想起 04 机——我在巨龙的日子[EB/OL]. 新浪博客. (2006-10-26).

[5] 王玉山. 院士邬江兴：愿以此身长报国[EB/OL]. 中国工程院. (2013-12-06).

[6] 肖然. 曾是通信业一面旗帜，巨龙为何掉队[EB/OL]. 搜狐财经频道. (2003-02-11).

[7] 郑蜀炎. 将军院士用"04 机"改变通信业游戏规则[EB/OL]. 中国军网. (2016-06-13).

第三部分

通信名人篇

在人类历史上诞生过很多伟大的科学家，其中不少和通信技术有关。

他们有的热爱基础理论研究，有的擅长发明创造；有的功成名就，有的郁郁而终……他们做出的贡献奠定了现代通信的基础，推动了社会的进步，也改变了我们每一个人的生活。

本书的最后一部分将带你了解发生在他们身上的故事。

第 23 章

法拉第：从铁匠之子到"电磁理论之父"

23.1 铁匠之子，求知若渴

1791 年 9 月 22 日，在英国萨里郡纽因顿镇的一个穷困家庭里诞生了一个男婴，在家中排行老三。他的父亲是一名铁匠，名叫詹姆斯·法拉第（James Faraday）。谁也不会想到，家里迎来的这个新成员，后来会成为享誉世界的"交流电之父""电磁理论之父"。

没错，这个孩子就是英国著名物理学家、化学家迈克尔·法拉第（Michael Faraday，见图 23-1）。

法拉第的家庭条件很差，一家人的生计都依靠他父亲打铁维持。1796 年，也就是在法拉第 5 岁的时候，全家从纽因顿镇搬到伦敦定居，租住在曼彻斯特广场附近的一个马车库房里。

图 23-1　迈克尔·法拉第

虽然家境贫寒，法拉第的父亲仍坚持让法拉第和他的哥哥上学，并经常告诫他们不要贪图名利，要做一个勤劳朴实、正直勇敢的人。父亲的教诲对法拉第的人生产生了深远的影响。

几年后，法拉第的父亲积劳成疾，不幸病倒。无奈之下，全家人只好靠领取救济度日，法拉第的小学学业也被迫终止（仅持续了两年）。

1803 年，12 岁的法拉第为了生计，开始走上街头卖报。后来，他来到布兰福德街的一家书店，成了一名书店学徒，学习装订手艺。法拉第做事很勤快，头脑也很灵活，因此深受书店老板乔治·里鲍（George Riebau）的信任和喜爱。

工作之余，法拉第主动阅读了书店里的大量图书，既包括经典文学作品，也包括科学名著以及《不列颠百科全书》。年轻的法拉第求知若渴，被书中的知识深深吸引。他非常想亲身实践书里记录的实验过程，然而，作为一名学徒，他没有钱购买实验设备，于是只能利用废旧物品做一些简单的物理和化学实验。

1810 年，在哥哥的资助下，法拉第有幸加入了当地一个知名的青年科学组织——伦敦城哲学会。通过哲学会的一系列活动，他初步掌握了物理、化学、天文、地质、气象等方面的基础知识，为后来的科研工作打下了良好的基础。

法拉第每次参加完哲学会的自然哲学通俗演讲，都会誊抄笔记，并画下仪器设备图。他甚至把笔记装订成一本漂亮的《塔特姆自然哲学讲演录》送给里鲍先生，令对方欣喜万分。

23.2　拜师学艺，忍辱负重

法拉第的勤奋好学还感动了书店的一位常客，他就是英国皇家爱乐协会的威廉·丹斯（William Dance）。作为鼓励，丹斯送给法拉第几张汉弗莱·戴维（Humphry Davy，见图 23-2）教授科学讲座的入场券。汉弗莱·戴维是一个伟大的科学家，23 岁就成了英国皇家学院的化学教授，33 岁成了学院的灵魂人物。

图 23-2　汉弗莱·戴维

1812 年 2 月，20 岁的法拉第连续听了戴维教授的四场讲座。他被精彩的讲座内容所震撼，加深了对科学研究工作的热爱。他非常希望投身科学事业，于是写信给当时的英国皇家学会会长约瑟夫·班克斯（Joseph Banks）爵士，请求进入皇家学会工作，哪怕在实验室里洗瓶子也行。

结果，法拉第等了整整一星期也没有得到任何回复。他忍不住跑去打听，得到的回音只是冷冰冰的一句话："班克斯爵士说，你的信不必回复！"

换作别人，受到这样的屈辱肯定打退堂鼓了。但是执拗的法拉第并没有放弃。没过多久，他再次鼓起勇气，写了第二封信。这次，他直接写信给汉弗莱·戴维，并附上了自己精心整理和装订的《戴维爵士演讲录》。

收到书信的汉弗莱·戴维深感震惊——他没有料到，自己总共才 4 个多小时的演讲，法拉第竟然记下了 300 多页的笔记！不仅所讲内容一字不落，他没细讲的内容也都被补充完整。当天晚上，汉弗莱·戴维就给法拉第回信，毫不吝啬地表达了自己的钦佩和赞许。

但对于法拉第的求职请求，戴维并没有第一时间答应。不久后，戴维的化学助理因为行为不当被解雇，戴维才想起了法拉第，并邀请他填补职位空缺。1813 年 3 月 1 日，22 岁的法拉第终于进入英国皇家学院，成为一名化学助理实验员。对法拉第来说，他的科学研究生涯正式开始了。

1813 年 10 月，戴维夫妇启程到欧洲大陆的各个国家考察。法拉第作为他的助手，陪同前往。尽管他实际上是助手，但公开身份却只是仆人。戴维的妻子尤其看不起法拉第的出身，对他极为苛刻。法拉第并没有计较这些，也不自卑。他认为，这次考察是一次宝贵的学习机会，能学到东西就行。

事如人愿，通过这次考察，他游历了法国、瑞士、意大利和比利时等国家，见到了许多有影响力的科学家，参加了各种学术交流活动，大大开阔了眼界。聪明勤奋的法拉第还学会了法语和意大利语。

1815 年 5 月，戴维和法拉第一行结束 18 个月的考察，回到了英国。回国后，法拉第开始在戴维的指导下做一些独立的研究工作，并取得了几项化学研究成果。1816 年，法拉第发表了自己的第一篇科学论文。

1820 年，一件改变法拉第甚至人类命运的事件发生了。这一年，丹麦物理学家汉斯·奥斯特在一次讲座上偶然发现，当他让导线通电时，旁边的小磁针会发生偏转。针对这一现象，奥斯特进行了 3 个月的反复实验。最后，他发表了一篇名为《论磁针的电流撞击实验》的论文，正式向学术界宣告自己发现了电流的磁效应。

奥斯特的发现轰动了整个物理学界。几个月后，让 - 巴蒂斯特·毕奥（Jean-Baptiste Biot）和菲利克斯·萨伐尔（Félix Savart）在皮埃尔 - 西蒙·拉普拉斯（Pierre-Simon Laplace）的帮助下，找到了电流在空间中产生磁场大小的定量规律，这就是著名的毕奥 - 萨伐尔定律（Biot-Savart Law）。有了毕奥 - 萨伐尔定律，就可以算出任意电流在空间中产生磁场的大小，但是这种方法在实际使用时会比较烦琐。

又过了两个月，安德烈 - 玛丽·安培（André-Marie Ampère）发现了一种更实用、更简单的计算电流周围磁场的方式，这就是安培环路定理。安培还总结了一个很实用的规律来帮助判断电流产生磁场的方向，这就是安培定则（也叫右手螺旋定则）。

奥斯特的发现同样吸引了汉弗莱·戴维和威廉·渥拉斯顿（William Wollaston）的关注。威廉·渥拉斯顿是汉弗莱·戴维的同事兼好友，也是一位举足轻重的化学家，是化学元素钯和铑的发现者。

戴维和渥拉斯顿开始进行电和磁的研究，但并没有取得什么进展。1821 年，英国《哲学年鉴》的主编邀请戴维撰写一篇文章，评述电磁学实验理论的发展概况。戴维接受这项工作后，转手交给了法拉第负责。

此时的法拉第刚刚被提升为英国皇家学院的内务和实验室主管，还完成了与莎拉·巴纳德（Sarah Barnard）的婚礼，正处于人生上升期。

在收集资料的过程中，法拉第对电磁现象产生了极大的热情，并开始从化学转向电磁学的研究。他认真地分析了奥斯特的实验，在反复实验和思考后，取得了一些研究成果。

当时，法拉第打算将成果告诉戴维和渥拉斯顿，但是两人碰巧都不在。法拉第的朋友劝他尽快发表成果，以免被安培等人抢先公布。于是，法拉第听从了建议。

没想到，法拉第发布成果之后，不但没有受到认可，反而遭到了指责。很多人认为，资历浅薄的法拉第剽窃了渥拉斯顿的研究成果。法拉第请求渥拉斯顿帮助自己进行澄清。渥拉斯顿坦率地承认，自己是在从事电和磁的工作，但是和法拉第的角度不同："法拉第并不能从我这里借用什么。"

法拉第还请求自己的恩师戴维帮助澄清。然而，戴维并没有这么做，他选择了沉默。究其原因，是戴维的嫉妒之心作祟。法拉第的成就超过了戴维，但是戴维内心深处无法接受这样的现实，所以开始对法拉第进行打压。

戴维不仅没有帮助法拉第进行澄清，还干预了法拉第的电磁学研究。戴维指派法拉第研究一个和电、磁都无关的新项目——光学玻璃的制法，浪费了法拉第大量的时间和精力。

1824 年，29 位英国皇家学会会员联名提名法拉第为皇家学会会员候选人。身为英国皇家学会会长的戴维对此表示反对，屡次进行阻挠并一再拖延投票。但是，戴维没有得逞，法拉第最终成功当选了英国皇家学会会员。

23.3　钻研电磁，硕果累累

1829 年，戴维去世，法拉第开始回归电磁学的研究。第二年，法拉第就有了重要发现。他观察到，磁生电的关键在于相对运动。1831 年，法拉第又观察到，一个通电线圈的磁力虽然不能在另一个线圈中引起电流，但是当通电线圈的电流刚接通或中断的时候，另一个线圈中的电流计指针有微小偏转。

经过反复实验，法拉第证实了当磁作用力发生变化时，另一个线圈中就有电流产生。他设计了各种各样的实验，比如两个线圈发生相对运动，磁作用力的变化同样能产生电流。

就这样，法拉第提出了电磁感应定律。

1831 年 10 月 28 日，基于自己的理论研究，法拉第发明了圆盘发电机（见图 23-3 ）。这是人类第一次发明发电机。

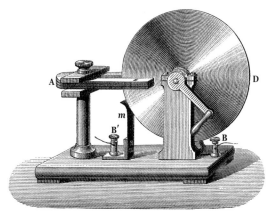

图 23-3　圆盘发电机

发电机的发明具有划时代的意义，也意味着巨大的专利收益。然而，法拉第从始至终都没动过申请专利的念头，也没有从中获利。

1832 年 6 月，英国牛津大学授予法拉第名誉博士学位。同年，他还被美国艺术与科学院聘为外籍名誉院士。

此后的法拉第一直致力于电磁科学的研究，输出了大量的成果。

1834 年，法拉第总结出法拉第电解定律[①]。这条定律成为连接物理学和化学的桥梁，也是通向发现电子道路的桥梁。

[①] 法拉第电解定律包括法拉第第一定律和法拉第第二定律两个子定律。法拉第第一定律：在电解过程中，阴极上还原物质析出的量与所通过的电流强度和通电时间成正比。法拉第第二定律：在电解过程中，通过的电量相同，所析出或溶解出的不同物质的物质的量相同。

1837 年，法拉第引入了"电场"和"磁场"的概念，指出电和磁的周围都有场的存在，这打破了牛顿力学"超距作用"的传统观念。

1838 年，法拉第提出了"电力线"的新概念来解释电磁现象，这是物理学理论上的一次重大突破。

1839 年，法拉第出现了精神问题。经过一段时间的康复治疗，他最终回归了对电磁学的研究。

1843 年，法拉第用有名的"冰桶实验"证明了电荷守恒定律。

1845 年，法拉第发现许多材料对磁场表现出微弱的排斥力。他将这种现象称为"抗磁性"。法拉第还发现，通过施加与光移动方向一致的外部磁场，可以旋转线偏振光的偏振平面。他称之为"磁光效应"（现在的法拉第效应）。这些发现为电、磁和光的统一理论奠定了基础。

1852 年，他又引入了"磁力线"的概念，为经典电磁学理论的建立奠定了基础。

法拉第出版的 8 卷《法拉第日记》以及由 3000 多节组成的巨著《电学的实验研究》详细记录了他夜以继日的辛勤工作，也汇聚了他光辉卓越的科学成就。值得一提的是，《电学的实验研究》从头到尾没有一个公式，全部是实验过程的总结和积累。

尽管法拉第取得了举世瞩目的成就，但是因为小时候没受过完整的正规教育，所以他的数学能力较弱，无法针对自己的电磁理论发现给出准确的数学公式。对此，他耿耿于怀。

1855 年，法拉第出现了严重的阿尔茨海默病症状，逐渐退出科研领域。

正当法拉第以为自己此生看不到电磁理论被数学论证的时候，1865 年，另一位伟大的科学家詹姆斯·克拉克·麦克斯韦接过他的衣钵，用完美的数学公式（麦克斯韦方程组）证明了法拉第电磁理论的猜想，完成了法拉第的夙愿。

1867 年 8 月 25 日，没有遗憾的法拉第在汉普顿宫的家中去世，享年 76 岁。后来，他被安葬在伦敦的海格特公墓。人们为了纪念他，在威斯敏斯特教堂里的牛顿墓附近专门树立了一块纪念碑。

23.4　结语

作为一名实验科学家，法拉第的科研成果极为丰富。

除了电磁学之外，他在最早从事的化学领域也有诸多成就。他发现了苯，发现了电解定律，还发明了本生灯的早期形式，并普及了"阳极""阴极""电极"和"离子"等术语。

纵观法拉第的一生，他一直在和自己的坎坷命运做斗争。年轻时，他凭借个人的努力，实现了命运的逆袭，成功投身科学事业。中年时，面对恩师的打压，他忍辱负重，没有自怨自艾。取得成就之后，法拉第没有沉迷于名利，他始终牢记父亲的教诲，保持谦虚和低调，做一个正直的人。

法拉第一生之中曾经两次拒绝出任英国皇家学会的会长。他说："我是一个普通人。如果我接受皇家学会希望加在我身上的荣誉，那么我就不能保证自己的诚实和正直，连一年也保证不了。"

当英国王室准备授予他爵位时，他也多次婉言谢绝。他说："法拉第出身平民，不想变成贵族。"

这就是迈克尔·法拉第，伟大的"电磁理论之父"。

参考文献

[1] 阿盖西. 法拉第传[M]. 鲁旭东，康立伟，译. 北京：商务印书馆. 2002.

[2] 方圆. 平凡不掩光华：迈克尔·法拉第[J]. 科学家，2014，(09)：66-71.

[3] 迈克尔·法拉第[EB/OL]. 百度百科.

[4] 迈克尔·法拉第[EB/OL]. 维基百科.

第 24 章

麦克斯韦：被低估的顶级科学大咖

詹姆斯·克拉克·麦克斯韦（James Clerk Maxwell，见图 24-1）是英国著名物理学家、数学家，是电磁理论的奠基人，还是经典电动力学和统计物理学的早期开创者之一。

24.1　少年天才，锋芒初露

1831 年 6 月 13 日，麦克斯韦在苏格兰爱丁堡出生。他的父亲是一位辩护律师，名叫詹姆斯·克拉克（James Clerk）。

图 24-1　詹姆斯·克拉克·麦克斯韦

幼年时期的麦克斯韦虽然家境殷实，但因为口音浓重等问题经常遭到同龄人的嘲笑，所以性格比较孤僻，不太喜欢讲话。8 岁那年，因为母亲患病去世，麦克斯韦变得更加沉默寡言。

幸运的是，麦克斯韦的父亲并没有停止对他的关爱，积极鼓励和陪伴他成长，还亲自教他数学。当时，他父亲还给他聘请了一名家教。然而，这名家教对麦克斯韦极为尖酸刻薄，经常责骂他迟钝、任性。于是，他父亲辞退了这名家教，将麦克斯韦送到久负盛名的爱丁堡公学就读。这一年，麦克斯韦刚满 10 岁。

在爱丁堡公学求学期间，麦克斯韦住在姨妈伊莎贝拉（Isabella Clerk）家中。伊莎贝拉对麦克斯韦进行了悉心的照顾和教育，给他的人生带来了很多正面的影响。伊莎贝拉的女儿，也就是麦克斯韦的表姐杰迈玛（Jemima Blackburn），激发了麦克斯韦在绘画方面的兴趣和热爱。

15 岁的时候，麦克斯韦在《爱丁堡皇家协会学报》上发表了自己的第一篇论文——《卵形线》，在当地引起了不小的轰动。

1847 年，16 岁的麦克斯韦如愿进入了爱丁堡大学。他是班上年龄最小的学生，成绩却总是名列前茅。他的主攻方向是数学物理。同时，他也接受了实验物理学、逻辑学等学科的严格训练。

1850 年，在征得父亲同意的情况下，他转入英国剑桥大学。他起初就读于彼得学院，后来按照个人意愿转入了三一学院。在三一学院，他获选加入了剑桥大学秘密的精英社团——剑桥使徒。这期间，麦克斯韦关于宗教和科学的知识迅速增长，也取得了一些研究成果，包括发明比色环（见图 24-2）。

图 24-2　在三一学院就读时的麦克斯韦，手上拿的是自己发明的比色环

1851 年 11 月，他开始跟随著名数学家威廉·霍普金斯（William Hopkins）学习数学。

24.2　专注学术，英年早逝

1854 年，23 岁的麦克斯韦以第二名的成绩从剑桥大学三一学院数学系毕业，留校任教。

1855 年，麦克斯韦读到了法拉第的著作《电学的实验研究》，被书中各种各样的电磁感应实验所吸引，正式开始研究电磁学，从此一发不可收拾。

1856 年，麦克斯韦来到苏格兰阿伯丁的马里斯切尔学院，担任自然哲学教授。当时他只有 25 岁，比其他教授至少年轻 15 岁。

1858 年 6 月，麦克斯韦迎娶了马里斯切尔学院院长丹尼尔·迪尤尔（Daniel Dewar）的女儿——凯瑟琳·玛丽·迪尤尔（Katherine Mary Dewar，见图 24-3）。凯瑟琳比麦克斯韦大 7 岁，个子也比麦克斯韦高，长相美丽且性格开朗。两人婚姻生活和谐美满，浪漫甜蜜，后来育有两个女儿。

1860 年，马里斯切尔学院与阿伯丁国王学院合并成为阿伯丁大学。尽管麦克斯韦已有一定的影响力，但仍未争取到新学校的自然哲学教授职位，而且申请爱丁堡大学的

图 24-3　麦克斯韦（左）和凯瑟琳（右）

相同职位也未成功。无奈的麦克斯韦经人介绍，来到伦敦国王学院任自然哲学和天文学教授。

此时的麦克斯韦进入了人生中最为高产的一段岁月。他在电磁领域的几篇重要论文都发表于这一时期。1861 年，麦克斯韦当选为伦敦皇家学会会员。

1865 年，麦克斯韦辞去教职，和凯瑟琳一起回到家乡格伦莱尔，开始系统地总结电磁学的研究成果。在这期间，他完成了电磁场理论的经典巨著《电磁通论》，并于 1873 年出版。

1871 年，麦克斯韦受聘为剑桥大学首任实验物理学教授，并负责筹建该校第一所物理学实验室——卡文迪什实验室（Cavendish Laboratory）。实验室建成后，麦克斯韦担任实验室的第一任主任。

卡文迪什实验室后来举世闻名，对整个实验物理学的发展产生了极其重

要的影响，被誉为"诺贝尔物理学奖获得者的摇篮"（产生了 29 位诺贝尔奖得主）。

后来，麦克斯韦一直在倾力照顾生病的妻子（之前是照顾生病的父亲），心力交瘁。没过多久，他自己也被查出患病。

1879 年 11 月 5 日，麦克斯韦在剑桥大学因胃癌逝世，年仅 48 岁①。此时，他刚刚完成《电磁通论》第二版前九章的修订。

逝世后的麦克斯韦，葬于苏格兰西南部罗门湖（Loch Ken）附近的一座教堂中。

24.3 麦氏方程，造福后人

下面详细回顾一下麦克斯韦的学术成就。

一直以来，在学术界和历史界，麦克斯韦都有着极高的地位。他的学术贡献被认为可以与牛顿、爱因斯坦比肩。

有人可能会质疑：麦克斯韦真的有这么厉害吗？他不是只提出了麦克斯韦方程组吗？

其实，麦克斯韦之所以名气不够大，就是吃了麦克斯韦方程组的亏。看看牛顿的三大定律，中学生就能看懂，说来说去就是围绕 $F = ma$ 转，非常简单。爱因斯坦的相对论虽然不好懂，但是公式 $E = mc^2$ 简单好记。

而麦克斯韦方程组是下面这样的：

---

① 值得一提的是，他的母亲当年也是在相同年龄因为癌症而去世的（也有说法是他母亲死于肺结核）。

$$\oint_C \boldsymbol{H} \cdot \mathrm{d}l = \int_S \boldsymbol{J} \cdot \mathrm{d}\boldsymbol{S} + \int_S \frac{\partial \boldsymbol{D}}{\partial t} \cdot \mathrm{d}\boldsymbol{S}$$

$$\oint_C \boldsymbol{E} \cdot \mathrm{d}l = -\int_S \frac{\partial \boldsymbol{B}}{\partial t} \cdot \mathrm{d}\boldsymbol{S} \qquad \nabla \times \boldsymbol{H} = \boldsymbol{J} + \frac{\partial \boldsymbol{D}}{\partial t}$$

$$\oint_S \boldsymbol{B} \cdot \mathrm{d}s = 0 \qquad \nabla \times \boldsymbol{E} = -\frac{\partial \boldsymbol{B}}{\partial t}$$

$$\nabla \cdot \boldsymbol{B} = 0$$

$$\oint_S \boldsymbol{D} \cdot \mathrm{d}\boldsymbol{S} = \int_V \rho \mathrm{d}V \qquad \nabla \cdot \boldsymbol{D} = \rho$$

积分形式 微分形式

你看得懂吗？记得住吗？用得来吗？也许你在大学的时候曾经看得懂，但是几年后就忘得差不多了吧？

上面的公式并不是麦克斯韦方程组的原始版本，而是经过天才物理学家奥利弗·亥维赛（Oliver Heaviside）"改良"之后的版本。原始版本的麦克斯韦方程组有 20 个方程式，更加复杂。

因此，麦克斯韦属于一般人看不懂他为什么厉害，而专业人士明明知道他厉害却解释不清楚他为什么厉害的类型。

麦克斯韦的人生经历非常平淡，既没有大富大贵，也没有大起大落。他的名字没有像安培、赫兹、特斯拉一样成为物理学单位。这些都影响了他的知名度。

麦克斯韦是理论科学家，麦克斯韦方程组虽然只是公式，但奠定了电磁理论的基础，揭开了光、电和磁的真相。没有麦克斯韦和他的方程组，人类就驾驭不了电磁波，手机、无线电、广播、微波炉、雷达、卫星、CT 和 B 超等伟大的发明不会存在，人类社会将是另外一番景象。

24.4　成果卓著，无人理解

上一章在介绍法拉第的时候提到法拉第提出电磁感应定律，引入了电场和磁场的概念，指出电和磁周围都有场的存在，打破了牛顿力学"超距作用"的传统观念。然而，法拉第的数学能力较弱，无法通过数学公式证明自己的理论。

正是数学和物理的双料天才麦克斯韦及时出现，才帮助法拉第解了燃眉之急。

1855 年，麦克斯韦发表论文《论法拉第的力线》，第一次试图将数学形式引入法拉第的力线概念，初步建立了电与磁之间的数学关系。这篇论文引起了物理学界的重视，也得到法拉第本人的赞扬。

1862 年，麦克斯韦发表了《论物理学的力线》。在这篇论文中，他首次提出了"位移电流"和"电磁场"等新概念，对电磁理论给出了更完整的数学表述。

1864 年，麦克斯韦又发表了《电磁场的动力学理论》。在这篇论文中，他不仅给出了麦克斯韦方程组，还首次提出了"电磁波"的概念。

麦克斯韦认为，变化的电场会激发磁场，变化的磁场又会激发电场。这种变化的电场和磁场共同构成了电磁场，而电磁场以横波的形式在空间传播，就是电磁波。

麦克斯韦推算出电磁波的传播速度，发现和光速非常接近。于是，他预见性地指出："光与磁是同一物质的两种属性，光是按照电磁定律在电磁场中传播的电磁扰动。"

以上这些突破性进展充分验证了法拉第的电磁感应定律，也让法拉第最终不留遗憾地离开了这个世界。

法拉第是幸运的，麦克斯韦却没有那么幸运。

虽然麦克斯韦通过完美的数学公式奠定了电磁理论的基础，但是因为理论过于精深复杂，公式过于抽象，所以并未得到广泛的认可。在牛顿力学仍占主导的那个时期，麦克斯韦的理论遭到了主流学术界的抵制，年轻学者也很少有人愿意追随他。据说，当麦克斯韦在去世之前仍然坚持不懈地宣传电磁波理论时，只有两个人愿意听他上课：一个是来自美国的研究生，另一个是后来发明了电子管的约翰·安布罗斯·弗莱明（John Ambrose Fleming）。

在麦克斯韦刚去世的时候，主流学术界依旧没有接受他的理论。一直到他逝世 9 年后的 1888 年，年轻的德国物理学家赫兹通过实验首次证实了电磁波的存在，才真正验证了麦克斯韦理论的正确性。此时，麦克斯韦的贡献和地位才终于得到全世界的承认。

24.5　统一电磁，改变世界

在科学史上，人们普遍认为牛顿把天上和地上的运动规律统一起来，是第一次大统一，而麦克斯韦把电学、磁学和光学统一起来，是第二次大统一。

值得一提的是，后来爱因斯坦受麦克斯韦方程组的启发，想以同样的方法统一力场，将宏观和微观的两种力放在同一组公式中，实现最终的"大一统理论"。不过，他最终失败了，否则世界估计又是另外一番模样。

此外，麦克斯韦的电磁学经典著作《电磁学通论》也经常被拿来和牛顿的《自然哲学的数学原理》（力学经典）、达尔文的《物种起源》（生物学经典）相提并论。

这些贡献都足以证明麦克斯韦的伟大，而这还仅仅是麦克斯韦在电磁理论方面的工作。除了电磁理论之外，麦克斯韦在力学、光学、天文学、分子运动论和热力学等诸多领域也有深入的研究，对后世产生了深远的影响。

24.6　结语

回顾麦克斯韦的生卒年月，我们会发现两个惊人的巧合：在麦克斯韦出生的那一年，法拉第提出了电磁感应定律；在麦克斯韦去世的那一年，爱因斯坦出生。

爱因斯坦一生对麦克斯韦极为推崇，他取得的很多研究成果（狭义相对论等）离不开麦克斯韦的前期贡献。1931 年，在麦克斯韦 100 周年诞辰的纪念会上，爱因斯坦评价麦克斯韦的建树是"牛顿以来，物理学最深刻和最富有成果的工作"。

量子论创立者普朗克也是麦克斯韦的忠实拥趸。他对麦克斯韦的评价是"他的光辉名字将永远镌刻在经典物理学的门扉上，永放光芒。从出生地来说，他属于爱丁堡；从个性来说，他属于剑桥大学；从功绩来说，他属于全世界"。

来自 20 世纪伟大天才们的肯定，足以说明这位 19 世纪伟大天才的价值，不是吗？

参考文献

[1]　福布斯. 法拉第、麦克斯韦和电磁场：改变物理学的人[M]. 宋峰，宋婧涵，杨嘉，译. 北京：机械工业出版社. 2020.

[2]　徐在新. 从法拉第到麦克斯韦[M]. 北京：科学出版社. 1986.

[3]　刘辉. 麦克斯韦[EB/OL]. 刘叔物理. (2018-08-05).

[4]　知乎用户. 为什么麦克斯韦没有牛顿和爱因斯坦有名？[EB/OL]. 知乎. (2018-09-19).

[5]　麦克斯韦[EB/OL]. 百度百科.

[6]　麦克斯韦[EB/OL]. 维基百科.

第 25 章

赫兹：英年早逝的德国科学天才

海因里希·鲁道夫·赫兹（Heinrich Rudolf Hertz，见图 25-1）是德国著名物理学家，也是第一个证实电磁波真实存在的人。

上一章提到，正因为赫兹的发现，麦克斯韦的成就才能得到世界的认可，电磁理论才能顺利奠基。

那么，赫兹究竟是一个什么样的人？他是如何证实电磁波存在的？本章就来讲讲赫兹的传奇故事。

图 25-1 海因里希·鲁道夫·赫兹

25.1 犹太少年，天赋异禀

1857 年 2 月 22 日，赫兹出生在德国汉堡市的一个犹太人家庭。他的家境非常不错，父亲叫古斯塔夫·费迪南德·赫兹（Gustav Ferdinand Hertz），是一名律师、参议员，母亲叫安娜·伊丽莎白·菲弗克恩（Anna Elisabeth Pfefferkorn），是一位牧师的女儿。赫兹是家里最大的孩子，他还有三个弟弟和一个妹妹。

6 岁时，赫兹被父母安排进入了汉堡当地的私立学校。这所学校的校长理查德·兰格（Richard Lange）是一位著名的教育家。他的教育理念是以孩子为中心，进行个性化培养。赫兹在这所学校里表现出色，常常排名第一。

15 岁的时候，赫兹离开了私立学校，在家自学，主要学习希腊语和拉丁语。这是因为他想考大学，必须具备希腊语和拉丁语能力，而理查德·兰格的私立学校并没有这方面的课程。

为了让赫兹更好地学习语言，赫兹的父亲请了一个很厉害的家教——德国著名语言专家雷德斯洛布教授（Professor Redslob）。没过多久，教授就告诉赫兹的父亲，说赫兹实在是个语言学天才："我从来没见过像赫兹这么有天分的孩子。"

当 18 岁的赫兹通过大学入学考试时，他又改变了主意。他搬到法兰克福，跟着一个建筑师当学徒，想进入建筑行业。没过多久，赫兹就放弃了自己的建筑师梦想，回到德累斯顿理工学院（今德累斯顿工业大学）学习工程学。

几个月后，赫兹应征入伍，服役一年。这期间，赫兹陷入了人生的迷茫期。他在给母亲写信时提到："日复一日，我觉得自己就是个废物。"[①]

值得庆幸的是，赫兹的颓废状态并没有持续多久。1877 年 10 月，退役后的赫兹搬到慕尼黑，继续学习工程学课程。同年，赫兹考入慕尼黑大学，选修高等数学、力学、实验物理和实验化学课程。一年后，表现优异的他又进入了柏林大学。

25.2　师从名家，崭露头角

来到柏林之后，赫兹终于遇到了自己人生中最重要的两位导师：德国著名科学家古斯塔夫·基尔霍夫（Gustav Kirchhoff）和赫尔曼·冯·亥姆霍兹（Hermann von Helmholtz）。基尔霍夫专攻辐射、光谱学和电路理论的研究，

---

① 原文是 "...day by day I grow more aware of how useless I remain in this world."

亥姆霍兹则致力于电动力学和热力学领域的理论研究 。

亥姆霍兹很快发现赫兹是一个物理学天才，于是对其非常器重，进行重点培养。

当时，亥姆霍兹在学院里设立了一个有奖竞赛。谁能回答出他的问题，就能拿到奖品。他的问题很短，但是很难："电是带着惯性运动的吗？"这个问题也可以理解为："电是有质量（动能）的吗？"

赫兹对这个问题非常着迷。于是，他到处搜集资料进行学习，试图找到答案。1879 年 8 月，22 岁的赫兹通过一系列实验，得出了自己的结论：如果电流有任何质量，这个值一定小到难以置信。

当时的人们并不知道电子的存在。直到 18 年后，英国物理学家约瑟夫·约翰·汤姆孙（Joseph John Thomson）在研究阴极射线时才发现了电子。电子的质量确实是极小的，只有 $9.109\,56 \times 10^{-31}$ 千克。以赫兹那个时代的技术能力，是肯定测不出来的。

不管怎么说，赫兹的回答得到了亥姆霍兹的认可，他也赢得了老师的奖品——一块金牌。

后来，亥姆霍兹又提了一个问题。这次赫兹拒绝参与，因为他认为，花三年的时间研究一个可能没有结果的问题实在是浪费生命。

1880 年 1 月，赫兹完成了关于旋转导体电磁感应的论文，并从大学毕业。毕业后，赫兹在柏林物理研究所担任亥姆霍兹教授的助理。在这三年里，赫兹发表了 15 篇关于各种领域的论文，涉及气象学、力学、电学、电磁感应和阴极射线等多个学科，并渐渐地开始在科学界有了影响力。

1883 年，26 岁的赫兹来到基尔大学，担任理论物理讲师。1885 年 3 月，赫兹转到德国西南部的卡尔斯鲁厄理工学院担任物理系教授。同年 7 月 31 日，赫兹娶了同事马克斯·多尔的女儿——伊丽莎白·多尔（Elizabeth Doll）。

当时，他们相识还不到四个月。后来，他们生了两个女儿，分别叫约翰娜和玛蒂尔德。

25.3　验证电磁，轰动业界

接下来就是赫兹的高光时刻了。

赫兹在跟随亥姆霍兹研究物理学的时候，就研究过麦克斯韦的电磁理论。当时，德国物理学界普遍相信威廉·爱德华·韦伯（Wilhelm Eduard Weber）的电力与磁力可瞬时传送的理论。因此，赫兹决定以实验来验证韦伯和麦克斯韦的理论，看看到底谁是对的。

依照麦克斯韦理论，电扰动能辐射电磁波。于是，赫兹根据电容器经由电火花隙会产生振荡的原理，设计了一套电磁波发生器。他建造了一个由铜旋钮构成的振荡器。每个旋钮都连接到一个高压感应线圈上，并通过一个小间隙与另一个旋钮分离，火花可以在这个间隙上移动。当感应线圈的电流突然中断时，其感应高电压使电火花隙之间产生火花，电荷便在瞬间经由电火花隙在锌板间振荡，频率高达每秒数百万次。如果麦克斯韦的理论是正确的，此时就会产生电磁波。

为了监测电磁波，赫兹又设计了一个接收器。他将一小段导线弯成圆形，在线的两个端点之间留有小电火花隙。如果有电磁波，此小线圈上就会产生感应电压，从而使电火花隙产生火花。

因为火花极小，所以他必须坐在暗室中实验。果然，在实验中，赫兹亲眼看到了微弱火花的产生。

1887 年 11 月 5 日，赫兹发表了名为《论在绝缘体中电过程引起的感应现象》的论文，总结了自己的重要发现。这篇论文直接轰动了整个物理学界，让麦克斯韦的电磁理论被奉为经典。此时，距离麦克斯韦去世，已经过去了整整 9 年。

后来，赫兹继续通过实验确认了电磁波是横波，具有与光类似的特性，如反射、折射、衍射等。赫兹还实验了两列电磁波的干涉，同时证实了在直线传播时，电磁波的传播速度与光速相同，从而证明了光就是一种电磁波。在此基础上，赫兹还进一步完善了麦克斯韦方程组，使其更加优美、对称，得出了麦克斯韦方程组的现代形式。

赫兹的发现具有划时代的意义。当时，因为是赫兹验证了电磁波的存在，所以电磁波直接被称为"赫兹波"，直到多年以后才改叫"电磁波"。

我们现在都知道，赫兹的发现具有广泛的实际用途，打开了新世界的大门。但是，当时的赫兹并没有意识到这一点。他说："我认为我所发现的无线电波不会有任何实际应用。"

除了发现电磁波之外，赫兹还在光电效应领域做出了贡献。他注意到，当带电金属物体被紫外光照射时，会很快失去电荷。当时，他无法解释这一现象（光电效应）。若干年后，爱因斯坦成功进行了解释[1]，并因此获得了诺贝尔奖。

1889 年，赫兹来到波恩大学担任教授。在这里，赫兹与助手菲利普·勒纳德（Philipp Lenard）一起研究阴极射线和气体放电。1905 年，勒纳德凭借自己在阴极射线方面的研究获得了诺贝尔物理学奖。

25.4　英年早逝，后辈杰出

1888—1890 年，赫兹获得了德国内外的许多荣誉。他先后获得了意大利科学协会、巴黎科学院、维也纳帝国科学院颁发的各种奖章、奖金，德国政府还授予了他"王冠勋章"。

然而，就在这期间，赫兹的健康开始出现严重的问题。

---

[1] 紫外光光子有足够的能量与金属中的电子相互作用，使电子有足够的能量逃离金属。

在搬到波恩之前，赫兹就开始牙痛，并接受了牙科治疗。1889 年，他拔掉了所有的牙齿，试图治愈这一顽疾。然而，到 1892 年初，问题又回来了。这次，喉咙和鼻子的剧烈疼痛导致赫兹无法继续工作，只能四处寻找治疗方法。

1893 年春，赫兹尝试恢复工作，并做了几次手术。不幸的是，疾病让他患上了抑郁症。同年 12 月 3 日，他寄出了自己最后的著作——《机械原理》的手稿。12 月 7 日，赫兹做了生前最后一次演讲。

1894 年 1 月 1 日，赫兹因血液中毒在波恩去世（死因至今存在争议），年仅 37 岁。赫兹死后，他的妻子并未改嫁，独自抚养两个女儿长大。

值得一提的是，赫兹的家族后来也是人才辈出。他的女儿玛蒂尔德·卡门·赫兹（Mathilde Carmen Hertz）成了一位著名的生物学家、心理学家。他的侄子古斯塔夫·路德维希·赫兹（Gustav Ludwig Hertz）作为量子力学的先驱获得了 1925 年的诺贝尔奖。古斯塔夫的儿子卡尔·赫尔穆特·赫兹（Carl Helmut Hertz）则是核磁共振波谱学的先驱，发明了医学超声。赫兹的外甥赫尔曼·格哈德·赫兹（Hermann Gerhard Hertz）是德国卡尔斯鲁厄大学的教授，也是核磁共振光谱学的先驱，他在 1995 年发表了赫兹的实验室笔记。

1930 年，国际电工委员会为了纪念赫兹，将他的名字定为频率的测量单位。1960 年，国际度量衡大会官方正式确认了这一单位。

第二次世界大战结束后，赫兹在德国的名誉恢复，重新获得了德国民众的尊重。德国汉堡市的无线电塔被命名为赫兹塔。

25.5　结语

赫兹的英年早逝是科学界的重大损失。他在短暂人生中取得的成就算得上硕果累累。

赫兹对电磁波的验证给长达数十年的电磁波研究做出了里程碑式的贡献。至此，电磁波理论大厦奠基完成，围绕电磁波的一系列应用（例如无线电报、广播、雷达）进入迅猛的发展阶段，人类社会也随之真正进入了无线电时代。

最后，我们用赫兹的悼词来结束本章：

"他是个高尚的人，有着难得的好运，能找到许多崇拜者，但没有人恨他，也没有人羡慕他。那些与他有过私人接触的人，都被他的谦逊打动，为他的和蔼可亲着迷。他是真正的朋友，是值得尊敬的老师。对他的家人来说，他是一位忠诚的丈夫和慈爱的父亲。"

参考文献

[1] 钱长炎. 在物理学与哲学之间：赫兹的物理学成就及物理思想[M]. 广州：中山大学出版社. 2006.

[2] 赫兹[EB/OL]. 百度百科.

[3] 赫兹[EB/OL]. 维基百科.

第 26 章

莫尔斯："电报之父"的双面人生

塞缪尔·莫尔斯（Samuel Morse，见图 26-1）是美国著名发明家，被誉为"电报之父"。他发明的莫尔斯码经常在影视剧中出现。可是你知道吗？他其实是一名杰出的画家，发明电报纯属他的业余爱好。

接下来，我们就来深入地了解莫尔斯的传奇人生。

图 26-1　塞缪尔·莫尔斯

26.1　艺术少年，事业起伏

1791 年 4 月 27 日，塞缪尔·莫尔斯在美国马萨诸塞州的查尔斯顿市出生。他的父亲叫杰迪代亚·莫尔斯（Jedidiah Morse），是一位保守且虔诚的基督教公理会牧师，也是一位地理学家，在学术上颇有成就。他的母亲名叫伊丽莎白·安·芬利·布里斯（Elizabeth Ann Finley Breese）。

莫尔斯是家中长子，从小就展现出对艺术的浓厚兴趣，热爱绘画和雕刻。1799 年，年仅 8 岁的莫尔斯进入马萨诸塞州的菲利普斯艺术学院学习。6 年后，他成功进入耶鲁大学。在耶鲁大学求学期间，莫尔斯旁听了几次电学讲座，对电有了初步的认识。

1810 年，莫尔斯以优异的成绩从耶鲁大学毕业，返回老家查尔斯顿。他父母希望他将来成为图书出版商，于是安排他到波士顿的一家书店当学徒。莫尔斯对这样的安排非常不满，坚决要求投身艺术事业。于是，在他的软磨硬泡之下，1811 年 7 月，他父亲允许他前往英国，进入伦敦的皇家艺术学院学习。求学期间，他得到了著名画家本杰明·韦斯特（Benjamin West）的指导。图 26-2 是他的一幅自画像作品。

图 26-2　莫尔斯的自画像（1812 年）

1815 年 10 月，莫尔斯学成回国，在波士顿开设了自己的艺术工作室。他的艺术生涯非常顺利，先后受托为多位名人创作肖像画。他的作品还被悬挂在美国国会大厅，供众人参观。

在从事艺术创作的同时，莫尔斯还不忘进行发明创造。1817 年，他和弟弟西德尼·爱德华兹·莫尔斯（Sidney Edwards Morse）共同申请了三项关于水泵的专利，不过并没有获得商业应用。后来，莫尔斯还发明了一种大理石雕刻机，可以雕刻三维雕塑。但因为这个发明对别人早期的设计造成侵权，所以申请专利失败。

1818 年，莫尔斯在美国新罕布什尔州的康科德市结婚，新娘是一位名叫柳克丽霞·皮克林·沃克（Lucretia Pickering Walker）的美丽姑娘。两人后来育有三个孩子。

1825 年，纽约市政府邀请莫尔斯为法国的拉法耶特侯爵画一幅肖像画。莫尔斯非常崇拜拉法耶特，于是欣然前往。

同年 2 月 10 日，莫尔斯突然收到父亲派人用快马送来的一封信，信上写着："你亲爱的妻子生病了，正在治疗。"

莫尔斯看到信之后，非常着急。于是，他打包行李，赶回纽黑文。没想到，当他到家的时候，妻子已经过世且下葬了。莫尔斯连妻子的最后一面也没见上。这件事情对莫尔斯的打击很大，他意识到，当时的通信方式实在是太慢了。

1826 年 1 月，莫尔斯在纽约创办了美国国家设计学院并担任第一任校长。在接下来的几年时间里，他的父亲和母亲相继去世，给他造成了沉重的打击。1829 年，莫尔斯将自己的孩子托付给弟弟照顾，只身启程前往欧洲游学。游学期间，他相继参观了意大利、瑞士和法国的艺术建筑和收藏品，创作了不少画作。著名的《卢浮宫画廊》（见图 26-3）就是他在这个时期创作的。

图 26-3　《卢浮宫画廊》（创作于 1831 年）

1832 年 10 月，41 岁的莫尔斯乘坐"萨丽号"邮船从法国返回美国。在船上，莫尔斯遇到了来自波士顿的查尔斯·托马斯·杰克逊（Charles Thomas Jackson）博士。在交谈时，查尔斯·杰克逊兴奋地向莫尔斯介绍了欧洲电磁实验的最新进展。

受到启发的莫尔斯很快想到，电磁或许能够进行长距离的通信，于是在素描本中绘制了一些浮现在他脑海中的通信系统原型图。回到纽约之后，莫尔斯立刻投入对电报的研究。然而，经过三年的研究，莫尔斯没有取得任何成果，积蓄也逐渐用尽，他的生活一度陷入困境。

1836 年，走投无路的莫尔斯回归正常生活，开始担任纽约市大学（现纽约大学）的艺术及设计教授。他向学校申请了华盛顿广场新大楼塔楼的使用权，将其改造成工作室，继续研究自己的电报发明。

在这期间，莫尔斯还积极参与了政治活动。他两次参选纽约市长，结果均以失败告终。除了政治生涯上的失败之外，莫尔斯在艺术创作上也不断遭遇挫折。最终，心灰意冷的莫尔斯决定彻底放弃绘画。

26.2 发明电报，载入史册

失之东隅，收之桑榆。放弃绘画的莫尔斯反而在电报的研究中取得了突破性的进展。他为每一个英文字母和阿拉伯数字设计出代表符号，这些代表符号由不同的点、横线和空白组成（见图 26-4）。这就是后来鼎鼎大名的莫尔斯码。

有了电码，莫尔斯开始在电报机的研制方面发力。来自纽约大学的理学教授伦纳德·盖尔（Leonard Gale）被莫尔斯的电报创意吸引，加入了他的研究。1837 年初，他们发明了一个继电器，使长距离信号传输成为可能。同年 9 月 4 日，莫尔斯发明了第一台像模像样的电报原型机（见图 26-5），有效工作距离为 500 米。

图 26-4　国际莫尔斯码对照表

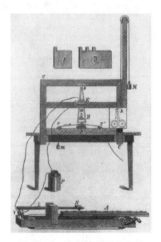

图 26-5　电报原型机示意图

这个电报原型机的发报装置很简单，由电键和一组电池组成。按下电键，便有电流通过。按的时间短，表示点信号；按的时间长，表示横线信号。收报装置则比较复杂，由一只电磁铁及有关附件组成。当有电流通过时，电磁铁便产生磁性。这时由电磁铁控制的笔，就会在纸上记录下点或横线。

1837 年 9 月 28 日，莫尔斯向美国第一任专利专员亨利·埃尔斯沃斯（Henry L. Ellsworth）提出了初步的专利申请。值得一提的是，亨利·埃尔斯沃斯曾是莫尔斯在耶鲁大学的同班同学。

当时，美国正处于严重的经济萧条中。莫尔斯为了筹措资金，又拉了一个年轻人加入。这个年轻人名叫阿尔弗雷德·韦尔（Alfred Vail），他的父亲是法官，可以提供资金支持。他本人还懂一些机械知识，可以提供技术协助。韦尔的家族在美国新泽西州有一个闲置的工厂，可以在里面进行远距离的电报测试。

1837 年 11 月，莫尔斯和他的团队在大学教室里进行了电报的演示。1838 年 2 月 21 日，莫尔斯向当时的美国总统进行了演示。随后，他在新泽西州第一次面向公众进行了电报的演示。莫尔斯发出的电报内容是："A patient waiter is no loser."（"有耐心的人永远不会失败。"）

莫尔斯的电报引起了广泛的关注，不过官司和纠纷也随之而来。他万万没有想到，第一个起诉他的人就是当年在"萨丽号"邮船上结识的查尔斯·杰克逊博士。查尔斯·杰克逊认为自己才是电报的发明人，而莫尔斯窃取了自己的发明。莫尔斯怒不可遏，幸好船上的其他乘客积极为莫尔斯作证，帮助莫尔斯赢得了这场诉讼。

后来，莫尔斯前往欧洲，为自己的发明申请专利并进行宣传。很可惜，英国政府拒绝了他的专利申请，理由是美国报纸已经发表了他的发明，使其成为公共财产。不过，法国政府非常支持莫尔斯，很快同意了他的专利申请。

1840 年，漫长的官司结束，莫尔斯终于获得了电报的专利权。

26.3 推广普及，维权专利

1842 年 12 月，莫尔斯前往华盛顿，请求美国国会投资 3 万美元，用于在华盛顿和巴尔的摩之间建设一条约 64 千米长的电报线路。经过漫长的游说，美国众议院在 1843 年 2 月 23 日投票通过了这项法案。

众议院通过之后，该法案还需要经过参议院的同意。1843 年 3 月 3 日是当时国会届满会议的最后一天，可怜的莫尔斯一直等到午夜，参议院都没有通过该法案。朋友告诉他法案已经没戏了，无奈的莫尔斯离开了国会大厦。

结果第二天一早，专利专员亨利·埃尔斯沃斯的女儿安妮·埃尔斯沃斯（Annie G. Ellsworth）跑来告诉莫尔斯，法案通过了。原来，在会议的最后时刻，亨利·埃尔斯沃斯极力游说，促使参议院投票通过了法案。

莫尔斯欣喜若狂。

1844 年 5 月，这条电报线路竣工。5 月 24 日，莫尔斯坐在华盛顿国会大厦联邦最高法院会议厅中，用激动得发抖的手向 64 千米以外的巴尔的摩发出了人类历史上的第一份长途电报，电文内容是《圣经·旧约申命记》中的一句话："What hath God wrought!"（"上帝创造了何等的奇迹！"）

这句话是前面提到的安妮·埃尔斯沃斯选择的。莫尔斯以这种方式来表示对她和她父亲的感谢。

不久后，第一条商业电报线路开始营业。再往后，越来越多的电报线路在美国和欧洲被建立起来，将城市与城市紧密相连。1845 年，美国第一电报局成立（铭牌见图 26-6）。

图 26-6　美国第一电报局的铭牌

1847 年，富裕的莫尔斯买下了纽约哈德逊河附近的一处房产，并将其改造成意大利别墅风格的豪宅。1848 年，莫尔斯再婚，对象是莎拉·伊丽莎白·

格里斯沃尔德（Sarah Elizabeth Griswold）。

到 1849 年，美国一共建设了近 2 万千米的电报线，有 20 多家公司从事电报运营。然而，很多公司没有向莫尔斯支付专利使用费，莫尔斯不得不进行艰辛的法律维权。1854 年，美国最高法院维持了莫尔斯的专利主张，要求所有使用莫尔斯电报系统的美国公司向莫尔斯支付专利使用费。

1858 年，横跨大西洋的海底电缆铺设成功。同年 8 月 12 日，美国和英国之间首次实现了越洋有线电报的通信。1861 年，美国东西海岸成功通过电报相连。1866 年，第二条永久性的大西洋海底电缆铺成，从此海缆成为全球重要的通信工具。

26.4　热衷慈善，安然离世

晚年的莫尔斯（见图 26-7）一直致力于从事慈善事业。他慷慨地资助了瓦萨学院、母校耶鲁大学等各种学校和组织，以及好几位生活贫困的艺术家。

1872 年 4 月 2 日，莫尔斯在美国纽约因肺炎逝世，享年 80 岁。逝世后，他被安葬在纽约布鲁克林的格林伍德公墓。他留下的遗产价值高达 50 万美元（相当于今天的 1080 万美元），可以说他富甲一方。

图 26-7　晚年的莫尔斯

除了财富之外，莫尔斯一生还获得了许多国家授予的荣誉，包括土耳其苏丹授予的荣誉勋章、奥地利皇帝授予的科学和艺术大金牌、法国皇帝授予的骑士勋章、丹麦国王授予的丹纳布罗格骑士团骑士十字勋章、西班牙女王授予的伊莎贝拉骑士团司令骑士十字勋章等。他还出现在许多雕像、匾额、邮票和画作上，为世人熟知。

26.5　结语

莫尔斯的一生可以概括为三个关键词：电报、艺术和政治。

电报这个伟大的发明自然不用多说，早已载入史册。在艺术方面，他也称得上是大师级别的艺术家。然而，莫尔斯在政治上始终不得志，还有不少饱受诟病的污点。

虽然莫尔斯是一个复杂的历史人物，但是他值得被所有人铭记，因为他的伟大发明改变了人类历史，造就了全新的通信时代。

延伸阅读：电报的发明权之争

有历史学家认为，电报的真正发明者是俄国外交官帕维尔·希林（Pavel Schilling）。

1822 年，希林受当时种种电学发现的启发，提出一种设想：磁针在有电流通过时会产生偏转，电流的强弱能决定磁针偏转角度的大小，磁针偏转角度的变化可以传达种种信息。

于是，他全身心地投入了电磁电报机的研究。后来，他研制出了人类历史上的第一台电磁式单针电报机（也称为希林电报机），还发明了一套电报电码。

1836 年 3 月，退役的英国青年军官威廉·库克（William Cooke）把一部希林电报机带回家乡进行研究。在研究过程中，他请教了著名物理学家查尔斯·惠斯通（Charles Wheastone）教授。惠斯通欣然加入了这项研究。

1837 年 6 月，两人研制出了比希林电报机先进得多的电报机，并申请了第一项电报专利（和莫尔斯的时间非常接近）。同年 7 月，他们进行了五针式电报示范表演，信号传输距离约 1.6 千米。

1839 年 1 月 1 日，他们发明了一种更先进的电报机，并在英国铁路公司的铁路线上投入使用。1846 年，库克和惠斯通成立了一家电报公司。

目前，世界上的大多数人仍然将莫尔斯称为"电报之父"，因为他不仅最先发明了电报产品的原型，而且他的原型更加成熟、实用。此外，莫尔斯还积极推动了电报产品的普及，继电器和莫尔斯码的发明也为他加分不少。

参考文献

[1]　李白薇. 电报之父塞缪尔·莫尔斯[J]. 中国科技奖励，2012，(06)：72-73.

[2]　莫尔斯[EB/OL]. 百度百科.

[3]　莫尔斯[EB/OL]. 维基百科.

[4]　Samuel Morse-His life, work, and inventions[EB/OL]. Samuel Morse.

第 27 章

贝尔：成就卓著的"电话之父"

说起亚历山大·贝尔，相信大家都不会感到陌生。作为"电话之父"，他为人类通信事业做出了巨大的贡献。他发明的电话影响了历史的走向，也改变了我们每个人的生活。

然而，鲜为人知的是，这位伟大的发明家除了发明电话之外，还有很多卓越的成就：

- ❑ 他是一名广受赞誉的聋哑人教育专家；
- ❑ 他是美国《国家地理》杂志和《科学》杂志的发起人之一；
- ❑ 他发明过用于医学治疗的探针，以及早期的"人工呼吸器"；
- ❑ 他参与过留声机的重大改进；
- ❑ 他是著名的伏打实验室（Volta Laboratory）的创始人；
- ❑ 他是著名科技企业 AT&T 的创始人；
- ❑ 他是航天飞行和航海的爱好者，发明过速度达 114 km/h 的水翼船；
- ❑ ……

这些成就被电话的光芒所掩盖，以至于被后人忽视。

今天，我们一起来重新认识一下这位科学界的传奇人物——亚历山大·格雷厄姆·贝尔（Alexander Graham Bell，见图 27-1）。

27.1　教育世家，移民北美

1847 年 3 月 3 日，亚历山大·贝尔出生
于苏格兰爱丁堡的一个教育世家。他的祖父
也叫亚历山大·贝尔，早期热爱戏剧表演，
然而并未出名。后来，他的祖父凭借演出经
历转行从事语言和口才方面的教育工作，其
中就包括针对聋哑人的教育。

图 27-1　亚历山大·格雷厄姆·贝尔

贝尔的父亲名叫亚历山大·梅尔维尔·
贝尔（Alexander Melville Bell），他继承了贝
尔祖父的事业，也成了聋哑人教育领域的专
家。贝尔的母亲名叫伊莉莎·格蕾丝·西蒙兹（Eliza Grace Symonds），是一
位颇有成就的画家、钢琴家，但是近乎失聪。

贝尔是家中次子，他有一个哥哥和一个弟弟，名字分别叫梅尔维尔和爱德
华。兄弟三人的早期教育都由他们的父母亲自负责，包括阅读、算术、绘画和
钢琴演奏等。

贝尔刚出生的时候全名叫亚历山大·贝尔，到了 10 岁才加上了格雷厄姆
这个中间名。这个名字来自他父亲的一个学生，也是他们家的年轻房客。

少年时期的贝尔已经展现出了发明方面的天赋。他曾经发明过一个非常实
用的改良型水磨，令周围的人刮目相看。

11 岁时，贝尔进入爱丁堡市的皇家高中读书。不过，他并不喜欢那里的
课程，15 岁就离开了学校。1863 年 8 月，16 岁的贝尔开始在苏格兰埃尔金的
韦斯顿寄宿学校教书。三年后，贝尔前往萨默塞特郡学院任教。

1867 年，贝尔搬到了英国伦敦。在伦敦，贝尔和哥哥一起发明了一个类
似"人工喉"的机械发声装置。当吹气时，它可以发出少量类似真人说话的
声音。

相比之下，贝尔父亲的发明成就更大。他的父亲通过科学分析人声，开发了一个完整且普遍适用的注音系统，并将其称为"可见语音"，轰动了整个学术界。

1868 年 6 月，贝尔通过了伦敦大学学院的入学考试，开始学习解剖学和生理学。然而，他没能完成学业。他的弟弟和哥哥分别于 1867 年和 1870 年因肺结核去世，所以医生建议他的父母把家搬到空气更好的地方。

于是，1870 年，贝尔一家人搬到了遥远的加拿大安大略省布兰特福德市。

在离开英国之前，贝尔与好友亚历山大·埃利斯（Alexander Ellis）共进晚餐。在吃晚餐时，埃利斯向贝尔介绍了德国科学家赫尔曼·冯·亥姆霍兹关于电学的工作，激发了贝尔的浓厚兴趣。贝尔认为，未来一定是电的天下。

27.2　执着钻研，锲而不舍

迁居加拿大之后，贝尔的父亲作为一位有名望的教育专家，被加拿大女王大学特聘为讲师。与此同时，美国马萨诸塞州的波士顿市也对贝尔的父亲发出了邀请。于是，他便把贝尔推荐了过去。1871 年，贝尔搬到了波士顿，在当地的聋哑人学校任教。

1872 年春天，贝尔在美国哈特福德的聋哑人教育和指导庇护所以及北安普敦的克拉克聋人学会（后来的克拉克聋人学校）任教。在这期间，他结识了克拉克聋人学会的创始人加德纳·格林·哈伯德。

加德纳有一个女儿，名叫梅布尔·哈伯德（Mabel Hubbard）。她比贝尔小10 岁，在五岁时差点因为猩红热丧命，也因此失去了听觉。受加德纳的委托，贝尔对梅布尔进行辅导。随着时间的推移，贝尔和梅布尔渐生情愫。

1873 年，26 岁的贝尔成为波士顿大学的声乐生理学教授。

贝尔在从事聋哑人教学工作的同时，没有放弃自己的发明事业。

最初，贝尔的研究方向是谐波电报。当时的电报机虽然应用广泛，但效率低下，一次只能接收和发送一条消息。于是，许多发明家（包括爱迪生）在研究一种可以同时发送多条消息的电报机，也就是所谓的谐波电报系统。

贝尔对谐波电报的研究得到了未来岳父加德纳的大力支持。加德纳希望建立一家联邦特许电报公司，与当时处于垄断地位的西联公司竞争。谐波电报显然非常有利于他赢得这场竞争。

同时加入谐波电报研究项目的还有一个富商——托马斯·桑德斯（Thomas Sanders）。托马斯·桑德斯也是贝尔学生的家长，他的儿子乔治失聪，需要长期接受贝尔的辅导。

就在贝尔从事谐波电报研究期间，一个新的想法在他脑海中萌生，那就是"借用电线来传导声音"。为了验证自己的想法，贝尔专门请教了几位电报技师，结果遭到了对方的无情嘲讽。一位技师说："只要你多读几本《电学常识》之类的书，就不会有这种幻想了。"

受到打击的贝尔并没有放弃，他又专程去华盛顿特区，请教德高望重的物理学家约瑟夫·亨利（Joseph Henry）。约瑟夫·亨利的态度简单明了，他直接告诉贝尔："你有一个伟大发明的设想，干吧！"

当贝尔表示自己欠缺专业知识，可能无法完成研究的时候，约瑟夫·亨利又说："学吧！并且吸取别人的经验。"

约瑟夫·亨利的鼓励和支持给了贝尔极大的信心。

然而，贝尔转变研究方向的做法让投资人非常不悦。1875 年 1 月，托马斯·桑德斯聘请了一位名叫托马斯·华生（Thomas A. Watson，见图 27-2）的年轻电气技师担任贝尔的助手，希

图 27-2 托马斯·华生

望把贝尔的注意力重新集中在谐波电报上。没想到,华生很快迷上了贝尔的语音传输理念,加入了贝尔的新项目。

27.3　专利获批,致力推广

1875 年 6 月 2 日,贝尔和华生在波士顿柯特大街 109 号的寓所中偶然发现了电话传声的关键环节。随后,他们很快制作出了早期的电话模型。

1876 年 2 月 14 日,贝尔向美国政府提交了电话专利的申请(事实上,当时贝尔的电话还没完全成形)。3 月 7 日(也有说法是 3 日),他的专利申请被美国政府批准,专利号为 174465。

1876 年 3 月 10 日,还是在柯特大街 109 号的寓所中,贝尔对着自己发明的电话机,说了那句后来被载入史册的话:“华生先生,过来一下,我想见你。”(“Mr. Watson — come here — I want to see you.”)

至此,贝尔的电话才算正式发明成功。

在这之后,贝尔和华生继续对电话进行改进。1876 年 6 月,他们参加了在费城举办的美国建国 100 周年展览。当时参加展览的大人物很多,其中就包括巴西皇帝多姆·佩德罗二世(Dom Pedro II)。贝尔向他展示了自己的发明,引起了对方的极大兴趣。同时参加展览的还有英国科学家威廉·汤姆孙(William Thomson)爵士,他后来为电话在欧洲的普及做出了很大贡献。

1876 年 8 月,贝尔使用两个相距 8 千米的电报局进行了电话演示,在社会上引起了极大的轰动。此后,贝尔和华生到处宣传自己的发明,还给几百个用户安装了电话。

1877 年 7 月 9 日,贝尔和他的合伙人共同成立了贝尔电话公司,致力于电话的全面推广和普及。两天后,贝尔和梅布尔·哈伯德正式结婚。

1878 年,贝尔在波士顿和纽约之间进行了首次长途电话试验(相距 300

千米），获得成功。此后，电话迅速在北美各大城市中盛行起来。

1882 年，贝尔正式加入美国国籍。1886 年，贝尔在加拿大新斯科舍省的巴德德克（Baddeck）附近购买了土地，修建了别墅，并开始长期在此居住。这一时期，贝尔的头发和胡须变得花白（见图 27-3），体重迅速增加，和之前判若两人。

1892 年 10 月 18 日，纽约和芝加哥之间长达 1520 千米的电话线正式开通，贝尔在现场进行了通话演示（见图 27-4）。

图 27-3　晚年的亚历山大·贝尔

图 27-4　通话演示现场

27.4　誉满天下，赢得尊重

1915 年 1 月 25 日，65 岁的贝尔应邀参加横贯美洲大陆（在纽约和旧金山之间）的电话线开通典礼。他当年的助手华生也在受邀之列。

那天，贝尔在纽约，华生在旧金山。他们分别坐在电话机的前面，预定的时间一到，贝尔就拿起送话机，说："华生先生，过来一下，我想见你。"是的，这正是 40 年前，他们第一次用电话通话时说过的话。华生立即回答："好的，我立刻就去，可是需要一星期的时间呢！"

众人通过扩音器听到他们的对话，不由得轰然大笑，热烈鼓掌。

1922 年 8 月 2 日，贝尔因糖尿病并发症逝世，享年 72 岁。5 个月后，他的妻子梅布尔随他而去。

为了表示对贝尔的敬意，在贝尔的葬礼开始时，美国和加拿大的电话服务暂停了 1 分钟。

逝世后的贝尔及妻子被合葬在巴德德克庄园。他的墓碑上刻着："这里躺着一位美国公民。"（"Died a Citizen of the United States."）

27.5 诸多成就，值得铭记

本章开头提到，贝尔除了电话之外，还发明了很多东西。下面就来逐一介绍。

第一个其实还是电话。不过这不是前面说的线电话，而是光电话，即用光来通话的电话。

1880 年，贝尔利用太阳作为光源，用大气作为传输媒质，用硒晶体作为光接收器件，成功地进行了光电话的实验，通话距离最远达到了 213 米。

1881 年，贝尔宣读了一篇名为《关于利用光线进行声音的产生与复制》的论文，展示了他的光电话装置。在贝尔看来，在他的所有发明中，光电话是最伟大的发明。不过，事实上，光电话受环境影响很大，基本上没有实用价值，后来逐渐被人们遗忘。

第二个是电话探针。

1881 年 7 月 2 日，美国总统詹姆斯·艾伯拉姆·加菲尔德（James Abram Garfield）在华盛顿火车站遇袭，背部中弹。贝尔因为此前有金属探测器的实验经验，所以被唤至总统的床边，帮助使用金属探测器找到子弹。最后，探测并没有成功（好像是因为当时总统躺的是一张铁板床）。数周后，加菲尔德总统死于感染。

深感自责的贝尔开始着手发明一种高效的手术探针，并在 1881 年 10 月提出了一个成功的模型。他将该发明命名为电话探针（telephonic probe）。为此，德国海德堡大学授予了贝尔荣誉医学博士学位，以表彰他对外科手术的贡献。

第三个是改进版的留声机。

确切地说，这个发明没有成功。留声机是爱迪生在 1877 年发明的。贝尔发现，留声机用来记录和复制声音的锡箔唱片在使用几次后就会坏掉。于是，贝尔和徒弟查尔斯·泰恩特（Charles Tainter）开始一起研究如何改进。

本来两人就快成功了，结果贝尔赶去救治加菲尔德总统，把这件事情耽搁了。后来，发明家埃米尔·贝利纳（Emile Berliner）在此方面取得了最后的成功。

第四个重要发明"真空服"和贝尔的儿子有关。

贝尔和梅布尔结婚之后，先生了两个女儿，埃尔西和玛丽安（见图 27-5），又生了两个儿子，爱德华和罗伯特。

不幸的是，大儿子在出生后不久就夭折了，小儿子在出生时患有先天性呼吸道疾病，很快也夭折了。痛心之余，贝尔发明了一种"真空服"，以帮助有呼吸障碍的人。"真空服"可以通过机械作用帮助病人扩张和收缩肺部，也被称为"铁肺"。后来，这个装置救了很多人的性命。

图 27-5　贝尔和家人

第五和第六个分别是飞行器和水翼船。

从 1890 年开始，贝尔就将自己的兴趣转移到了航空领域。1907 年，贝尔夫妇联合一些伙伴共同创立了 AEA（Aerial Experiment Association，航空实验协会）。该协会制造了好几架经典的飞机（如 AEA 飞行器，见图 27-6），表现优异。

图 27-6　AEA 飞行器

夫妇俩不仅造飞机，后来还造了快船。1919 年，他们制造的一艘水翼船（型号为 HD-04，见图 27-7）创下了时速 114 千米的世界纪录。当时，世界上最快的汽船时速只有 48 千米。他们的纪录直到 10 多年后才被打破。

图 27-7　HD-04 水翼船

除了技术发明之外，贝尔还有很多其他领域的成就及贡献。

成名后的贝尔一直没有放弃聋哑人教育事业。他在一生中撰写了大量的聋哑人教育文章，并对聋哑人教育进行慷慨的捐助和投资。1890 年，美国聋人言语教学协会（现为亚历山大·格雷厄姆·贝尔聋人和听力障碍协会）成立，由贝尔担任主席。

第 14 章提到，贝尔创办过贝尔电话公司。贝尔电话公司后来有一个子公司，叫作 AT&T。AT&T 创办了一个实验室，叫作贝尔实验室。

不过，贝尔在贝尔电话公司成立两年后（即 1879 年）就卖掉了股份，只担任技术顾问。也就是说，贝尔没有从后来的市值增长中赚到多少钱。他的收益主要来自每年领取的专利使用费。

1880 年，法国政府向贝尔颁发了 5 万法郎（约 1 万美元）的奖金，以表彰他发明了电话。贝尔拿这笔钱在华盛顿特区设立了著名的伏打实验室，专门从事科研工作。

他进行过海水淡化的研究，也尝试过培育绵羊的"超级品种"，甚至资助过早期的原子实验。

1888 年，贝尔帮助创建了美国国家地理学会，第一任会长是他的岳父，第二任会长就是他自己。该学会创办了一份杂志，也就是大名鼎鼎的美国《国家地理》杂志。贝尔希望该杂志吸引大众，而不仅是专业的地理学家和地质学家。同时，他还提倡在杂志中使用摄影作品。

后来，贝尔聘用了吉尔伯特·霍维·格罗夫纳（Gilbert Hovy Grosvenor）担任该杂志的主编，并把自己的女儿埃尔西嫁给了他。

格罗夫纳是摄影新闻的先驱。在他的领导下，《国家地理》的发行量从不到 1000 份增加到 200 多万份，《国家地理》成为全球最具影响力的杂志之一。

除了《国家地理》之外，贝尔还支持创办了《科学》杂志。后来，该杂志成为美国最重要的科学研究期刊之一。

最后要说一下贝尔和海伦·凯勒（Helen Keller）的深厚友谊。

贝尔在 1887 年与海伦·凯勒结识，两人后来一直保持着密切的联系和交流。凯勒曾经多次上门拜访贝尔夫妇。凯勒在《我生活的故事》一书中说："他（贝尔）教了听障者说话，并使人的耳朵能听到从大西洋到落基山脉的话语。"

27.6 结语

作为教育家、发明家、慈善家，亚历山大·贝尔为人类做出了巨大的贡献。

他发明的电话改变了人类的通信方式，拉近了人与人之间的距离，也促进了社会的发展和进步。

贝尔是一个极具创新精神的人，从未局限于自己已有的成就。他一生都在不断地探索新的领域，试图运用自己的能力，给这些领域带来改变。他不是为了钱，也不是为了名誉，而是真心实意地想要改变人们的生活，让科技服务于全人类。

他的奉献精神令人感动，值得全人类铭记和感谢！

延伸阅读：谁是真正的电话发明人

一直以来，关于"电话之父"这个称谓的归属存在很大的争议。除了贝尔之外，还有三个人被认为是电话的"真正"发明人。

第一个人是当时和贝尔在谐波电报方面存在竞争关系的伊莱沙·格雷（Elisha Gray）。格雷也在 1876 年 2 月 14 日提交了电话的专利申请，不过比贝尔晚了几个小时。后来两人打了很久的官司，法院最终判贝尔胜诉。

第二个人是德国理科教师、发明家约翰·菲利普·莱斯（Johann Philipp Reis）。莱斯曾经到美国最高法院起诉贝尔，宣称自己在 1860 年左右就发明了电话，能把声音传到 100 米远。他还声称自己在 1861 年法兰克福物理协会以及 1864 年吉森自然科学研究者工作大会上展出过他的"电话装置"。

然而，法院在调查后认为，莱斯的"电话装置"只能进行单向传送，不能让双方交谈，所以驳回了莱斯的起诉，维持了贝尔的专利权。

第三个人也是最具争议的人，名叫安东尼奥·梅乌奇（Antonio Meucci，见图 27-8）。

图 27-8 安东尼奥·梅乌奇

梅乌奇是意大利人，一生穷困潦倒。因为他没有钱为自己的发明申请专利，所以申请专利的机会被贝尔获得。他后来的故事也很悲惨，在和贝尔打官司的过程中因为没钱治病而去世。

2002 年 6 月 15 日，美国国会判定梅乌奇是电话的发明者，算是告慰了梅乌奇的在天之灵。不过，2002 年 6 月 21 日，加拿大国会通过决议，重申贝尔是电话的发明者。围绕"电话之父"的争论还没有彻底结束。

就像"电报之父"一样，"电话之父"的意义其实不全在于是谁真正第一个发明了电话，还在于谁在发明电话之后推动了这项发明的普及，使之成为一项产业。

参考文献

[1] GRAY C. Alexander Graham Bell[M]. New York：Arcade Publishing. 2021.

[2] BRUCE R V. Bell, Alexander Graham[EB/OL]. American National Biography. (2010-02-01).

[3] PHILLIPSON D. Alexander Graham Bell[EB/OL]. The Canadian Encyclopedia. (2010-07-28).

[4] 亚历山大·贝尔[EB/OL]. 百度百科.

[5] 亚历山大·贝尔[EB/OL]. 维基百科.

第 28 章

马可尼：年少成名的"无线电通信之父"

第 23～25 章详细介绍了电磁理论的奠基过程。我们知道，奥斯特发现了电流的磁效应；法拉第经过反复实验提出了电磁感应定律；麦克斯韦通过数学推算预测了电磁波的存在；最终，赫兹通过实验证实了电磁波的存在。

电磁理论成形之后不久，无线电通信时代就开启了。

接下来，我们就来了解无线电通信诞生的故事。故事的主角就是大名鼎鼎的"无线电通信之父"——古列尔莫·马可尼（Guglielmo Marconi，见图 28-1）。他是意大利无线电工程师、企业家，也是实用无线电通信的创始人。

图 28-1　古列尔莫·马可尼

28.1　家境富裕，爱好实验

1874 年 4 月 25 日，古列尔莫·马可尼出生于意大利的博洛尼亚市。他的父亲朱塞佩·马可尼（Giuseppe Marconi）是当地一位成功的企业家，非常富裕，拥有自己的农场。他的母亲安妮·詹姆森（Annie Jameson）也身世不凡，是爱尔兰贵族的后裔，当时担任音乐教师。

马可尼在家里排行老二，他有一个哥哥叫阿方索。后来，他还多了一个继兄弟，叫路易吉。

因为家境富裕，马可尼的童年生活衣食无忧。他从小就热爱科学，在自家阁楼中建了一个实验室，研究科学发明。他父亲有一个私人图书馆，马可尼经常在里面读书。

对于马可尼的实验行为，他的父亲曾经反感，认为他不务正业。而他的母亲却非常支持他，给予了保护和鼓励。

值得一提的是，马可尼有一个邻居兼启蒙老师——意大利博洛尼亚大学的物理学教授奥古斯托·里吉（Augusto Righi）。里吉教授很看好马可尼，不仅允许马可尼使用学校的实验室，准许他将实验仪器借回家，还同意他借阅学校图书馆的图书。

28.2　年少有为，申请专利

1894 年，也就是赫兹去世的那年，马可尼刚满 20 岁。有一天，正和哥哥在阿尔卑斯山度假的他，偶然读到了赫兹发表在电气杂志上的实验介绍和论文。他马上想到电磁波可以用于通信。于是，他匆忙结束假期赶回家中，着手进行相关的实验。很快，他就取得了不错的进展。他在家里发明了一个简陋的无线电装置，用无线电波打响了楼下的电铃。

1895 年夏，马可尼对无线电装置的火花式发射机和金属粉末检波器进行了改进，在接收机和发射机上加装天线，成功地进行了无线电波传输信号的实验。

同年秋天，马可尼将实验从室内转移到室外，通信距离也增加到 2.8 千米，不仅能打响电铃，而且能在纸带上记录莫尔斯码。

在取得初步的成果之后，马可尼迫不及待地向意大利政府申请专利并希望获得研发经费。然而，目光短浅的意大利政府忙于铺设有线通信电缆，认为马可尼的发明并不成熟，所以拒绝了他。于是，义愤填膺的马可尼在母亲的支持下来到英国伦敦，希望能够申请专利并获得支持。

1896 年 6 月 2 日，马可尼如愿申请到了无线电专利，当时名为"发射电脉冲和信号及其设备的改进"，专利号为 12039/96。图 28-2 中为马可尼和他发明的无线电报机。

图 28-2　马可尼和他的无线电报机

28.3　跨海通信，震惊全球

获得专利后，马可尼积极地在社会名流之间奔走，演示自己的新发明。不久后，马可尼邂逅了英国邮局首席电气工程师威廉·普里斯（William Preece）。普里斯意识到了马可尼所发明装置的价值，积极为其宣传。

1897 年，马可尼和助手在英国海岸附近进行跨海无线电通信试验。他们将发射机安装在海岸上的一间小房子里，在屋外竖起一根高高的杆子，并在上面架设用金属圆筒制成的天线。

起初，马可尼将接收机放在距海岸 4.8 千米的一个小岛上，试验很容易就获得了成功。之后,他又将距离扩大至 14.5 千米,也获得了成功。此后,马可尼不断改进通信装置,增加通信距离。

1897 年,马可尼在伦敦成立了无线电报及电信有限公司,后来更名为马可尼无线电报有限公司。1898 年 7 月,马可尼的无线电报装置正式投入商业使用,当时为爱尔兰《每日快报》报道了金斯汤赛船的情况,大获成功。

很快,无线电报被应用于远洋航海业。远洋航行存在极大的风险,轮船出海经常会遇到极端天气或者冰山。一旦发生事故,船员基本上束手无策,因为根本无法发出呼救信号。

无线电通信的出现,毫无疑问拯救了航海者。1899 年 3 月 3 日,"东凯旋号"被另一艘船撞破,还好船上装有无线电报装置,及时发出了求救信号,结果成功获救。这是无线电首次充当海上营救通信工具。

1899 年夏,马可尼成功地实现了英吉利海峡两岸的无线电报联络,通信距离达到 45 千米,轰动了整个欧洲。

1899 年 7 月,马可尼的通信系统第一次被应用于英国海军演习。很快,马可尼从英国皇家海军得到了第一份合同:为英国海军的 28 艘军舰和 4 个陆上通信站装备无线电报机。

值得一提的是,就在同年,中国也进口了几部马可尼的无线电报机,安装在两广总督督署、威远等要塞以及南洋舰队舰艇上,用于军事指挥。

1900 年,马可尼为"调谐式无线电报"取得了著名的第 7777 号专利。

1901 年 12 月 12 日,马可尼计划在加拿大纽芬兰和英国昆沃尔之间实现横跨大西洋的超远距离无线电通信。试验当天,纽芬兰遭遇了强烈的风暴,预先吊起的天线气球被狂风吹跑。无奈之下,马可尼只能临时借用风筝拉起天线。经过焦急的等待,忽然传来微弱的信号,是断断续续的三个点(莫尔斯码中的 S)。试验获得成功!

当时，所有人都不明白为什么无线电可以不受地球表面弯曲的影响，传播那么远的距离，就连马可尼自己也不明白。后来，人们才知道这是因为地球的电离层"反射"了无线信号。

跨海无线电通信成功的消息很快传遍全球，世人为之震惊。各国政府纷纷跟进，研究无线电通信技术，采购无线电收发报机。人类的通信方式开始发生巨变。

这一年，马可尼只有 27 岁。

无线电报的流行也催生了无线广播。1906 年 12 月 24 日，美国匹兹堡大学的教授雷金纳德·奥布里·费森登（Reginald Aubrey Fessenden）通过马萨诸塞州布朗特岩的无线电塔，成功地进行了人类第一次面向大众的无线广播。

成名后的马可尼获得了巨大的个人荣誉和财富。1909 年，马可尼荣获诺贝尔物理学奖。一同获奖的还有德国电气工程师卡尔·费迪南德·布劳恩（Karl Ferdinand Braun），他对发报机进行了物理学背景研究，以及根本性的改造。

1912 年 4 月 15 日，在著名的"泰坦尼克号"事件中，无线电再次发挥了作用，最终使 711 人获救。《泰晤士报》因此评价："我们感谢马可尼发明的装置，它使'泰坦尼克号'能够最快地发出求救信号。在这之前，很多船只没有发出任何遇难信号就沉没了。"

28.4　参军入伍，人生跌宕

1914 年，第一次世界大战爆发，马可尼被任命为意大利军队中尉。后来，他晋升为海军司令部的中校。1919 年，第一次世界大战结束后，马可尼担任意大利特命全权代表，参加巴黎和会。

1926 年，马可尼登上《时代》杂志封面。1929 年，马可尼获得了侯爵的世袭头衔。

此后的马可尼仍然坚持发明创造，在短波通信、远距离定向通信、微波无线通信及雷达领域取得了不少成就。1932 年，马可尼在梵蒂冈城和波普夏宫之间实现了世界上首次微波无线电话通信。

1933 年，马可尼携夫人曼丽亚进行环球旅行，曾来到中国，先后游历了大连、北京、天津、南京、上海等地。后来，南京国民政府还给马可尼颁发了"秉玉大勋章"，以表扬其功绩。

需要注意的是，马可尼晚年有人生污点：1923 年他加入了法西斯党，1930 年服务于墨索里尼的独裁政府。

1937 年 7 月，马可尼因心脏病在意大利罗马去世，终年 63 岁。

当时，意大利政府为马可尼举行了国葬，罗马有上万人参加了他的葬礼。为了表示对这位"无线电之父"的深切悼念，美国、英国和意大利等国海上所有船只的广播电台都静默了两分钟。

马可尼逝世后，葬在意大利的萨索，靠近他的家乡博洛尼亚。在意大利佛罗伦萨的圣十字教堂，至今仍有他的纪念碑。

28.5　结语

马可尼对科学发明的兴趣爱好，是他完成无线电报发明的主要原因。当然，这也离不开他富裕的家庭条件，以及父母的大力支持。

年少成名后，马可尼一直致力于无线电报的改良和推广。他创办的马可尼无线电报与信号公司是世界上最早进行无线电器材制造的公司，后来成为全球知名的通信和 IT 设备提供商，在人类通信发展史上拥有重要地位。

马可尼也许并不是最早实现无线电通信的人，但是和莫尔斯、贝尔一样，他对无线电技术卓有成效的推动，最终帮助自己赢得了"无线电通信之父"的美誉。

参考文献

[1] RABOY M. Marconi: The Man Who Networked the World[M]. Oxford：Oxford University Press. 2018.

[2] BRIDGMAN R. 马可尼——无线电报之星[J]. 侯春风，译. 世界科学，2002，(10)：44-46.

[3] 张姚俊. "无线电之父"的上海之行[J]. 档案与史学，2004，(01)：60-61.

[4] 马可尼[EB/OL]. 百度百科.

[5] 马可尼[EB/OL]. 维基百科.

第 29 章

波波夫：俄国的无线电先驱

亚历山大·斯捷潘诺维奇·波波夫（Alexander Stepanovich Popov[①]，见图 29-1）是俄国著名物理学家、发明家，无线电通信的奠基人之一，天线的发明人，电磁波研究的先驱。

29.1 放弃神学，转向电学

1859 年 3 月 16 日，波波夫出生在俄国乌拉尔矿区小镇的一个普通家庭

图 29-1 亚历山大·斯捷潘诺维奇·波波夫

里。他的父亲斯特凡·彼得罗维奇（Stefan Petrovich）是一名牧师，他的母亲安娜·斯捷潘诺夫娜（Anna Stepanovna）是一名乡村教师。

波波夫的父亲非常希望儿子也能成为一名神职人员，所以安排他从小进入神学院学习。然而，波波夫的兴趣并不在神学上。他对自然科学非常着迷，从小就喜欢研究木工和电工技术。上小学的时候，他就尝试制作了水磨模型和电池。他还用电铃把自家的钟表改装成了闹钟。

中学时期，波波夫的数学和物理成绩特别好，经常受到老师和校长的表扬。

---

① 俄文名是 Александр Степанович Попов。

1877 年，在经历了漫长的神学院学习之后，波波夫以优异的成绩毕业。18 岁的他拒绝走神职人员路线，而是通过考试进入了圣彼得堡皇家大学（今圣彼得堡国立大学，以下简称为圣彼得堡大学）数学物理系。

进入大学后，波波夫出于兴趣对电学进行了充分的探索。他不仅在学校里学习了大量的电学知识，还在圣彼得堡的一家发电厂担任电工，勤工俭学。

两年后，波波夫转到圣彼得堡大学森林学院学习。这里学术思想活跃，允许学生自由发展。在这期间，波波夫对炸药产生了浓厚的兴趣。他研究出了用电线遥控炸药爆炸的方法，被同学们称为"炸药专家"。

1882 年，波波夫从圣彼得堡大学毕业，并留校担任助教。一年后，波波夫到俄罗斯克伦施塔特（Kronstadt）海军鱼雷学校担任物理和电气工程教师（后来成为物理系主任）。1883 年 11 月，波波夫与一位律师的女儿赖莎·阿勒克斯娃（Raisa Alekseevna）结婚，后来育有两个儿子和两个女儿。

29.2　发明天线，公开演示

1888 年，德国科学家赫兹通过实验证明了电磁波的存在，在科学界引起了轰动。众多科学家开始加入对电磁波的研究和实验，波波夫也是其中一员。

不过，波波夫最初的兴趣是研究雷暴和闪电等大气现象造成的电磁反应。波波夫是海军军校老师，而极端天气会对航海造成很大的威胁，所以他希望能借助电磁反应进行气象预报。

1894 年，波波夫对传统电磁波检测装置（粉末检波器）进行了改进，大幅提升了灵敏度。不久后，波波夫发明了一种天线装置：他将检波器的一端与天线连接，另一端接地，检测到了远处大气中的放电现象。这是人类首次利用天线接收到自然界的无线电波。

1895 年 5 月 7 日，波波夫在圣彼得堡召开的俄国物理化学协会年会上，第一次公开演示了他发明的无线电接收机。他称之为"雷电指示器"。

1895 年 7 月，波波夫将无线电接收机安装在圣彼得堡林业研究所的气象台上。几个月后，波波夫发表了论文《金属屑同电振荡的关系》。他在论文中表示，只要有足够的电源，他的设备就可以接收来自人造振荡源的信号。

1896 年 3 月 24 日，波波夫和助手雷布金（Pyotr Nikolaevich Rybkin）在俄国物理化学协会的年会上正式演示了用无线电传递莫尔斯码。当时，雷布金负责拍发信号，波波夫负责接收信号，通信距离是 250 米。一位教授把接收到的电报字母逐一写在黑板上，最后得到的报文是："海因里希·赫兹。"（"HEINRICH HERTZ."）

这是波波夫在向前辈赫兹致敬。这份电报是世界上第一份有明确内容的无线电报。

29.3　错失专利，擦肩诺奖

演示结束后，波波夫充满信心地说："我的仪器在进一步改良以后，就能够凭借迅速的电振荡进行长距离通信。"很可惜，当时波波夫并没有进行该装置的专利申请。

1896 年 6 月，意大利人马可尼申请了无线电报系统专利。等到马可尼的专利图纸传到俄国，人们才发现，图纸上的设计和波波夫的发明非常相似。俄罗斯物理化学协会声称，波波夫才是真正的无线电发明者。然而为时已晚，国际上已经普遍认可了马可尼的专利权。

1897 年，俄国政府利用波波夫的技术在克伦施塔特建立了无线电台。同年夏天，相隔 5 千米的两艘俄国军舰借助无线电台实现了远距离通信。

1900 年初，波波夫使电台的通信距离增加到 45 千米。同年，俄国海军在波波夫的指导下，在波罗的海中的高戈兰岛设立了无线电台，和芬兰沿海城市科特卡之间实现了无线电通信。这个电台后来多次协助救援了触礁的军舰和受困的渔民。

1900 年 4 月，波波夫的无线电系统在巴黎国际博览会上赢得了金牌。

1901 年，波波夫被任命为圣彼得堡大学电气工程学院教授。4 年后，他被任命为院长。

1906 年 1 月 13 日，波波夫突发脑溢血，不幸离世，年仅 47 岁。

波波夫的英年早逝是物理学界的重大损失。不少科学家认为，如果他能多活一年，1906 年的诺贝尔物理学奖非他莫属（诺贝尔奖只颁发给生者）。

29.4　结语

波波夫是马可尼无线电专利最有力的竞争者之一，但是他并没有执着于争夺专利的所有权，而是很快放弃了对专利的要求。他在和马可尼会面时主动向马可尼问好：“我向无线电之父表示祝贺！”这充分显示了波波夫的豁达。

相比之下，当时的俄国政府就没有这么谦虚了。1908 年，俄国物理化学协会专门成立了一个委员会，对发明无线电的优先权问题进行调查。其实，这么做主要是为波波夫的发明权寻找证据。后来，委员会向很多外国学者发信征求意见，不久就宣布波波夫享有发明无线电的优先权。当然，这个声明并没有得到包括英国在内的欧洲主流社会的认可。

1945 年，为了纪念波波夫在无线电方面的卓越贡献，苏联政府部长会议经过投票，将 5 月 7 日定为苏联的“无线电节”。此后，苏联经常在这个节日举办活动，纪念波波夫。

1989 年，苏联发行了波波夫纪念邮票（见图 29-2）。迄今为止，大部分俄罗斯人仍然拒绝承认马可尼是无线电的发明人。在他们眼里，波波夫才是真正的“无线电之父”。

图 29-2　苏联发行的波波夫纪念邮票

参考文献

[1]　松鹰. 马可尼和波波夫[J]. 自然辩证法通讯，1981，(03)：64-75.

[2]　MARSH A. 首台无线电装置[J]. 科技纵览，2020，(05)：80.

[3]　波波夫[EB/OL]. 百度百科.

[4]　波波夫[EB/OL]. 维基百科.

第 30 章

特斯拉：饱受争议的"科学怪人"

1884 年 6 月 6 日，一艘来自法国的邮轮缓缓停靠在纽约港。

在邮轮的甲板上，站着一个长相俊美但衣着邋遢的年轻人。他的眼中充满对这座陌生城市的兴奋和好奇。当时，这个年轻人的口袋里只有 4 美分和一封推荐信。

推荐信是写给著名发明家、企业家托马斯·爱迪生的，里面有这么一句话："我知道两个伟大的人，一个是你，另一个就是这个年轻人。"

没错，这个孤身一人来到纽约的年轻人就是伟大的发明家、物理学家、机械工程师、电气工程师——尼古拉·特斯拉（Nikola Tesla，见图 30-1）。

对于这个名字，大家应该并不陌生。

图 30-1　尼古拉·特斯拉

近年来，传奇创业家埃隆·马斯克（Elon Musk）和他的特斯拉电动汽车及能源公司屡屡被媒体报道，可以说是世人皆知。马斯克之所以给公司取名"特斯拉"，就是为了向尼古拉·特斯拉致敬。

特斯拉不仅是企业名称，还是磁通量的单位（符号表示为 T），1 特斯拉 = 10 000 高斯。这个单位同样是为了纪念尼古拉·特斯拉。

一直以来，特斯拉被视作科学史上最具传奇色彩的人物之一。很多人将他与达·芬奇相提并论。围绕他，有太多的传闻和轶事：有人说他发明了死光、飞碟；还有人说他预言了第一次世界大战的爆发；甚至有人坚信，著名的通古斯大爆炸是他造成的。

特斯拉究竟是一个什么样的人？他真的有那么神通广大吗？关于他的传闻，到底哪些是真、哪些是假？

接下来，就让我们深入了解这个神秘的科学天才。

30.1　东欧少年，逐梦巴黎

1856 年 7 月 10 日，特斯拉出生于奥匈帝国利卡省戈斯皮奇镇附近的斯米良村（Smiljan）。

特斯拉的父母都是塞尔维亚人。他的父亲名叫米卢廷·特斯拉（Milutin Tesla），是一位东正教神父。他的母亲名叫杜卡·曼迪克（Djuka Mandic），是另一位神父的女儿。

关于特斯拉的出生，还流传着一段传说。据说，在特斯拉出生当天，当地遭遇了罕见的雷暴天气。于是，助产士说："这孩子是风暴之子。"特斯拉母亲则立刻纠正："不，是光之子。"

特斯拉在家中排行老二，他有一个哥哥和三个妹妹。1863 年，哥哥丹恩在一次骑马事故中丧生，这给当时只有 7 岁的特斯拉带来了很大的精神刺激。他告诉大人，自己看到了"异象"。后来，有专家认为，这是特斯拉患有精神疾病的第一个迹象。

除了有时候精神状态差之外，特斯拉还算是一个聪明的孩子，据说他的记忆力尤其出色。1866 年，10 岁的特斯拉来到戈斯皮奇镇读初中，他表现出了惊人的数学天赋，以至于老师经常怀疑他考试作弊。

1871—1874 年，特斯拉在卡尔洛瓦茨读高中。1875 年，19 岁的特斯拉进入奥地利格拉茨的皇家技术学院学习物理学、数学和机械学。特斯拉在自传中回忆，他在这期间的学习成绩很好，还获得了技术学院院长的表扬。但实际上，他因成绩不及格而未能顺利毕业，并于 1878 年 12 月离开格拉茨。在那之后，特斯拉在斯洛文尼亚边境的马里博尔镇担任绘图员。

1879 年 3 月，特斯拉的父亲劝说他回家并前往布拉格接受教育。但是特斯拉并没有捷克的居留许可，被驱逐出境。于是，他在 3 月底返回了戈斯皮奇，并在当地的学校教书（如图 30-2 所示）。次月，特斯拉的父亲不幸去世，享年 60 岁。

1880 年 1 月，特斯拉在两个叔叔的资助下离开戈斯皮奇，前往布拉格学习。

1881 年，特斯拉来到布达佩斯新成立的匈牙利电报局担任工程师。因为工作能力出色，他很快就当上了经理。1882 年 4 月，为了追求更好的发展，26 岁的特斯拉来到法国巴黎，在爱迪生跨国公司（Compagnie Continental Edison）找到一份工作，担任见习工程师。

爱迪生跨国公司的创办人是大名鼎鼎的发明家、企业家——托马斯·爱迪生（Thomas Edison，见图 30-3）。

图 30-2　23 岁时的特斯拉　　　　图 30-3　托马斯·爱迪生

1881 年，爱迪生跨国公司在巴黎电气展览会上展示了自己的直流电力和照明系统，轰动了整个欧洲大陆。于是，欧洲各地的采购订单纷至沓来。

没过多久，在德国斯特拉斯堡市火车站举行的照明系统启动仪式上，发生了灾难性的事故——投掷开关引发爆炸，炸毁了火车棚的一堵墙。会说德语的特斯拉临危受命，被公司派去处理这个问题。公司领导还承诺，解决好这件事会有丰厚的奖金。

后来，在特斯拉的努力下，照明系统的问题顺利解决。在此过程中，他还制造了一个感应电机模型。不过，当特斯拉返回巴黎的时候，公司却拒绝支付之前承诺的奖金，让特斯拉大失所望。

不久后，分公司总经理查尔斯·巴切罗（Charles W. Batchelor）给特斯拉写了一封推荐信，"建议"特斯拉去美国发展。于是，就有了本章开头的那一幕。

30.2　屡屡被骗，另起炉灶

青年时期的特斯拉（见图 30-4）来到纽约之后，如愿见到了爱迪生。爱迪生认可了特斯拉的才华，并让他进入自己的实验室工作。在这期间，特斯拉多次向爱迪生推荐自己的感应电动机以及多项交流电发明，但并没有引起爱迪生的兴趣。

当时，爱迪生所有的注意力都集中在直流电上。他之所以放弃交流电，不是因为无知，而是因为他公司的大部分产品和系统是基于直流电的。如果转向研究交流电，会给自己带来巨大的经济损失。

图 30-4　青年特斯拉（1885 年）

无奈之下，特斯拉只能继续为爱迪生进行直流电方面的改进工作。特斯拉的工作卓有成效，他的许多设计提高了系统的效率和控制能力。然而，当特斯拉提出将周薪从 18 美元提高到 25 美元时，却遭到了公司的拒绝。

后来，爱迪生向特斯拉承诺，如果他能够解决公司直流电动机的一些既有问题，就能得到 5 万美元（相当于现在的 100 万美元）的奖金。结果，在特斯拉解决问题之后，爱迪生再次违背了自己的诺言："当你（特斯拉）成为一个成熟的美国人时，你会喜欢美国人的玩笑。"

愤怒的特斯拉很快辞去了公司的职务，与爱迪生分道扬镳。

辞职后的特斯拉和两个朋友一起成立了特斯拉电灯和制造公司，并申请了一些专利。不过，特斯拉确实没有什么商业头脑，很快被人骗走了专利，而且被从公司中"踢"了出来。

一无所有的特斯拉被迫干了两年体力活，每天的工资只有 2 美元。1887年，特斯拉东山再起，在两位投资人的帮助下成立了特斯拉电气公司。他还在曼哈顿建立了一个实验室，在那里开发和完善了交流感应电动机。这一次，他一口气申请了 30 多项专利。

30.3 世纪对决，终获胜利

1888 年，特斯拉受美国电气工程师学会（IEEE 的前身）的邀请，前往进行关于交流电的演讲。他的演讲引起了著名企业家乔治·威斯汀豪斯（George Westinghouse）的注意。威斯汀豪斯是西屋公司的创始人，也是爱迪生的竞争对手。

1888 年 7 月，特斯拉将交流电相关发明专利出售给西屋公司，并且花了一年时间对西屋公司的工程师进行指导。后来，西屋公司在波士顿附近启动了世界上首个交流电源系统，正式开启了和爱迪生的"电流大战"。

交流电和直流电在本质上并没有技术高低之分。两者的特点非常明显：交流电容易变压，传输损耗少，成本低，但是危险；直流电损耗大，传输距离短，成本高，但是安全。

前面提到，爱迪生为了保护自己的利益，一直在推广直流电。他为了攻击交流电，几乎无所不用其极。当时，他买通美国某些州政府的官员，把当地的死刑手段由绞刑改为交流电电刑。他甚至在公众面前用交流电电死了一头大象，以此来抹黑交流电在人们心目中的印象。

1893 年，在芝加哥世博会上，这场"电流大战"终于有了结果。

当时，爱迪生新组建的通用电气公司与西屋公司就世博会照明权合同进行了激烈的争夺。通用电气公司狠心将报价从最初每盏灯 18.49 美元一直降到 5.95 美元，导致报价总额从 170 万美元下降到不足 45 万美元。西屋公司压价更狠，直接给出了低于 40 万美元的报价。最终，西屋公司赢得了合同。

当西屋公司通过交流电系统为世博会点亮群灯的时候，整个城市为之沸腾。这是交流电的历史性胜利。此后，交流电逐渐开始取代直流电，成为城市供电系统的首选。

1895 年，特斯拉在美国和加拿大边境的尼亚加拉瀑布上设计了世界上第一座水力发电厂，这也是世界上首座交流发电站。这座发电站的电力被传输到 35 千米外的布法罗，成为该市的主要电力来源。在瀑布边，至今还耸立着特斯拉的雕像（见图 30-5）。

图 30-5　瀑布边的特斯拉雕像

后来，随着附近一系列大大小小发电站的相继建成，整个电站群的电力满足了美国纽约和加拿大安大略省总需求的四分之一。直至今日，大多数水电站还在正常运行，成为人类百年科学史上的一大奇迹。

1895 年 5 月，在费城举行的美国国家电气博览会上，爱迪生终于委婉地承认了特斯拉的贡献："在这次博览会上，最令人惊讶的是（特斯拉）展示了把尼亚加拉瀑布所产生的电力传输到这里的能力。在我看来，它解决了与电气开发相关的最重要问题之一。"

"交直流大战"的胜利，并没有让特斯拉变得快乐。此时的他，沉浸在一件不幸的事带来的痛苦之中。1895 年 3 月 13 日，他在纽约的实验室发生了一场离奇的大火，整个实验室被付之一炬。他半辈子的研究成果以及大量研究设备和实验资料都没了。这件事对特斯拉的打击很大。他很长时间都没有从这件事的阴影中走出来。

30.4　大胆创想，草草落幕

1899 年，特斯拉搬家到了美国科罗拉多州的斯普林斯市，建立了特斯拉实验站（Tesla Experimental Station），专门进行高压电的研究。

在实验室中，特斯拉成功制造出人造闪电。他还通过自己研制的接收器观察了闪电并研究了大气电。后来，他的研究方向逐渐转向通过无线方式进行能量和电力传输，简而言之，就是无线充电。

1900 年 1 月，特斯拉离开斯普林斯，回到纽约，启动了自己最疯狂的"全球无线电力项目"。他从富豪 J. P. 摩根（John Pierpont Morgan）那里获得了15 万美元的投资，自己又贷款了 100 万美元，在美国长岛开工建设了大型的特斯拉线圈（无线能量发射塔）。他希望通过这个线圈给大西洋两岸提供无线通信和无线输电服务。图 30-6 是坐在螺旋线圈前的特斯拉。

特斯拉这个大胆的计划被命名为"沃登克里弗计划"（Wardenclyffe Project），

他建设的发射塔被称为沃登克里弗塔（见图 30-7）。

图 30-6　坐在螺旋线圈前的特斯拉

图 30-7　沃登克里弗塔

就在特斯拉沉迷于"沃登克里弗计划"时，他的竞争对手马可尼在卡内基和爱迪生的财力支持下，凭借无线电报技术取得了巨大的成功。1901 年，马可尼实现了横跨大西洋的超远距离无线电通信。

在马可尼获得成功之后，特斯拉的投资者（包括 J. P. 摩根）放弃了对特斯拉的支持，逐渐撤资。后来，J. P. 摩根甚至动用自己的影响力，删除了课本上所有关于特斯拉的内容。

无奈之下，特斯拉在 1906 年放弃了该项目，宣布停工。

1914 年，第一次世界大战爆发，特斯拉在欧洲的专利收入锐减。1917 年，特斯拉宣布破产，沃登克里弗塔被拆除并出售，用于偿还债务。

30.5　凄凉晚年，孤独离世

60 岁之后的特斯拉生活极度贫困，而且他开始出现强迫症症状。

根据记录，他对"3"这个数字极度痴迷。在公共游泳池游泳时，他总是游 33 圈，如果他记不清了，就会从零开始。在进入建筑物之前，他经常会绕建筑物转三圈。在离开建筑物时，他只向右转，然后走完整个街区，最后"自由"离开。他用餐的时候，食物必须分为三份，并在边上放 18 张餐巾纸。

他害怕细菌，痛恨和别人握手。每次用餐前，他都会擦净所有的餐具。他对珠宝非常反感，尤其讨厌珍珠耳环。据说，他每晚会弯曲自己的脚趾 100 次，说这能够刺激他的脑细胞。

由于晚年性格孤僻，特斯拉很少和别人打交道，总是独来独往。他最好的朋友是当地公园的鸽子。他经常去给鸽子喂食，即便身体不适，他也会请人帮忙去喂。

特斯拉在生命中的最后十年一直在纽约的一家旅馆里生活，他住的房间编号是 3327。在这期间，他在欧洲的朋友曾经尝试为他筹集资金，但是遭到了他的拒绝。他的生活费主要来自故乡南斯拉夫寄来的少量退休金。

1943 年 1 月 7 日，特斯拉在旅店房间里去世，死因是心脏衰竭，享年 86 岁。他终身未婚。

就在特斯拉死后不久，美国最高法院撤销了此前马可尼胜诉的原判，裁定特斯拉为无线电的发明者。（有人认为，这是因为美国政府不想向马可尼公司支付第二次世界大战时期高昂的无线电专利使用费。）

1956 年 7 月，在特斯拉 100 周年诞辰之际，人们开始重新认识特斯拉和他的贡献。特斯拉的地位和很多名誉得以恢复。

1957 年，特斯拉的骨灰被运回塞尔维亚首都贝尔格莱德，安置在尼古拉·特斯拉博物馆内。

1960 年，德国慕尼黑的国际电工委员会确定特斯拉为磁感应强度的国际科学单位。

1975 年，特斯拉被正式引入美国国家发明家名人堂。

30.6　伟大发明，奠定地位

特斯拉一生取得了 1000 多项（也有资料说是 700 多项）发明专利，其中大部分和交流电及无线电系统有关。

除了前文所说的那些贡献之外，特斯拉还有一些非常有特色的发明。

- **遥控船**

1898 年，特斯拉在纽约中央公园的湖里进行了遥控自动化小艇的实验，取得极大的成功。这个遥控船（见图 30-8）通过无线电和控制器通信，可以说采用了最早期的无线控制技术。

- **X 射线**

特斯拉早期从事了 X 射线的研究，并完成了一些实验。他还用 X 射线拍摄了自己的手（见图 30-9）。有人认为，特斯拉发现 X 射线的时间比威廉·康拉德·伦琴（Wilhelm Conrad Röntgen）更早。但是，1895 年的那场大火烧毁了很多研究记录，使特斯拉的研究成果无法得到证明。

图 30-8　特斯拉发明的遥控船

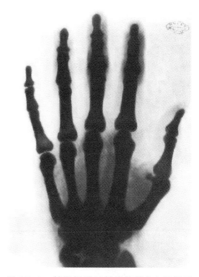

图 30-9　特斯拉用 X 射线拍摄的自己的手

1901 年 7 月 20 日，伦琴在给特斯拉的信中写道："亲爱的先生！您以美妙放电的美丽照片令我感到惊讶，我非常感谢您。如果我知道您是怎么做到的就好了！谨致以我特别的敬意——W. C. 伦琴"

● 地震机

1893 年，特斯拉的蒸汽动力机械振荡器获得了专利，该振荡器的振动可以用来发电。当他对这台机器进行校准以进行实验时，它开始剧烈地振动，差点让整座大楼倒塌。

剧烈的振动引来了警察和救护人员。特斯拉的助手并没有告诉他们真相，而是告诉他们这是一场"地震"。

● 飞碟

1928 年，特斯拉申请了一项飞行技术的专利，内容是一个使用全新发动机技术的飞行器。特斯拉称这种新型技术为"空间驱动器"和"反电磁场推进系统"，非常科幻。

特斯拉当时并没有制造出原型机，但设计了整套图纸。根据后来解禁的手稿图纸来看，这完全就是一个飞碟，令人惊讶不已。

● 死光

死光是特斯拉最有名的离奇发明，也是最有争议的发明，也叫作"死亡射线"（特斯拉称之为"和平射线"）。

特斯拉相信，通过将汞同位素加速到声速的 48 倍，所产生的光束将产生足够的能量，能摧毁仅受地球曲率限制距离内的整个军队。

特斯拉在去世前几年曾试图将这一想法卖给几个国家的政府，包括美国。苏联是唯一对此进行试验的国家，但没有产生预期的结果。

除了以上发明之外，特斯拉晚年还研究了机器人、弹道学、信息科学、核子物理学和理论物理学等各种领域。正因为如此，当特斯拉死后，FBI 将他的设计图纸与实验作品全部没收，并列为高级机密。

30.7　错过诺奖，赢得尊重

特斯拉一辈子取得了无数成就，但非常遗憾的是，他并没有获得诺贝尔奖。

1915 年，有新闻说他和爱迪生会共同获得当年的诺贝尔奖，但事实上奖被颁给了别人。特斯拉是实用型发明家，理论水平不足，这可能是他没有获得诺贝尔奖的一个主要原因。

虽然特斯拉没有获得过诺贝尔奖，但他和诺贝尔奖颇有渊源。

比如前面和特斯拉一起探讨 X 光的伦琴，就是 1901 年诺贝尔物理学奖的得主。1910 年，特斯拉推荐了居里夫人在放射性元素方面的成就，从而让居里夫人获得了诺贝尔化学奖。

1931 年，特斯拉在 75 岁生日那天收到了 70 多位开创性的科学家（其中有 8 位诺贝尔物理学奖得主，包括爱因斯坦）和工程师的来信。他当时还登上了《时代》杂志的封面。

1943 年，在特斯拉的葬礼上，有三位诺贝尔物理学奖得主到场致辞。

这些都足以说明这位"无冕之王"的崇高地位。

30.8　结语

特斯拉是人类历史上一位极具传奇色彩的发明家。他的诸多发明推动了人类社会的进步。

尽管他晚年性格孤僻怪异，还经常发表惊世骇俗的言论，但这些都无法磨灭他的贡献。

不过，我们也没有必要"神化"特斯拉。他就是一名发明家，有着各种奇思妙想，并寄希望于将它们实现。探索科学的过程，不就是不断做梦的过程吗？

"在高频电流的领域，特斯拉是一个杰出的先驱。"

——爱因斯坦

参考文献

[1] 奥尼尔. 极客之王：特斯拉传[M]. 林雨，译. 北京：现代出版社. 2019.

[2] 塞费尔. 特斯拉[M]. 李成文，杨炳钧，译. 重庆：重庆大学出版社. 2018.

[3] 特斯拉. 被世界遗忘的天才：特斯拉回忆录[M]. 王晓佳，译. 北京：法律出版社. 2010.

[4] 特斯拉[EB/OL]. 百度百科.

[5] 特斯拉[EB/OL]. 维基百科.

第 31 章

海蒂·拉玛：特立独行的好莱坞发明家

人类通信发展史上能够被载入史册的女性不多，海蒂·拉玛（Hedy Lamarr，见图 31-1）毫无疑问是其中最特殊的一位。

她曾是艳绝一时的好莱坞女明星，创办过电影公司，被称为"世界上最美丽的女人"。与此同时，她又是一位发明家，发明了无线电"跳频"技术，为 CDMA、Wi-Fi 等技术奠定了坚实的基础。她也因此被人们称为"CDMA 之母""Wi-Fi 之母"。

图 31-1　海蒂·拉玛

她究竟是一个什么样的女人？她拥有怎样的离奇人生？接下来，就让我们走进她的故事。

31.1　富家千金，热爱表演

海蒂·拉玛的原名叫海德维希·爱娃·玛丽亚·基斯勒（Hedwig Eva Maria Kiesler）。1914 年 9 月 9 日，她出生于奥地利音乐之都维也纳的一个背景显赫的家庭。她的父亲名叫埃米尔·基斯勒（Emil Kiesler），是奥地利犹太人，在当地是知名的银行家，给予了拉玛优越的生活条件和良好的教育。她的母亲名叫格特鲁德·利希特维茨·基斯勒（Gertrude Lichtwitz Kiesler），来自匈牙利首都布达佩斯，是一名漂亮的钢琴家，时常出席上流社会的各种宴会，喜欢香水和宴会礼服。

从中学毕业后，拉玛就开始学表演。1931 年，痴迷表演的她不顾父母的反对，加入了奥地利维也纳的萨沙电影公司。凭着出众的外表和表演欲，她很快迎来了自己的第一部大荧幕作品《街上的钱》。那一年，她才 16 岁。德国导演莱特哈特（Reinhardt）对她颇为赏识，把她带到柏林发展。1932 年，一家捷克斯洛伐克的电影公司邀请她担当电影《神魂颠倒》的女主角。1933 年，《神魂颠倒》在捷克斯洛伐克首映，这部电影让她迅速走红，但也因尺度问题招来了不少非议。

就在演艺事业开始有起色的时候，拉玛邂逅了自己的第一任丈夫——奥地利军火商人弗里德里希·曼德尔（Friedrich Mandl）。拉玛和他在一次舞会上一见钟情，不到三个月便闪电式结婚。那时的拉玛刚满 20 岁。

很可惜，年轻的拉玛看走了眼。曼德尔是个生性阴郁多疑的人，占有欲极强。与拉玛结婚后，曼德尔便不惜斥巨资把《神魂颠倒》的录像带全部买回来销毁。不仅如此，他还禁止拉玛踏入电影圈，甚至限制她的人身自由——连游泳和上街都不允许。对于拉玛来说，这种约束是令人无法忍受的。

曼德尔虽然是一名犹太人，但为了利益向轴心国出售武器，还经常与武器专家开会，讨论无线电遥控鱼雷和无线通信干扰等技术。虽然这些无线电技术属于最高机密，但是曼德尔却对拉玛毫不避讳，不仅允许她旁听，还让她帮忙做会议记录。

就这样，在曼德尔的"培养"下，拉玛"被迫"吸收了许多极具前瞻性的无线电技术和概念。要知道，拉玛虽然是演员，可是上学时学的是通信专业。这些都为拉玛后来的发明奠定了基础。

曼德尔为了谋取商业上的利益，经常利用拉玛的美貌，带她出入各种社交场所。拉玛对这样的安排极为不满，她受够了被曼德尔当作"花瓶"和工具的日子。1937 年的一天，她用事先准备好的药迷晕了女仆和管家，从厕所的窗口逃出，奔向火车站，搭上了开往法国巴黎的最后一班列车。

后来她辗转来到了英国伦敦。机缘巧合下，她结识了米高梅电影公司的创始人兼老板路易斯·梅耶（Louis B. Mayer）。拉玛与米高梅签订了 7 年的合约，正式踏入美国好莱坞，继续她热爱的表演事业。她的艺名"海蒂·拉玛"也是从这个时候开始启用的。

拉玛与米高梅合作的电影作品多达 20 余部。1938 年，她与查尔斯·博耶（Charles Boyer）合作，参演了约翰·克隆威尔（John Cromwell）执导的爱情悬疑片《海角游魂》。该片塑造的黑发美女形象打破了金发美女占据好莱坞银幕的传统。

1940 年，拉玛与克拉克·盖博（Clark Gable，见图 31-2）合作，出演了杰克·康威（Jack Conway）执导的冒险影片《繁荣小镇》。同年，她再次与克拉克·盖博出演金·维多（King Vidor）执导的喜剧影片《某同志》。

图 31-2　拉玛与克拉克·盖博

可是，无论她再怎么努力，最终也没能留下一部经典作品。

31.2 发明跳频，却遭雪藏

在从事表演事业之余，拉玛也没有忘记自己的科学爱好。

第二次世界大战爆发后，大洋深处是搏杀的主要战场之一，而鱼雷，则是重要的攻击武器。鱼雷发射之后，指挥员通过无线信号进行引导，以保证命中的准确率。但当时的无线信号只能在一个频道上传输，敌方很容易进行电磁噪声干扰，从而避开鱼雷。因此，如何避免鱼雷发射信号受到干扰成了美军亟待解决的关键技术问题。

这个时候，拉玛站出来了。凭借自己掌握的遥控鱼雷和无线通信干扰等技术，拉玛向美国政府毛遂自荐，想要参与设计军用无线通信和鱼雷遥控系统。她还牺牲了自己的电影事业，把大量时间花在研究和设计免干扰无线信号上。

凭借自己的知识储备和想象力，拉玛颇有远见地认识到，通过不断随意改变无线电波频率，便可不受敌方信号的干扰。问题来了：不断改变无线电波频率虽然可以迷惑对方，但我方又如何接收其中的有效信号呢？这使拉玛一筹莫展。

机缘巧合之下，乔治·安太尔出现了在她身边。乔治·安太尔是当时先锋派作曲代表人物之一，为好莱坞进行电影音乐创作。除此之外，他对人体内分泌系统也很有研究。起初，拉玛只是把安太尔看作腺体专家，向他请教美容方面的问题。后来，两人的话题从腺体转到武器。拉玛对安太尔提起，她想研发抗敌军信号干扰的鱼雷或防窃听的军事通信系统。对于这个问题，安太尔和拉玛一拍即合，开始了他们的研究。

熟悉音乐的安太尔提出，可以借鉴自动钢琴来实现拉玛的"跳频"技术。他告诉拉玛，自己在欧洲有过同步演奏 16 架钢琴的经验。这 16 架钢琴中，只有一架是真人现场演奏的，其他的 15 台则是在机械控制下同步发声的。

安太尔的这个想法启发了拉玛：在这随意变换的频道中，只要使发射器和接收器设置同步变换的频率，便可以实现无线电信号的抗干扰传输。这就像自动钢琴通过读入编好码的打孔纸来演奏一样。

很快，两人就设计出了一种能够自动编码、译码的抗干扰通信设备。这套设备上设置了 88 个随机频道，与钢琴键的数量一样。1942 年 8 月，拉玛和安太尔的跳频通信技术获得了美国的专利，编号为 2292387，名为"机密通信系统"（secret communication system）。

拉玛和安太尔非常希望美国政府能够将该项技术投入军事实战。为此，他们甚至决定将专利无偿捐献给美国政府。

起初，美国政府非常重视他们的发明。美国海军与国家发明委员会、联邦调查局专门进行了一次联席会议，来讨论这项发明。拉玛亲自打开图纸，进行解释。可是，当军官们听到军事武器的原理来自钢琴时，认为这非常可笑。对于这些军官而言，拉玛只不过是一名好莱坞明星，不可能设计出可靠的通信技术。

联席会议无果，再加上美国军方对拉玛的背景缺乏信任（因为她和曼德尔的婚姻），这项专利技术被归为军事绝密文件封存起来，束于高阁。与此同时，美国军方极力希望拉玛能作为明星帮他们多推销一点儿国债。事实上，拉玛确实这样做了。

拉玛用实际行动证明了她的无私。她积极投身于推销战争债券，为了政府到美国各地巡回义演。她发表演说，并想出了"拍卖拉玛的吻"这个点子，创下了一次巡回演出募集 2500 万美元的最高纪录（一天就售出了 700 万美元），连奥黛丽·赫本和玛丽莲·梦露等明星都甘拜下风。

被雪藏近 20 年之后，拉玛的跳频技术专利终于在 1962 年重见天日。美军通过跳频技术设计出了安全性极高的通信系统，尝到了甜头。

1985 年，一家名不见经传的小公司在美国圣迭戈市成立，在拉玛专利的基础之上悄悄地研发出了 CDMA 无线数字通信系统。这家公司就是高通。

这时，海蒂·拉玛早已被人们遗忘。

31.3　晚年凄凉，终获认可

第二次世界大战之后，拉玛与米高梅的合约期满。拉玛自己成立了一家电影公司，试图东山再起。作为主演兼制片人，拉玛与奥地利导演埃德加·乌默（Edgar G. Ulmer）合作，完成了惊悚片《陌生女人》。

1949 年，拉玛拍摄了她的代表作——由塞西尔·戴米尔（Cecil B. DeMille）执导的爱情影片《霸王妖姬》。这是拉玛唯一一部还算有名气的电影。

1953 年 4 月 10 日，拉玛加入美国国籍，成为美国公民。1958 年，拉玛宣布息影。1966 年，拉玛出版了极具争议性的自传《我与〈神魂颠倒〉》。

1967 年，拉玛在美国佛罗里达州定居，她创办的制片公司也关了门。

晚年的拉玛虽然算不上落魄，但也相当潦倒。她的一生经历了 6 次失败的婚姻，最终独自一人生活在佛罗里达州的一间公寓中。因为生活寂寞，她染上了毒瘾，还患上了喜欢偷窃的心理疾病。1965 年，她在被指控盗窃后被无罪释放。1971 年，她因被指控诬告强奸而受到罚款。1991 年，她再次因被指控盗窃而遭逮捕。

1997 年，当以 CDMA 为基础的通信技术开始走入大众生活时，科学界才想起了已经 83 岁高龄的拉玛。这一年，美国电子前沿基金会授予她"电子国境基金"先锋奖，肯定了她在无线通信方面的贡献。她作为发明家的价值终于得到了世界的认可。此时，她的专利已经失效。也就是说，她一生都未因这项技术而获利。

2000 年 1 月 19 日，拉玛被发现死在家中的床上，享年 86 岁。警方认为她是在睡梦中去世的，因为对着她床头的电视机还开着。她的律师如此评价："对于我来说，她一直是最完美的电影明星。她走路时总是昂着头。她非常漂亮，即使在年老时，也那么美。"

2004 年，拉玛的儿子安东尼·罗德（Anthony Loder，当时担任美国电话局主席）拍摄了纪录片《生为海蒂·拉玛》，用来纪念他非同凡响的母亲。就像他说的那样："虽然她已经被大家遗忘，但她所做的一切仍然影响着一代又一代人。"

2014 年，拉玛入选美国国家发明家名人堂（见图 31-3）。她还成为历史上唯一登上美国《发明与技术》杂志封面的女演员。

图 31–3 《发明与技术》杂志封面

31.4 结语

作为一名女性，拉玛完美诠释了"美貌与智慧并存"的真正含义。她的人生就像一部精彩绝伦的电影，充满意想不到的传奇。

她是一个率性而为的人，喜欢按照自己的方式生活，从不在乎别人对自己的看法。她的发明专利充分说明她是一个喜欢思考的人，在科学研究上拥有天赋。她逃离纳粹阵营、积极推销美国的战争债券，说明她是一个明辨是非、有正义感的人。

也许她的电影作品并没有赢得观众的认可，但她的人生经历和科学贡献足以证明她的价值，给了她另一种人生意义。

正如她自己所说："电影往往局限于某一地区和时代，但是技术却是永恒的。"

"只要使用过移动电话，你就有必要感谢海蒂·拉玛。要知道，这位性感的女明星为全球无线通信技术所做出的贡献至今无人能及。"

——著名通信专家戴夫·莫克（Dave Mock）

参考文献

[1] 陈杜梨、张雪. 白天是世界上最美的女人，晚上是发明家 海蒂·拉玛：美丽心灵[J]. 世界博览，2018，(21)：46-51.

[2] 海蒂·拉玛[EB/OL]. 百度百科.

[3] 迪恩. 尤物：海蒂·拉玛传[Z/OL]. Madman Entertainment Pty. Ltd. 2017.

第 32 章

香农：通信"祖师爷"，科学"老顽童"

本章要介绍的通信名人地位非同一般。他是所有通信人的"祖师爷"，是现代信息通信技术的理论奠基者。他就是美国著名数学家、发明家、密码学家、信息论创始人——克劳德·埃尔伍德·香农（Claude Elwood Shannon，见图 32-1）。

32.1 天赋异禀，青年才俊

1916 年 4 月 30 日，香农出生在美国密歇根州佩托斯基市。

图 32-1 克劳德·埃尔伍德·香农

香农从小就在一个名叫盖洛德的小镇生活。他的父亲是这个小镇的法官，名叫克劳德·埃尔伍德·香农（没错，他给儿子取了和自己一样的名字）。香农的母亲是小镇的中学校长，名叫梅布尔·沃尔夫·香农（Mabel Wolf Shannon）。

在这样的知识分子家庭，教育氛围当然不差。读书时候的香农已经表现出惊人的数学天赋。在 8 岁的时候，他就能辅导他的姐姐做高等数学作业。后来，他的姐姐在大学毕业后成了数学教授。

除了数学之外，香农特别喜欢发明创造，其中就包括电报机、电动船，以及各种机械动物。这个兴趣爱好似乎和他的爷爷有很大的关系。他的爷爷是一位农场主兼发明家，发明过洗衣机和很多农用机械。

值得一提的是，香农有一个也很喜欢发明创造的远房亲戚，他的名字叫爱迪生。

1936 年，20 岁的香农从密歇根大学本科毕业，顺利拿到了数学和电子工程学双学位。随后，他进入麻省理工学院继续深造。两年后，香农完成了他的硕士论文——《继电器与开关电路的符号分析》。在论文中，他首次提出可以用布尔代数（提出者为英国数学家乔治·布尔，见图 32-2）来描述电路。他将布尔代数的"真"和"假"与电路系统的"开"和"关"对应起来，用数学中最简单的两个数字——"1"和"0"来表示。

图 32-2　乔治·布尔

香农的这篇论文具有划时代的意义，奠定了数字电路的理论基础，后来出现的计算机等设备都以此为设计思路。著名计算机科学家赫尔曼·戈德斯坦（Herman Goldstine）评价这篇论文是"有史以来最重要的一篇硕士论文"，"从艺术和科学的角度改变了电路的设计"。因为这篇论文，香农获得了电子工程界的大奖——美国 Alfred Noble 协会美国工程师奖。

正当世人以为这位电子工程天才将要大展拳脚的时候，他却销声匿迹了。直到两年后，他写出了博士论文——《理论遗传学的代数学》，并凭此获得了麻省理工学院的数学博士学位。谁都没有想到，香农竟然从电子工程学"跨界"到了生物遗传学！

此后，香农去普林斯顿高等研究院待了一年，与爱因斯坦、冯·诺依曼等大师级人物有过交集。他的研究方向变成了机械模拟计算机。1941 年，香农发表了新论文《微分分析器的数学理论》，通过机械式计算机来求解微分方程。

同年，香农加入了著名的贝尔实验室，并一直工作到 1972 年。

32.2　惊世论文，改变世界

在刚进入贝尔实验室的时候，香农去了数学部，从事和战争相关的工作，主要研究火力控制系统和密码学。他所在的密码破译团队主要负责追踪纳粹德国的飞机和火箭。他还用数学手段推导了"X 系统"的安全性。这个"X 系统"就是指英国首相丘吉尔和美国总统罗斯福之间的专用电话线路。

1943 年，英国著名数学家、密码学家阿兰·图灵（Alan Turing，见图 32-3）访问贝尔实验室，与香农共进午餐。

鉴于两人特殊的工作性质，他们并没有进行密码学的交流，反而着重讨论了人造思维机器（也就是后来的人工智能）。当时，香农告诉图灵，他不满足于向这台"大脑"里输入数据，还希望把文化灌输进去。这个想法震惊了图灵。图灵感到非常不可思议，不禁惊呼："他（香农）想给它来点音乐！"[①]

图 32-3　阿兰·图灵

后来，随着对密码研究的不断深入，香农逐渐构建出了一套完整的密码学理论。与此同时，他开始思考有效通信系统的问题。现代信息论的思想雏形逐渐在他的脑海里成形。

1945 年 9 月，香农向贝尔实验室提交了一份备忘录——《密码学的数学理论》。1948 年 6 月至 10 月，年仅 32 岁的香农在《贝尔系统技术期刊》上连载了那篇改变人类发展轨迹的论文——《通信的数学理论》。次年，香农又在该杂志发表了另一篇著名的论文——《噪声下的通信》。在这两篇论文中，香农给出了通信系统的基本模型，提出了信息熵的概念及数学表达式。

[①] 英文原话是："Shannon wants to feed not just data to a Brain, but cultural things! He wants to play music to it!"

$$H(X) = -\sum_{i=1}^{n} p(x_i) \log p(x_i) ^{①}$$

计算信息熵 *H* 的公式

如果你了解通信原理，就会知道，一条信息的信息量大小和它的不确定性有直接关系。

举个例子，对于像"地球是圆的"这种大家都能确定的句子，信息量是 0（等于一句废话）；而像"我家门口埋了 100 块黄金"这种句子，信息量就很大。上文中计算信息熵的公式，就是根据确定性大小计算信息量的。

香农指出，信息是可以被量化的，可以用数字编码代表任何类型的信息。信息在数字化后，可以经压缩再传输，极大地缩短传输时间，降低传输成本。

香农还提出了"比特"[②]的概念，称之为"用于测量信息的单位"。

比特后来成了信息时代的基石，今天互联网上的所有信息都是用它表达的。我们常见的 1024 就是 2^{10}，其中的"2"就是二进制。我们通常把每一位二进制数字称为 1 比特。

除了信息熵之外，香农还在论文中提出了大名鼎鼎的香农公式。

$$C = B \log_2 \left(1 + \frac{S}{N}\right)$$

香农公式

简单来说，信息熵讨论的是信息量及数据压缩的临界值，而香农公式则讨论了通信速率的极限值。限于篇幅，这里不介绍具体细节，我们只需要知道，直到现在的 5G 为止，通信速率都没有超越香农公式的极限。有些通信专家穷极一生，研究的就是如何无限逼近香农公式的极限。

---

① 理论上熵中的对数函数可以采用任何底数，并且采用不同底数，其对应的单位也不同。

② 比特（bit）其实就是二进制数（binary digit）的缩写。香农将这个词的发明归功于自己的同事约翰·图基（John Tukey）。

香农的两篇论文奠定了信息论的基础，对学术界造成了巨大的震动，影响力丝毫不亚于世界上第一个晶体管的发明（同样来自贝尔实验室）。

当时，因为信息论的观点非常超前，还引起了一些质疑和反对。后来，随着时间的推移，信息技术迅速发展，信息论的价值愈发凸显，香农也确立了自己"信息鼻祖"和"通信鼻祖"的地位。

1949 年，香农在备忘录"密码学的一个数学理论"的基础上，发表了一篇重要论文——《保密系统的通信理论》。这篇论文再次震惊了学术界。《波士顿环球报》称："这一发现将密码从艺术变成了科学。"

香农的论文开辟了用信息论来研究密码学的新思路，奠定了现代密码理论的基础。香农也因此成为近代密码理论的奠基人。

32.3　热爱发明，痴迷杂耍

1949 年 3 月 27 日，香农迎娶了贝尔实验室的同事玛丽·伊丽莎白·摩尔（Mary Elizabeth Moore），并且继续从事自己热爱的科学研究工作。

1952 年，香农夫妇共同推出了著名的"会走迷宫的老鼠"——忒修斯。忒修斯是一只带有铜须的木制玩具老鼠。它能通过不停地随机试错穿过一座由金属墙组成的迷宫，直到在出口处找到一块金属"奶酪"。最厉害也最具独创性的是，忒修斯能够记住这条路线，即使在下一次任务中移动迷宫的墙壁也难不倒它。

当时，香农还专门拍摄了一段影像并制作成电视节目，用于展示这只老鼠。这个节目引起了大众的极大兴趣，在人们看来，这是一只"会思考"的老鼠。

其实，走迷宫的秘诀并不在老鼠身上，而在迷宫上。迷宫各处隐藏了 75 个继电器开关，通过这些只具有开关功能的简单设备，就能最终实现老鼠的所谓"智能"。

香农在 1956 年成为麻省理工学院的客座教授，并在 1958 年成为终身教授。

1961 年，香农和同事爱德华·索普（Edward Thorpe）制作出了一个香烟盒大小的小型计算机，可以把它藏在口袋里，用拇趾控制藏在鞋子里的开关。这个设备能用来预测赌场的轮盘赌结果，计算小球落在轮盘不同位置的概率。

香农的另一个著名发明是会下国际象棋的机器。这台机器有 150 个继电器开关，具备不错的计算能力。1965 年，香农带着这台机器挑战了当时的国际象棋世界冠军米哈伊尔·鲍特维尼克（Mikhail Botvinnik）。这台机器虽然最后输掉了比赛，但是表现还不赖。

1973 年，在以色列阿什凯隆召开的信息论国际研讨会上，IEEE 命名了"香农奖"，并把这一奖项授予香农本人。这种自己领以自己名字命名的奖的做法，后来被人戏称为"香农套路"。

1985 年，在英格兰布莱顿举行的国际信息理论研讨会上，香农突然现身，引起了全场的轰动。参加会议的年轻学者简直不敢相信自己亲眼看见了信息理论的鼻祖！更让人瞠目结舌的是，香农竟然在会场上表演起了抛物杂要，让整个会场陷入一片沸腾。

没错，香农始终热爱杂要。在年轻的时候，他就学会了骑独轮车和抛接球。在贝尔实验室上班的时候，他经常特立独行地骑独轮车上下班，成为一道亮丽的风景。到了晚年，香农对杂要简直到了痴迷的地步。他花了很多时间刻苦练习，不断提高杂要水平。他甚至拥有一张杂要学博士证书，并视之为至宝。

除了杂要之外，香农还热衷于制造玩具，包括火焰喷射喇叭、火箭驱动飞盘、自动下棋机器人等，千奇百怪。在人工智能先驱马文·闵斯基（Marvin Minsky）的启发下，他设计了一个被称为"终结机器"的机器人：当把开关拨到"开"时，盒子会打开并伸出一个机械手；当把开关拨回"关"时，机械手会缩回盒子里。

在位于马萨诸塞州温彻斯特镇的家中（香农称之为"熵宅"），堆满了香农的小发明。他的车库中存放了至少 30 辆奇特的独轮车，包括一个没有脚蹬的独轮车，一个方形轮胎的独轮车，以及一个专为两个人骑的独轮车。

香农还把玩杂耍上升到了理论的高度，开始撰写《统一的杂耍场理论》。遗憾的是，这本书还没有完成，香农就因阿尔茨海默病于 2001 年 2 月 26 日去世，享年 85 岁。

32.4　结语

香农做出的贡献无疑是巨大的。他的信息论直接奠定了信息技术的理论基础。我们现在所处的信息时代就是基于他的研究诞生的。

他提出的"香农极限"至今没人能够突破，人类的通信技术发展也一直没有迎来颠覆性的变革。我相信，就连香农本人也希望有人早日创造出新的通信理论，带领人类进入新的通信时代。

这一天，我们究竟还要等多久呢？

"在我看来，两三百年之后，当人们回过头来看我们的时候，他们可能不会记得谁曾是美国的总统，他们也不会记得谁曾是影星或摇滚歌星，但是仍然会知晓香农的名字。学校里仍然会教授信息论。"

——理查德·布拉胡特（Richard Blahut）教授
在香农雕像落成典礼上的发言

参考文献

[1] 格雷克. 信息简史[M]. 高博，译. 北京：人民邮电出版社. 2013.

[2] 索尼，古德曼. 香农传：从 0 到 1 开创信息时代[M]. 杨晖，译. 北京：中信出版社. 2019.

[3] 丁玖. 信息论之父香农[EB/OL]. 搜狐. (2017-02-15).

[4] 科言君. 香农的信息论究竟牛在哪里？[EB/OL].知乎. (2016-07-19).

[5] 坤鹏论. 信息论，一个撬动地球的支点[EB/OL]. 百家号. (2020-05-11).

[6] 克劳德·艾尔伍德·香农 [EB/OL]. 百度百科.

[7] 香农[EB/OL]. 维基百科.

第 33 章

高锟："光纤之父"，改变世界

1933 年 11 月 4 日，一个男婴出生在江苏金山县（今上海市金山区）一个姓高的大户人家里。

他是家中长子，父母对他抱有很高的期望，于是用了"锟铻"①的"锟"字给他取名。

这个男婴就是著名的华裔物理学家、教育家、"光纤之父"——高锟（见图 33-1）。

图 33-1　高锟

33.1　名门之后，热爱科学

高锟的家族绝对堪称书香门第、名门望族。高锟的爷爷高吹万，是晚清著名诗人、书画家、革命家。他还是近代中国著名文人社团南社的重要成员，与常州钱名山、昆山胡石亭并称"江南三名士"。高锟的堂叔父高君平，也名高平子，是近代中国天文研究的开拓者，也是紫金山天文台的筹建者。月球上有一个环形山就叫"高平子环形山"。高锟的父亲高君湘，毕业于南洋大学（上海交通大学的前身），曾经留学美国，拿到了密歇根大学法学博士学位。回国之后，他担任上海国际法庭的律师。

---

① 古书上记载的一个山名，产铁矿，可造宝剑，宝剑亦称"锟铻"。

幼年时期的高锟跟随父母居住在上海法租界霞飞路（今淮海中路）的一栋三层洋房里。当时，他父亲高君湘专门聘请了老师，给高锟及弟弟高锠进行国学启蒙。据高锟回忆，这些国学知识对他后来的成就起了很大的作用。

10 岁那年，高锟来到上海世界学校（今上海世界小学）就读，完成了小学与初中一年级的课程。当时，除了中文之外，高锟也学习了英文和法文。

青少年时期的高锟逐渐对化学产生了兴趣。他偷偷将自家三楼的储藏间改造成化学实验室，在里面自制氯气，还制造了灭火筒、焰火、烟花和相纸。有一次，他将红磷粉与氯酸钾混合，加水调成糊状，再掺入泥里，搓成泥炸弹，并扔到街上引爆，吓得路人纷纷躲避。

后来，高锟的弟弟在观看高锟的化学实验时，被意外溅出的酸性液体烧毁了裤子，高锟的化学实验室才暴露。在父母的严令之下，他的化学实验不得不终止。

被迫放弃化学爱好之后，高锟又迷上了无线电。他利用四处收集而来的电子器件，成功拼装了一台老式的真空管收音机，爱不释手。

1948 年，为了躲避战乱，高锟一家人移居中国台湾。不久后，他们又迁往中国香港。

次年，高锟进入香港圣若瑟书院就读。毕业后，他以全香港前十的成绩考入了香港大学。由于当时的香港大学没有电机工程系，他转而远赴英国，求学于伦敦伍尔维奇理工学院（今英国格林威治大学）。

1957 年，高锟本科毕业，取得电气工程学学士学位。随后，他进入美国 ITT，在其英国子公司——标准电话与电缆有限公司（Standard Telephones and Cables Ltd.）担任工程师。

在这期间，高锟与同事黄美芸相识，并于 1959 年结为伉俪。后来，他们育有一子一女，分别取名为高明漳、高明淇。

33.2　执着钻研，预言光纤

1959 年，美国物理学家西奥多·哈罗德·梅曼（Theodore Harold Maiman）发明了世界上第一台激光器。人类从此进入激光时代。

激光光源的出现，使得科学家们产生了将激光用于信号传输的想法。但是，经过一番实验，科学家们发现，激光作为高频信号衰减得太快，无法进行长距离传输，于是纷纷放弃。

此时高锟就职于标准电信实验有限公司（ITT 设在英国的欧洲中央研究机构），担任研究工程师。他的主要研究方向是激光在高频波导管中空架构里的传输。多次实验后，高锟认为波导管导光是一条死路。于是，他改变方向，开始研究激光在透明材料介质中的传输。

业界的研究人员也有过与高锟相同的想法。但是，实验证明，透明材料（玻璃）的衰减率过大，甚至不如空气。所以，大部分人放弃了这方面的研究。高锟并没有轻言放弃，反而继续深入钻研。经过长达数年的反复实验和论证，他发现透明材料中的杂质含量过高是激光衰减率过大的原因。

1965 年，高锟获得伦敦大学电机工程学博士学位。次年，高锟和他的伙伴乔治·霍克哈姆（George A. Hockham）共同发表了一篇名为《光频率介质纤维表面波导》的论文。

在论文中，高锟明确提出，利用石英基玻璃纤维可进行长距离及高信息量的信息传送。当玻璃纤维的损耗下降到 20 dB/km 时，光纤通信即可成功。换句话说，只要解决了玻璃的纯度和成分等问题，就可以将玻璃制作成光纤，用于通信。

这篇论文后来被视为 20 世纪通信领域最伟大的论文之一，开启了光纤通信时代的大门，也改变了人类科技的走向。此时的高锟只有 33 岁。

现在我们都知道这篇论文意义非凡，但该论文在发表之初虽然引起了行业关注，却没有人相信其结论。就连贝尔实验室也认为高锟的设想不切实际。他们认为，高锟设想的"没有杂质的玻璃"是不可能存在的。

为了寻找这种"没有杂质的玻璃"，高锟造访了各大玻璃工厂，还去了美国、日本和德国，跟专家们讨论玻璃的制法，试图说服他们进行相关的研究。但是，大部分企业直接拒绝了高锟的建议，不打算从事这种"无意义且耗资巨大的研究"。唯一对高锟的论文感兴趣的，是美国的康宁公司。康宁公司是成立于 1851 年的老牌玻璃制造厂，爱迪生发明电灯的玻璃灯泡就是他们制造的。

康宁公司意识到了高锟论文的潜力和价值，低调启动了高纯度玻璃纤维的研发。当时，康宁公司委派物理学家罗伯特·莫勒（Robert Maurer）领导两名新入职的年轻研究员——化学家皮特·舒尔茨（Pete Schultz）和实验物理学家唐纳德·凯克（Donald Keck），进行玻璃净化的研究。

1970 年，通过管外气相沉积法（outside vapor deposition，OVD），康宁使用掺钛纤芯和硅包层成功制造出了损耗为 17 dB/km 的光纤。这是世界上首根符合理论的低损耗试验性光纤，正式开启了光通信时代。

两年之后，康宁公司以掺锗纤芯代替掺钛纤芯，制造出了一条损耗低至 4 dB/km 的多模光纤，再次引发行业的震动。此时，全世界才意识到，1966 年高锟的那篇论文是多么伟大、富有前瞻性。名誉和奖励纷至沓来，高锟很快被誉为"光纤之父"。

这时高锟已经离开了 ITT。他于 1970 年返回香港，加入香港中文大学，筹办电子系，并担任了首任系主任。

1974 年，高锟又回到了 ITT 上班，不过上班地点不是英国，而是美国。当时，光纤已经逐步进入产品化阶段，高锟来到位于美国弗吉尼亚州劳诺克的 ITT 光电产品部，担任主任科学家，后晋升为工程主任。

整个 20 世纪 70 年代，通信行业都在研究光纤的产业化。1976 年，第一套速率为 44.7 Mbit/s 的光纤通信系统在美国亚特兰大的地下管道中诞生。1979

年，日本电报电话公司研制出了损耗低至 0.2 dB/km 的石英光纤。到了 20 世纪 80 年代，光纤已经全面进入了商业化阶段，全球各地都开始兴建商用光纤通信系统。

1982 年，高锟被 ITT 公司任命为首位 "ITT 执行科学家"，主要在康涅狄格州的先进技术中心工作。1985 年，高锟来到联邦德国，就职于 SEL 研究中心。与此同时，他还担任耶鲁大学特朗布尔学院兼职教授及研究员。

整个 20 世纪 80 年代，高锟的研究成果不少。他开发了实现光纤通信所需的辅助性子系统。在单模纤维的构造、纤维的强度和耐久性、纤维连接器和耦合器，以及扩散均衡特性等多个领域，他都做了大量的研究工作，成果卓著。

33.3　担任校长，包容并蓄

1987 年，高锟再次返回香港，担任香港中文大学的第三任校长。

他以自身在学术界的影响力，为香港中文大学招揽了大量优秀人才。他推动成立了工程、教育、药剂、会计等学院，创办了多个研究所，开设了多个新的本科及研究生课程，还推动实施了灵活的弹性学分制。他的这些付出和贡献为香港中文大学成为世界级研究型综合大学奠定了坚实的基础。

然而，学术背景出身的高锟并不太擅长应付复杂的人事和权术，经常因为处理学校的行政事务而疲惫不堪。虽然高锟仁厚的性格深受学生的尊敬和爱戴，但是也有个别学生不太认可高锟的工作和贡献，认为这个校长就是一个只会傻笑的"糟老头子"。

在高锟退休前，香港中文大学校报的编辑发了一篇讽刺文，标题是"八年校长一事无成"。然而人们不知道的是，高锟每年都会亲笔写信给学生会和校报，感谢他们的工作。高锟还每年自掏腰包，私下捐给这两个组织各 2 万港元的补助金，请他们自行分配给家境比较困难的同学。

1996 年，高锟从香港中文大学退休，转而担任香港高科桥集团有限公司
（Transtech Services Group Ltd.）主席兼行政总裁，致力于科研成果的转化。

这一年，为了表彰高锟对科学事业做出的贡献，中国科学院紫金山天文台
将一颗国际编号为 3463 的小行星命名为"高锟星"。

同样在 1996 年，高锟当选了中国科学院的外籍院士[①]。

33.4　荣获诺奖，名至实归

2003 年左右，高锟被诊断出患有阿尔茨海默病。随着病情的发展，高锟
的记忆力和表达能力逐渐下降，经常不认得以往的熟人，言谈举止也变得缓慢。
幸亏有夫人黄美芸的细心照顾，高锟才能够维持较好的精神状态。

2008 年，为了离子女更近，高锟和夫人移居美国，住在加州旧金山附近
的山景城。

2009 年 10 月 6 日，瑞典皇家科学院在斯德哥尔摩宣布，高锟因其对光纤
事业的重要贡献，与美国科学家威拉德·博伊尔和乔治·埃尔伍德·史密斯共
同获得了当年的诺贝尔物理学奖。

消息一出，引发了全球尤其是华人媒体的强烈关注。此时距离高锟那篇著
名论文的发布已经过去了 43 年，高锟也已经 76 岁高龄。

虽然身体状态不佳，高锟仍在夫人的陪同下，亲自到瑞典首都斯德哥尔摩
出席了颁奖仪式。考虑到他的特殊情况，主办方破例免除了他的颁奖礼仪。他
不需要走到台中领奖、鞠躬三次，而是瑞典国王卡尔十六世·古斯塔夫走到他
面前，给他颁奖。高锟的获奖演讲也由夫人黄美芸代劳。

高锟获奖后返港，受到了香港特别行政区政府和人民的热烈欢迎。当时的

---

① 高锟拥有美国国籍。——编者注

香港特区行政长官曾荫权、诺贝尔奖得主杨振宁及詹姆斯·莫里斯（James Mirrlees）出席了迎接仪式。近百名记者蜂拥而至，争相对高锟进行采访。此时的高锟已经不清楚什么是诺贝尔奖了。他只能在太太的搀扶下，用笑容回应众人。

不久后，高锟将诺贝尔奖奖牌、奖状及另外 17 个奖项的奖牌，永久捐赠给了自己曾经工作过的香港中文大学。

2018 年 9 月 23 日，高锟教授于香港逝世，享年 84 岁。在告别仪式上，香港特区行政长官林郑月娥亲自到场扶灵。

33.5　结语

回顾高锟的一生，我们会发现，他是一个极其乐观的人。在他的几乎每一张照片中，我们都能看到他展露出纯真的笑容，真的像一个孩子一样。

他从来不在乎别人对自己的攻击，对名利也看得很淡。作为"光纤之父"，他没有申请光纤的专利，放弃了成为世界首富的机会。

他说："香港首富、全球首富，对我来说完全没有意义。我不后悔，也无怨言，因为如果事事以金钱为重，一定不会有今日光纤的成果。"

他还说："我也是一个普通人，在世界上行走一圈，能留下一点脚印，我已经心满意足。"

言语之间，充分展现了他豁达的人生态度和广阔的胸襟。

"你（指高锟）的研究完全改变了世界，促进了美国及世界经济的发展。我本人为你而感到骄傲，世界欠你一个极大的人情。"

——美国前总统贝拉克·奥巴马（Barack Obama）

参考文献

[1] 高锟. 潮平岸阔——高锟自传[M]. 成都：四川文艺出版社. 2007.

[2] 倪兰. 高锟的中国故事[J]. 通信世界，2009，(39)：15.

[3] 蒋志明. 纪念高锟[N]. 金山报，2018-10-03(2).

[4] 高锟[EB/OL]. 百度百科.

[5] 高锟[EB/OL]. 维基百科.